U0284815

鬼脸化学课

元素家族①

GUI LIAN HUA XUE KE

英雄超子◎著

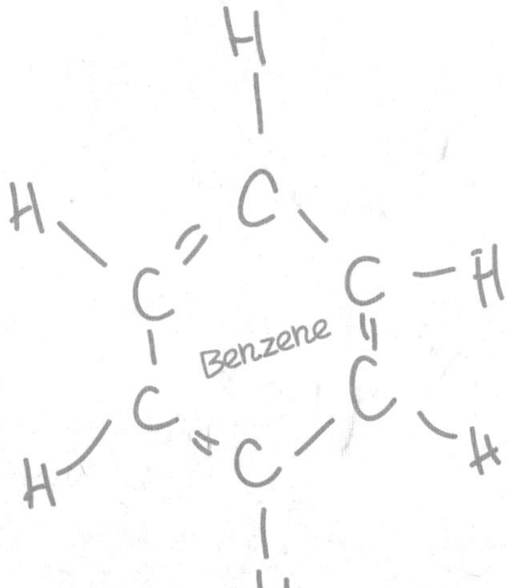

南京师范大学出版社

化学元素大"联萌"

F

「萌」约

世间有太多东西，
其实都是身外之物。
就像我们的最外层电子，
得失只在一瞬间。
慷慨如钠者，贪婪如氟者，
所差只不过几个微不足道的电子。
是非成败转头空，
何必争得你死我活，
被几个电子压得喘不过气来。
钠原子也好，钠离子也罢，
只要守住自己的"核"，
就不会在充满诱惑的世界里，
迷失自我。

****

世间也没有永远的恩怨，
盐酸和氢氧化钠都能够牵手，
还有什么隔阂是不可打破的？
往事如烟俱忘却，
相逢一笑泯恩仇。
只要两颗心真诚相拥，
多少总会释放出些许热量。

Be

Pb

Bi

Xe

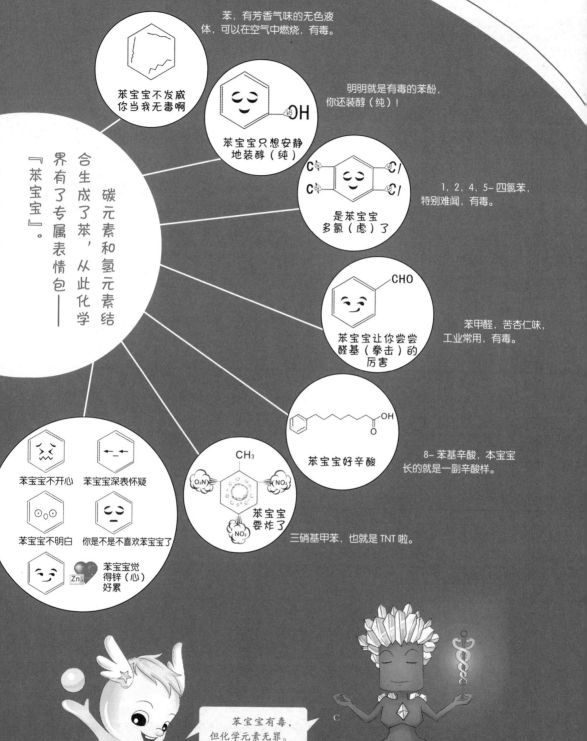

苯，有芳香气味的无色液体，可以在空气中燃烧，有毒。

苯宝宝不发威你当我无毒啊

明明就是有毒的苯酚，你还装醇（纯）！

苯宝宝只想安静地装醇（纯）

1，2，4，5-四氯苯，特别难闻，有毒。

是苯宝宝多氯（虑）了

苯甲醛，苦杏仁味，工业常用，有毒。

苯宝宝让你尝尝醛基（拳击）的厉害

8-苯基辛酸，本宝宝长的就是一副辛酸样。

苯宝宝好辛酸

碳元素和氢元素结合生成了苯，从此化学界有了专属表情包——『苯宝宝』。

苯宝宝不开心　苯宝宝深表怀疑

苯宝宝不明白　你是不是不喜欢苯宝宝了

苯宝宝觉得锌（心）好累

三硝基甲苯，也就是TNT啦。

苯宝宝要炸了

苯宝宝有毒，但化学元素无罪。

序

一百多年来，中国人民终究已经认识了，科学和民主，即赛先生和德先生是照亮中国人民前进的灯塔。

提倡科学，科学普及很重要，把复杂深奥的科学和技术能讲解得通俗易懂、有趣生动甚至引人入胜，这就叫科普，但这并不容易。很多大科学家讲科普未必能讲好。所以好的科普作品非常少，中国尤其少。

我喜欢化学，得益于初中的化学老师，她的化学课讲得生动有趣，因此我从初中起就成了一个少年化学迷，从小就在家里做化学实验，制作小火箭和彩色烟火，从头发中提取氨基酸……

有一次上代数课，我偷偷地试着从发令枪烟火药纸包裹的火药中提取彩色烟火的原料硝酸钾，但是在青霉素小瓶里研磨火药时发生了爆炸，我的手被烧伤，还差点受处分……就这样我仍然执着地热爱化学，后来成了化学家。

我之所以能从一个少年化学迷成了化学家，后来还担任了中国科学技术大学化学系的系主任，有两本科普书起了关键作用，一本是苏联著名科普作家尼查叶夫写的《元素的故事》，一本是艾芙·居里（居里夫人的女儿）写的《居里夫人传》。这两本书激励我不断发奋学习、刻苦钻研，最后我考上了南京大学化学系，师从我国无机化学权威戴安邦教授，后来又去了巴黎大学居里夫人实验室，师从居里夫人的学生波尔曼夫妇，并出版了无机化学离子极化专著。我和合作伙伴邵俊计算的几个离子晶格能数据至今收录在世界权威的《CRC化学和物理手册》里。

五十多年来，我一直从事科学研究和教育事业，一直提倡科普，希望有更多的青少年喜欢、热爱科学和化学，将来能为中国和世界的化学事业做出更大的贡献。

喜得鲁超的新书《鬼脸化学课·元素家族》，读后非常高兴，这是多年来难得的一本化学普及好书，好就好在他从广阔的视野讲述了化学元素的知识和故事。他不是就化学讲化学，就化学元素讲化学元素，而是关联了天文、地理、经济、社会、历史来讲述化学元素和化学，非常值得提倡。

更加有意思的是，鲁超不是学化学出身，他是物理系毕业生。一个物理系的毕业生能把化学讲得那么生动，这就格外难能可贵了，可见兴趣的极端重要性，这也是我多年来一直在教育界提倡从中小学开始培养孩子对科学的兴趣的原因。

美国出了一个具有传奇色彩的数学老师——萨尔曼·可汗，他能把枯燥的数学课讲得极其生动有趣，甚至教好了比尔·盖茨的原先不喜欢数学、害怕数学的孩子，比尔·盖茨向他赠送了 150 万美元作为衷心的谢意。有人想出 10 亿美元把他的课程商业化，被他拒绝，他把课程视频放在网上供大家免费观看，据说现在美国百分之六七十的中小学数学老师已经不自己上课了，而是组织学生看萨尔曼·可汗的数学课。现在萨尔曼·可汗已创办了美国著名的可汗学院。

我近年一直在推动中国中小学的 STEAM（科学、技术、工程、艺术和数学）课程系统，希望能改变中国一切围绕分数转的应试教育系统，从而能培养出一些杰出的科技人才。我也和鲁超商量，希望能出一套趣味化学的微视频课程。希望更多有兴趣的有识之士、有志之士能参与合作，这是我写这篇序言的另一个心愿。

中国著名化学家

中国科学技术大学化学系原系主任

温元凯

2018 年 4 月 26 日于北京

　　看看我们身边，塞满了电脑、手机、书本、纸张、洗发水、可乐瓶、家具，或者还有各种各样的包装袋、五颜六色的衣服以及琳琅满目的装饰品，只要你无聊到极致，我相信你能数出几百种不同的物品。

　　到了户外，我们看到了各种各样的植物、动物，它们都是如此不同。当我们走向森林、山峰或者大海，如果足够幸运，我们会发现琥珀、贝壳，甚至捡到宝石，这些自然世界的产物和之前我们看到的人工制造品完全不同。

　　然而当我们仰望星空，看到了月亮以及距离我们亿万光年之外的星球时，不免又会展开遐想：在那些不同的世界里，会有什么样神奇的物质？这些物质和我们身边的东西相似吗？还是完全不同？

很早之前就有智者在思考这样的问题：世界上千奇百怪的物体是不是由一些最简单的基本组分组成的呢？就好比26个字母可以写出文学巨著，一系列的音符就可以编排出交响乐。在古希腊时代，有人认为世界是水组成的，有人认为是火，有人干脆综合了一下，认为有四大元素——水、火、土、气。我们中国人比希腊人高明一点，提出五行学说，将万物本源归结为金、木、水、火、土五行，也是认为万事万物是由一些基本的事物组成的。

他们的基本思路是正确的，现在我们知道，不管是宇宙深处，还是山顶海底，抑或是我们身边的人造材料，都是由一百多种化学元素组成的。我们已经知道，定情信物中的钻石和烧剩下来的木炭，原来是由同一种化学元素组成的；美丽的花朵和护花的"春泥"，也都是由这些元素组成的，只是排列方式发生了变化；甚至连可以激发人类爱情的多巴胺，其元素组成与讨人厌的汽车尾气也差不了太多。

木炭和钻石都是碳的"家族成员"

从四五种元素到现在的一百多种，这是一段有趣的历史，其中也有很多波折和误解，要把一些元素从化合物中分离出来，其难度超过了当时人的想象。但是很遗憾，在这段过程中，中国人的贡献很少。这恐怕不仅仅是"李约瑟难题"可以解释的，这其中应该有一些更深层次的问题，值得我们去思考，去学习。

到了今天，人类正处于文明的十字路口，一方面，我们看到局部的战争和贫困正在折磨着我们的同类，甚至人类自身的弱点也让大部分人受制于思维模式、大众传媒、金融资本这新时代"三座大山"的洗脑和统治；另一方面，我们也看到了人类所面临的巨大机遇：宇宙深空，资源遍布，我们为何要被束缚在小小的地球上？所幸，现代科学已经开始带领我们探索太空，尽管从宇宙的尺度来看，我们还仅仅只走了一小步，但这一小步却是人类文明的明灯。多年以后，相信人类依然会记得并感谢NASA（美国国家航空航天局）等科研机构。

从化学的角度来说，宇宙中的物质和地球上的物质一样，大多数都是由基本元素组成的，这对我们来说是好事：宇宙并没有那么可怕和神秘。我们可以利用地球上的物质进入太空，也可以利用宇宙中的物质来补给自己。因此，从地球和宇宙中元素分布的角度去看人类文明未来的发展，这是一个很有趣的话题，我愿意从这方面去启发自己思考。

历经3年，118种化学元素被我"斩落马下"，算是人生中的一段重要经历了。

在此，首先要感谢我的家人，他们在任何时候都鼎力支持我写作，让我乐在其中。

另外，也要感谢众多朋友对我的批评和指正，为我提出的诸多建议，感谢"赛先生"QQ群友和"理性边界"微信群友，感谢各大群友和知乎好友，是你们的支持让我充满信心，是你们的"吊打"帮助我不断提升。

最后，要特别感谢温元凯教授，感谢他的器重，感谢他拨冗为本书作序，这一切都让我受宠若惊！在科普领域，我才刚上路呢！

Contents

目录

第一章　氢（H） 　　002

1. 氢元素的发现者：老宅男 or 百万富翁 　002

2. 宇宙元素氢（上） 　006

3. 宇宙元素氢（下） 　008

4. 人类的终极武器——氢弹 　011

5. 你真的了解水吗 　015

6. 冰为什么比水轻 　018

7. 水性化让我们的世界更加健康 　021

第二章　氦（He） 　　025

1. 太阳元素氦 　025

2. 太阳元素来到地球 　028

3. 开启低温世界之门 　030

第三章　锂（Li） 　　034

第四章　铍（Be） 　　038

第五章　硼（B） 　　042

第六章　碳（C） 　　047

1. 碳的大家庭（一）：上得了权杖，下得了厨房 　047

2. 碳的大家庭(二)：钻石星球 　051

3. 碳的大家庭(三)：教科书以外的新成员 　054

4. "风骚"的碳和"好基友"氧的故事 　059

5. 温室效应，低碳生活 　063

6. 应对温室效应：哥本哈根会议 　066

7. 改造金星、火星（上） 　069

8. 改造金星、火星（中） 　071

9. 改造金星、火星（下） 　074

10. 终结"生命力学说"：有机化学的诞生 　076

11. 有机物中的明星(一)：甲烷 　080

12. 有机物中的明星(二)：粮食的精华——糖和酒 　084

13. 有机物中的明星(三)："芳香"的苯 　088

14. 有机物中的明星(四)：乙烯 　092

15. 有机物中的明星(五)：聚乙烯 　094

16. 有机物中的明星(六)：环氧乙烷和表面活性剂 　098

17. 有机物中的明星(七)：合成橡胶和苯乙烯 　102

18. 相对原子质量的标准——碳12 　106

19. 年代测定神器——碳14 　108

第七章　氮（N） 　113

1. 宇宙和地球上的氮元素 　113

2. 液氮和人体冷冻技术 　116

3. 氮氧化物：养生助手 or 污染毒剂 　120

4. N，来自硝石的元素 　124

5. 真的吗？硝酸在我们身边 　127

6. 哈伯，是福音天使还是罪恶魔鬼 　130

7. 侦探小说的必备"良药"——氰化物　　　135

8. 我们身边的氨和氰　　　140

9. 风靡全球的复合材料——聚氨酯　　　144

10. 组成生命的"砖瓦"：从氨基酸到蛋白质（上）　　　147

11. 组成生命的"砖瓦"：从氨基酸到蛋白质（下）　　　150

12. 我们从哪里来（上）　　　153

13. 我们从哪里来（下）　　　156

14. 生命密码：DNA（上）　　　159

15. 生命密码：DNA（中）　　　163

16. 生命密码：DNA（下）　　　167

第八章　氧（O）　　　174

1. 初探火焰的秘密：燃素理论　　　174

2. 推翻燃素理论：氧气发现史（上）　　　177

3. 推翻燃素理论：氧气发现史（中）　　　182

4. 推翻燃素理论：氧气发现史（下）　　　186

5. 用氧元素研究地球、恒星、宇宙的历史　　　191

6. 氧气：生命气息　　　194

7. "蓝精灵"液氧和"变色龙"固氧　　　197

8. 臭氧：清新 or 恶臭　　　201

9. 光合作用（上）　　　204

10. 光合作用（下）　　　209

第九章　氟（F）　　　213

1. 最悲壮的元素发现之路——氟的发现史（上）　　　213

2. 最悲壮的元素发现之路——氟的发现史(下)   216

3. 史上最暴烈元素是怎样炼成的   219

4. 氟化工(一)：氟的无机化合物和氢氟酸   224

5. 氟化工(二)：氟利昂的前世今生   226

6. 氟化工(三)：塑料之王   229

7. 氟化工(四)：含氟化合物,是良药还是毒物   232

第十章　氖（Ne）   236

1. "霓虹"元素氖   236

2. 同位素的发现史   239

第十一章　钠（Na）   244

1. 最帅的化学家戴维   244

2. 戴维的"武器"——电   247

3. 钠钾"双兄弟"   251

4. 食盐元素钠   255

5. 盐和人类   257

6. 苏打"兄弟"——苏打、小苏打、大苏打   259

7. 煮海的故事   262

第十二章　镁（Mg）   268

1. "莫霍孔"计划   268

2. 从苦涩的泻盐到绚丽的镁光灯   272

3. 曾经"最轻的有用金属"——镁   275

第一章

氢

最小最轻的精灵，虽然只有一个电子，仍竭尽全力还原世界的本真。

元 素 档 案

姓名：氢（H）。

出身：宇宙大爆炸。

排行：第1位。

成员：気、氘、氚。

性格：活泼好动、为人慷慨（只有一个电子却很愿意将其送人）。

形象：常以气态示人，轻盈柔美。

居所：主要存在于水和有机物中。

第一章　氢（H）

氢（H）：位于元素周期表第1位，宇宙中含量最多的元素，也是最轻的元素。在地球上，氢元素主要分布于水和有机物中。氢气性格活泼，还原性强，目前主要用作还原剂，也许在不远的将来，氢能被广泛应用，成为常见的能源。氢元素的主要同位素有氕、氘、氚。恒星的能量来自核聚变反应，包括氢核聚变成氦核的过程，人类能否掌握可控核聚变技术对未来文明的发展将起着至关重要的作用。

1. 氢元素的发现者：老宅男 or 百万富翁

　　我们的故事将从古希腊的泰勒斯说起，他是西方第一个哲学家，也是一个很有意思的人。他喜爱研究天文，经常仰望星空，有一天竟然不慎落入井里，因而被仆人耻笑。他为了证明自己，于是继续仰望星空并预测第二年橄榄会大丰收。他租下米利都所有的榨油机，第二年哄抬物价，在那个没有物价局的年代，狠狠地赚了一笔。他这样做只是为了证明如果哲学家想做生意的话，是可以比别人赚得多的，不过他们有比赚钱更重要的事情要做。

　　这算是这位先知的逸闻了，实际上他作为西方第一个哲学家绝非浪得虚名，他在天文、几何、政治学、工程学方面都有造诣，被称为"科学之祖"。今天我们要谈到他在哲学方面的贡献，他是第一个提出"什么是万物本原"这个哲学问题的人。

　　他不仅提出问题，还给出自己的解答——水。

西方第一个哲学家泰勒斯

他认为"水生万物，万物复归于水"。

亚里士多德在《形而上学》里这样认为："他（泰勒斯）得到这个看法，也许是由于观察到万物都以湿的东西为养料，热本身就是从湿气里产生、靠湿气维持的（万物从而产生的东西，就是万物的本原）。他得到这个看法可能是以此为依据，也可能是由于万物的种子都有潮湿的本性，而水则是潮湿本性的来源。"

现在看来，泰勒斯的水元素理论过于粗糙。在他之后又有其他哲学家提出别的理论，比如赫拉克利特提出万物的本原是火，阿那克西美尼认为气才是万能的，而齐诺弗尼斯由于在山顶看到了贝壳，认为土才是宇宙万物的基本要素。最后，恩培多克勒看这实在太乱了，干脆一锤定音，提出"水、气、火、土"是四大元素。亚里士多德继续发展了这一观点，并指出这四种元素相互作用，就有了湿、热、干、冷四种感觉。

四元素说虽然承认了世界的物质性，却在相当长的一段时间内阻碍了化学的发展。一直到了 16、17 世纪，一些医生、药剂师偶然发现，金属落到酸里面，会有一些气体产生，这种气体可以燃烧。18 世纪，英国化学家普利斯特里发明了排水集气法，把这种可燃气体收集起来并加以深入研究。

普利斯特里是一个爱搞恶作剧的人，他把这种可燃气体和空气混合在一起装在试管里，碰到朋友来访，就演示给他的朋友们看。只见他一点火，试管里立马吐出长长的火舌，并发出震耳欲聋的爆炸声，将他的朋友们吓一跳，他把他的道具称为"爆鸣气"。这样的恶作剧他干了很多次，终于有一天，他发现演示之后的试管里会出现一些露珠。一开始他以为试管没有擦干净，或者因为英国的空气太潮湿，后来，他把试管擦得很干净，也用了干燥的空气，发现还有水滴，于是只能推论，金属碰到酸液产生的可燃气体可以燃烧生成水。

爱搞恶作剧的普利斯特里，其实是一位化学家、神学家、政治理论家、教育家。

而最早对氢气进行了深入研究的，就是本节的主人公卡文迪许，一个英国老宅男。

他终身未婚，自己一个人宅在家里，不是整天玩游戏，而是每天捣鼓瓶瓶罐罐，直到他死的前一天，他还在做实验。他是如此孤僻，以至他和他的仆人都要通过书信来交流。他的成就又是如此巨大：他的同胞牛顿提出了万有引力定律，而他第一个得出了引力常量 G 的数值，并推算出了地球的密度。他还在电学方面有很多的成果，但是一直没有发表。一直到他去世几十年后，麦克斯韦整理他的文稿，大家才发现这个宅老头是如此之牛，麦克斯韦感叹："卡文迪许几乎预料到电学上所有的伟大事实。"

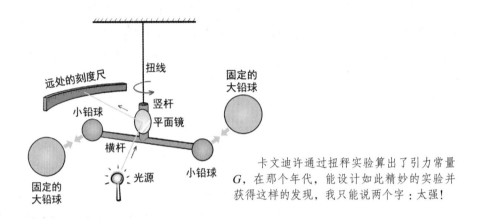

卡文迪许通过扭秤实验算出了引力常量 G，在那个年代，能设计如此精妙的实验并获得这样的发现，我只能说两个字：太强！

读到这里，可能很多朋友会以为这个宅老头就是个穷酸书生吧，但其实他是一个百万富翁。有一次他的仆人说缺钱，他直接开了张 5 万英镑的支票。

每次看到这里，我都不禁感叹。看看我们身边，一部分人先富起来了，富裕了以后对待生活的态度也在不断变化。一些富人确实在用自己的财富回报社会，帮助身边的人；也有一些富人觉得自己还不够富裕，还有很多不如意的地方，因此在"致富"的道路上越走越远；更多的富人开始沉湎于金钱带来的享乐，忘记了自己曾经的梦想。

其实我们应该想想，人生的目的是什么？志向高远者胸怀宇宙，普通人至少也应该追求自己的兴趣爱好，卡文迪许的故事是不是可以给我们一些启发呢？

回到我们的宅老头吧。卡文迪许发现不管变换什么样的酸液，一定量的金属和足量的酸反应只能产生定量的可燃气体，他还确定了可燃气体的密度约为空气的 1/11。他又仔细研究了一下普利斯特里的恶搞实验，不是简单重复爆炸现象去吓唬别人，而是用不同比例混合可燃气体和空气，反复做定量实验研究这些爆炸现象。

这个时候，瑞典人舍勒和英国人普利斯特里已经发现了氧气，卡文迪许就用纯氧代替空气进行实验，他不仅证明了试管里的露珠就是水，而且证明了 2 体积可燃气体和1体积纯氧恰好化合成水。至此，他其实可以宣布水不是元素，是可燃气体和纯氧的化合物。可惜的是，我们的宅老头是燃素学说（什么是燃素，我们在氧元素那章具体说）的笃信者，他竟然认为可燃气体＝水＋燃素，而自然的，氧气＝水－燃素。

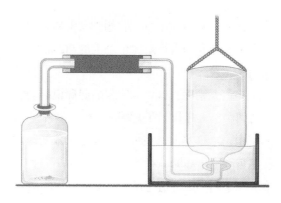

卡文迪许用来收集氢气的装置

所幸没过一两年，法国大牛拉瓦锡用天平打破了燃素理论，终于确定了这种可燃气体和氧一样，都是元素，而水是化合物，他用"氢"来命名这种气体，意思是形成水的物质。终于，从泰勒斯到拉瓦锡，人类用了2 000多年的时间，才终于打破了"水是不可分割的"这样的认识，人类认识自然的过程是一条多么艰苦曲折的道路啊。

不管怎样，卡文迪许对氢元素的发现所做出的贡献是最多的，拉瓦锡没有跟他抢功，把氢元素发现者的称号让给了卡文迪许，让我们永远铭记这位伟大的老宅男吧。

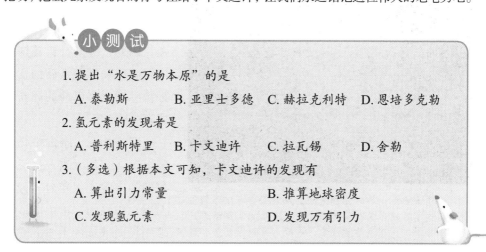

小 测 试

1. 提出"水是万物本原"的是

　　A. 泰勒斯　　　　B. 亚里士多德　　C. 赫拉克利特　　D. 恩培多克勒

2. 氢元素的发现者是

　　A. 普利斯特里　　B. 卡文迪许　　　C. 拉瓦锡　　　　D. 舍勒

3.（多选）根据本文可知，卡文迪许的发现有

　　A. 算出引力常量　　　　　　　B. 推算地球密度

　　C. 发现氢元素　　　　　　　　D. 发现万有引力

【参考答案】1. A　2. B　3. ABC

◈◇ 2. 宇宙元素氢（上）

氢是宇宙中最多的元素，从质量来看，它约占宇宙质量的 75%，而由于其他元素更重，所以从原子数来看，它约占宇宙原子总数的 90%。可以说，几乎在宇宙的任何地方，都能够找到氢元素。

为什么宇宙中这么多氢元素呢？这要从宇宙的起源说起。现在公认的理论认为，宇宙诞生于 137 亿年前的一次大爆炸，在大爆炸之后，宇宙开始膨胀，并慢慢冷却，夸克开始结合为质子、中子。事实上，在第一个质子形成的时候，我们就可以说氢元素诞生了，这时候宇宙刚诞生 0.000 01 秒；在第一个质子俘获了一个电子的时候，我们就可以说第一个氢原子诞生了，这时候宇宙刚诞生 30 万年左右。

现在你可以理解为什么宇宙中这么多氢原子了吧，其实只是因为氢原子太简单了。

众多氢原子在引力作用下不断聚集在一起，在温度与压力达到足够高的时候，氢原子聚变成氦原子，并向太空放射出恒星的光芒，于是第一代恒星诞生了，这时，宇宙大约已经诞生了 2 亿年。

这些恒星就如同元素加工厂一样，把氢元素作为原料，不断地聚变成氦和质量更高的元素，但是不会高过 26 号元素铁。越大的恒星加工燃烧的速度越快，它们也会死得越快，足够大的恒星在死亡的时候，会进行一次超新星爆发，变成一颗中子星或者黑洞，同时诞生高于 26 号元素铁的重元素，比如 79 号元素金。因此，钟爱金银首饰的中国大妈和家藏金砖的贪官都得感谢亿年以前的超新星爆发。

即使如此，宇宙中仍然剩下这么多氢元素，这说明我们的宇宙还很年轻，因此人类在年轻的宇宙中应该将眼光投向遥远的太空，充满开拓的激情，而不是忙于内斗纷争和奢侈浪费。

宇宙大爆炸，是时间和空间的起始。你可以不相信它，但这是目前最受公认的理论，拥有众多观测结果的支持。如果其他理论要挑战它，挑战者不仅需要能合理解释更多的事实，而且需要符合现有理论所能解释的观测结果。这就是科学理论，它从来不认为自己是绝对正确的，而只是人类现有能力所能达到的阶段性认识。

向宇宙进发不是嘴上说说，亟待解决的问题就是如何获取更多的能量。事实上，姑且不论探索太空，就是当前人类在地球上的发展，新能源也是大家重点关注的对象。氢气的燃烧热值高，而且它燃烧后的产物是水，清洁环保，因此现在很多火箭发动机都采用液氢和液氧作为燃料。

从星际旅行的层面来说，氢能不适合作为新能源的主要发展方向。首先，化学燃烧放出的能量有限，最多支持人类前往木星。其次，要获取纯氢，也得耗费能量，根据能量守恒定律可知，这相当于把别处的化学能转移到液氢里，在燃烧的时候再释放出来，而其中的生产、储运过程又得耗费巨大的能量。所以氢能只适合作为一种电池能源，而不适合作为战略能源。要去更远的地方，考虑到人类的寿命是有限的，必须利用核能。

利用热核氢能源才是真正的发展方向，人类在氢弹中已经见识了热核氢能源的力量，这相当于人类开始尝试自己制造并利用恒星的伟力，但是如何将其控制并有效利用还是个难题，这涉及低温核聚变。

地球表面的71%是海洋，海水中0.015%是重水，将这些重水中的氘提取出来不是非常难的事情，这是自然赐给我们的宝贵资源。有人计算过，如果将海水里的核能全部开发出来，相当于整个海洋里装满了石油。

为了利用核聚变产生的能量，世界各国已经投入了天文数字的经费，而且这一数字还呈几何级数上升。据2014年2月美国媒体报道，瞬间的燃料输出能量与输入能量比可以大于1了，这是一个标志性事件，之前输入能量一直是大于输出能量的，也就是说入不敷出，瞬间的输出输入比大于1证明凭借目前的科技手段，人类是可以获取净能量的，如果这种模式能持续更长的时间，就意味着成功。不管怎样，目前人类还有着很长的道路要走。

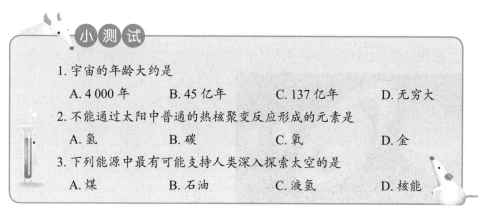

小测试

1. 宇宙的年龄大约是
   A. 4 000年　　　　B. 45亿年　　　　C. 137亿年　　　　D. 无穷大
2. 不能通过太阳中普通的热核聚变反应形成的元素是
   A. 氢　　　　　　B. 碳　　　　　　C. 氧　　　　　　D. 金
3. 下列能源中最有可能支持人类深入探索太空的是
   A. 煤　　　　　　B. 石油　　　　　C. 液氢　　　　　D. 核能

【参考答案】1. C　2. D　3. D

3. 宇宙元素氢（下）

宇宙诞生至今有 100 多亿年了，第一代恒星已经寥寥无几。第一代恒星在死亡以后，喷发出众多气体，有些继续聚集在一起，又形成第二代、第三代恒星，以及环绕它们旋转的行星、卫星等。我们的太阳就是一颗第二代或第三代恒星，我们地球上的石头、铜、铁以及其他元素，都是由几十亿甚至一百多亿年前的恒星喷发出来的物质凝聚而成的。

图片为原始地球想象图。当时太阳系还很混乱，到处是小行星等不速之客，地面上如同地狱。地球上的元素基本来自之前的恒星爆发。

氢元素在宇宙中的含量如此之多，而在我们的地球上，氢的地壳丰度只排在第十位，非常之少，这是什么原因呢？原来，地球和木星、土星等巨行星相比，实在是一颗太小的行星了，引力太小，因此，像氮气和氧气这种重一些的气体留在大气层，而像氢气、氦气这种很轻的气体在漫长的岁月中就慢慢散失到太空中了。氢元素比氦元素多一点是因为前者的化学反应活性较强，一部分跟碳元素结合成甲烷，但甲烷的相对分子质量也很低，所以许多甲烷也被太阳风吹走了，好在另一部分氢元素和氧元素结合生成水，留在了海洋里。

而像木星这种巨行星，由于有足够强大的引力，可以将很轻的氢气留下来，因此它实际上是一颗充满了氢元素的星球。太阳系内与之类似的还有土星、天王星、海王星，它们统称为"类木行星"。未来，人类走向太空，木星、土星都将是非常重要的中转基地，可以为星际飞船补充氢这种核燃料。此外，木星的卫星欧罗巴上有着丰富的水资源，这点我们下一节再详述。

事实上，现在已经发现的太阳系

图片为太阳系内四颗类木行星，从左到右依次为木星、土星、天王星、海王星。它们都主要由氢元素组成。木星是太阳系中体积最大的行星。

外大多数行星都是这种"类木行星"。一般来说，小于 0.07 个太阳质量的星球不具备足够的引力，无法产生足够的温度和压力让氢核聚合在一起，也就无法点燃星光。我们把它们称为"褐矮星"，它们是不成功的恒星。而类木行星比褐矮星还小，最小的褐矮星的质量也有 13 个木星那么大，因此，类木行星只能成为恒星的附庸，老老实实围绕着可以发光的"老大"旋转。

让我们仔细看看木星这颗太阳系内体积最大的行星：它的表面是一层很浓厚的大气，主要成分就是氢气，厚度可能有 3 000 km，在大气层下面，是一层很厚的液氢层，最核心是科学家们设想的液态金属氢层，可能还包覆了岩石和冰。

你说什么？氢元素不是非金属元素吗？怎么会有金属氢？难道氢气也能像金属一样发射出闪闪的金属光泽？其实，从化学的角度来说，金属元素意味着其易于失去电子，氢原子只有一个核外电子，原子核对它的控制很紧，在人类熟悉的压力情况下，氢原子只能以共价键的形式与其他原子共享电子，结合成氢分子，就是我们熟悉的氢气。

而到了木星的核心，其压力已经大到我们难以想象的程度，原子与原子之间的距离已经被严重压缩，每个原子核周围都有十几个其他原子，这时候这些电子就可以像金属中的电子一样，在原子核的间隙中自由穿行，被各个原子核"共享"，从而形成金属氢。

事实上，科学家在实验室里依靠高压已经得到了金属氢，只是压力一恢复，金属氢又变回原来的状态。由于金属氢的密度是液体氢的 7 倍，人们设想，如果能得到容易储存的金属氢，那将是更加灵巧、优秀的燃料。可以肯定的是，这是一种理想的炸药，很可能会被做成武器用于战争，科学和人文，有时候确实是矛盾的。

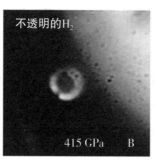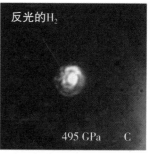

2017 年 1 月《科学》杂志报道哈佛团队在 495 GPa 的大气压下成功制得固态金属氢，我们可以看到图片中最右边的 C 图出现了些许金属光泽。

第一代恒星喷发出的另一些气体散布在宇宙空间，由于引力不够，无法聚集成恒星，就形成了尘埃云。虽然我们说是"云"，但是它们中的大多数比我们地球上美丽的云彩可要稀薄几万倍。这些尘埃云给我们未来的宇宙旅行带来了很多不确定因素，尽管它们很稀薄，但是对于高速飞行的星际飞船来说，就好比高速的子弹，而且由于分布稀薄还很难被提前发现，这真是宇宙中的"黑暗杀手"。

办法总比问题多，1960 年，美国物理学家巴萨德构想了一种冲压发动机，他在飞船头部设计了一个巨大的漏斗，其中有一个巨大的磁场，用以收集星际尘埃粒子，并传递到发动机内部作为核聚变的原料，核聚变产生的能量施加于将被发动机喷出的物质流上，让它们产生高速，从而增加推动力。就这样，星际尘埃从拦路虎变成了原料仓库，而且是取之不尽用之不竭的。人们设想，这样的飞船将很容易加速到亚光速，未来实现星际穿越也不再是梦想。

猎户座马头形状的尘埃云，看起来气势磅礴，如同徐悲鸿笔下的《天马行空》。

图片为巴萨德构想的冲压发动机飞船，有了它，星际遨游你也可以。

有一部科幻作品《宇宙过河卒》，讲的就是一艘利用巴萨德发动机的飞船失控了以后，一直飞到了宇宙尽头，其中探讨了宇宙层面的人性与时空，的确很有意思。

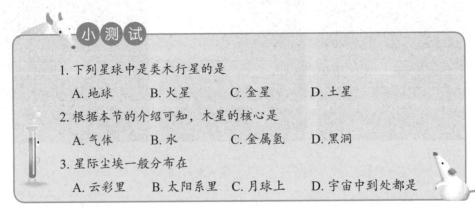

小 测 试

1. 下列星球中是类木行星的是

　　A. 地球　　　B. 火星　　　C. 金星　　　D. 土星

2. 根据本节的介绍可知，木星的核心是

　　A. 气体　　　B. 水　　　　C. 金属氢　　D. 黑洞

3. 星际尘埃一般分布在

　　A. 云彩里　　B. 太阳系里　C. 月球上　　D. 宇宙中到处都是

【参考答案】1. D　2. C　3. D

🔷 4. 人类的终极武器——氢弹

1945年8月，两颗原子弹结束了残酷的第二次世界大战，所有人都见识了核武器的威力。有人提出，应该继续研发理论上更为强大的氢弹，也就是通过氢原子核聚变产生的巨大能量制造更大的爆炸。但我们知道，原子核都带正电，要使聚变反应能够发生，原子核必须克服静电斥力而彼此靠近，因此赋予参加反应的原子核以足够的动能是实现聚变反应的先决条件。

一种赋予大量原子核以巨大能量的方法是把物质加热至很高的温度，例如几千万开尔文。这么高的温度可以明显激发某些轻核的聚变反应，人们把这种在高温下发生的聚变反应叫热核反应，太阳能的产生就是热核反应放能的典型例子。

1941年，在曼哈顿计划的执行过程中，费米把自己的这个想法告诉了同事泰勒，即用一个原子弹产生超级高温，让氢原子在高温下聚合，从而"引爆"氢弹。教科书上都是这样写的，但你要是以为按照课本就能制造出热核武器，那就大错特错了。

要想让核聚变猛烈而持续地发生，不仅需要足够的温度，而且在高温区域聚变燃料的浓度也需要足够高。而原子弹的爆炸特别猛烈，在爆炸的同时，原子弹附近的所有物质都会被核爆的冲击波炸得粉碎并漫天飞散，这意味着等待聚变的氢核在爆心根本达不到足够的浓度。也就是说，如果你将一枚原子弹和一个装着液态氘和氚的大桶绑在一起引爆，其效果跟一枚原子弹也差不了多少。

此时，你可能会静下心来好好想想了，如果你足够聪明，你可能会想到在一枚原子弹外面套一层由氘化锂构成的"皮"。这确实是最早设想的氢弹构型，号称"千层饼"，原子弹一点燃，外层全部炸散，只有极少一部分材料能够在超高温环境下完成核聚变。从材料利用率的角度来看，它的浪费极大，一个几十吨重的巨型的"千层饼"，爆炸当量才40万吨，跟理论值1 000万吨相差甚远。

1951年，泰勒和他的同事乌拉姆一起发表了论文，其中指出X射

胖子，美国在日本长崎投掷的原子弹

线可能是核聚变反应发生的关键。原来，当原子弹爆炸的时候，最先释放出来的是X射线，然后才是冲击波、其他射线等。这个过程我们用肉眼看几乎是一瞬间的事情，它们发生的时间只能用纳秒计，但对于核物理学家来说，这个时间足够了！我们如果能将先释放出的X射线好好利用起来，就有可能在整个炸弹被炸散之前，让核聚变燃料达到足够的温度，然后，被点着的氢弹还用你操心吗？

这篇论文是泰勒和乌拉姆公开发表的最后一篇论文，下面真的没有了，原因你懂的。反正1951年5月，在太平洋上的恩尼威托克岛试验场，第一颗试验氢弹爆炸了，当量为22.5万吨，爆炸威力大大超过原子弹（广岛原子弹爆炸当量为1.5万吨）。

次年11月，又一枚试验氢弹"迈克"在同样的地点爆炸，爆炸当量达到了1040万吨，几乎是广岛原子弹的700倍。但这两枚氢弹使用的材料是液体氘，需要冷却系统，因此非常笨重，竟达60多吨，没有实战价值。

1954年，第一枚可用于实战的氢弹"小虾"在比基尼岛爆炸，它使用了固体的氘化锂，因此降低了自重，只有20吨左右，而爆炸当量则达到了恐怖的1500万吨，是预测的600万吨当量的2.5倍，原因是漏算了氘化锂中的锂。这次热核武器试验对周围马绍尔群岛区域产生了可怕的放射性污染。1969年，美国政府开始收拾残局，治理该区域的污染。一直到20世纪90年代，这块区域才被鉴定为安全。

美国的这几次氢弹核试验，都采用了泰勒和乌拉姆的设计，因此这种氢弹叫作"泰勒－乌拉姆构型"（T–U构型）。根据公开的信息可知，它由两部分组成，初级部分是一个位于上方的钚原子弹，下面的次级部分才是核聚变材料，两者都被聚苯乙烯泡沫包裹。"钚弹"爆炸后，释放出X射线，将聚苯乙烯泡沫变成等离子态，X射线的能量几乎完全转化为等离子体的热能。等离子体挤压并照射加热核聚变材料，要知道，X射线的速度是光速，这都是一瞬间的事情，直到这时"钚弹"还没有完成爆炸。局限在如此狭小空间的核聚变材料吸收到如此多的能量，瞬间升温到核聚变温度，足够毁灭一座超大城市的热核爆炸就这样发生了！

与美国相比，没有晚太久，苏联也迅速跟进。1953年，苏联的"千层饼"RDS–6s

▶ 1945-1996年，英国、法国、苏联、美国（从左到右）进行核试验的次数

45　　210　　715　　1 032

试爆成功，爆炸当量只有 40 万吨，核聚变材料的利用率只有 15%~20%。1955 年，苏联也得到了泰勒 – 乌拉姆构型，RDS–37 试爆成功了，爆炸当量达到 160 万吨，美、苏再次战略平衡。

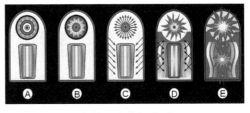

泰勒 – 乌拉姆构型

如果说美国是白头鹰，雄健凌厉，那苏联就是北极熊，勇猛厚重，他们总是喜欢玩"大家伙"。1961 年 8 月 13 日是一个不吉利的日子，一枚重 26 吨、爆炸当量 5 800 万吨的"大伊万"在北冰洋附近的新地岛爆炸，全球为之震动，地震波绕了地球三圈仍未消除，距爆炸点 4 000 km 远处，竟然也测得当地发生了 5 级地震，甚至有人测出亚欧大陆整体向南推移了 9 mm。这是人类历史上最剧烈的一次人造爆炸，没有之一！

这就是氢弹的厉害之处，我们知道原子弹是有临界质量的，因此威力存在上限，而热核武器没有上限（如果有的话，上限应该是超巨星、中子星），只要你敢想，就可以制造出更大爆炸当量的氢弹。据说，最早设计的"大伊万"是 1 亿多吨的爆炸当量，苏联人担心地球可能承受不了才将威力缩减。

热核武器的发展恰逢二战结束后，美、苏两个超级大国冷战对立。随着美、苏争霸进程的加速，两个超级大国制造出数以万计的核武器，全人类被笼罩在"核阴影"之下。我们实在难以想象，会不会出现一个"希特勒"控制了核按钮，那将是全人类的灾难。

在这种背景下，人们开始反思科技与人文的脱节。科技跑得太快，发展出可以毁灭自身的武器，而人文的落后让全人类仍在相互猜疑，人类似乎站在一个孤悬一线的随遇平衡点上，只要稍有一点波动，就会跌入万劫不复的深渊。

苏联的"氢弹之父"萨哈罗夫在这场反思中走在最前面，他就是苏联热核武器团队的领导者，制造出了前面提到的 RDS–37 甚至恐怖的"大伊万"。他看到热核武器如此强大的破坏力之后，转而投身到热核能源的应用，第一个提出了托卡马克的概念，一直到现在，后继者还在他的设想上继续努力；他又投身于宇宙学的研究，第一个提出通过检测质子衰变来验证 CPT 守恒。

这已经是两个诺奖级别的创新了，更难能可贵的是，萨哈罗夫身体力行，投身政坛，并非为了加官晋爵，而是防止他打开的"魔盒"——核武器扩散开来。1967 年，他给苏联领导人写信，提出美、苏双方应该共同放弃对反弹道导弹的研发。很显然，他这是"与虎谋皮"，他随即遭到封杀，被禁止参与和军事有关的研究。

1975 年，萨哈罗夫获得了诺贝尔和平奖。在他晚年，他回顾说："我当时投身核武器的研制时认为，世界需要平衡。我至今仍然坚持这一观点。但在从事核武器研制的同时我也明白和意识到，我所从事的工作是多么可怕。"

萨哈罗夫的话信息量真大啊！回顾我们建国之初，是否也面临那样的窘境？国防建设一穷二白，如果没有重器防身，连参与"平衡"的机会都没有。1964年，我国第一颗原子弹试爆成功，中华民族终于屹立于世界民族之林，可以跟世界强国们平等对话了。仅仅间隔两年多，我国第一枚氢弹也试爆成功了，这一速度远远超越了美、苏、英、法四国。

苏联"氢弹之父"、1975年诺贝尔和平奖获得者萨哈罗夫

回顾起来，这要归功于我国的"氢弹之父"——于敏。

资料显示，我国的氢弹完全不同于美、英、苏的"T-U构型"，而是自成一派的"于敏构型"。关于"于敏构型"的详细机理，网络上有很多"大咖"猜测讨论，说法各异，这里就不跟风了。我们只需要记住我们的英雄于敏，是他的智慧让我们早日拥有护国重器，然后安心求发展。

于敏先生也曾说过："核武器最好彻底销毁，但想不受欺负就不能没有。"这和萨哈罗夫的观点何其相似！一代人自有那个时代的历史使命，科学、人文仍未结合，我辈尚需努力！

（郑重声明：本篇为鲁超和黄伟烨合写。文中提到的"T-U构型"原理只是一些非武器专业的物理学家，根据自己的知识自行脑补出来的原理，并非真实的构型原理。如有雷同，概不负责。）

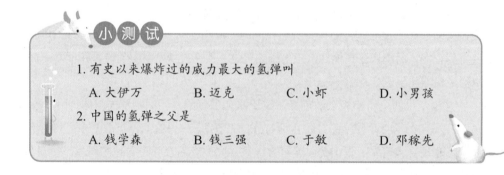

小测试

1. 有史以来爆炸过的威力最大的氢弹叫

    A. 大伊万   B. 迈克   C. 小虾   D. 小男孩

2. 中国的氢弹之父是

    A. 钱学森   B. 钱三强   C. 于敏   D. 邓稼先

【参考答案】1. A   2. C

⬡◯ 5. 你真的了解水吗

既然说到氢元素，就不能不谈到水，因为氢元素和氧元素形成了水。的确，虽然氢元素可以和其他多种元素形成多样的化合物，但是在地球上，水是氢元素的"仓库"，也是跟我们人类生活关系最密切的物质。

水实在是生活中太常见不过的物质了，地球表面71%被海洋覆盖，因此，地球在宇宙中拥有独特的蓝色；人体内的含水量也相当大，健康成年人的含水量约为50%~70%。有个日本人据此写了一本书《水知道答案》，其中甚至提到水可以听懂人类的语言，你信吗？其实这本书中列举的很多例子，我们在家里就可以通过实验来验证，动动手，是真是假你来判断哦！

水又实在是非常神奇的物质，在标准大气压下，水的凝固点是 0 ℃，沸点是100 ℃，都在我们地球的温度范围附近，因此我们可以经常看到冰、雨、雪、霜、云、雾、蒸汽等不同形态的水，它们也曾让我们的诗人们诗兴大发，留下传世名句。

我们使用的质量单位"g"就是根据水的密度设置的，4 ℃时 1 cm³ 水的质量为 1 g。其实水的密度在不同温度下是变化的，在 4 ℃ 的时候最大，在温度更高或者温度更低时，它的密度都会下降。即使冬天水面结冰，在水不是太深的江、河、湖里，水底的温度会是 4 ℃，水里的鱼不会冻死。如果水的密度变化不是这样，地球上的海洋就很难支持生命进行如此长期的进化。

水的离子积是 10^{-14}，这关系到 pH 的设计，水的 pH 就是 7，这实在是一个不大不小的数字。如果水的离子积太小，则很多化学反应发生的限度会更小，生命活动的进行会更加缓慢，生命将失去灵性；如果水的离子积过大，则会加大很多化学反应的限度，生命毁灭的速度会加快，甚至根本没有足够的时间形成生命。

图片为想象中的三叶虫时代，距今约 5.4 亿年。海洋是地球生命的摇篮，这主要由于水的特性。我们目前对于海洋的认识还很浅，比如我们对海底的厌氧型生物感到很惊奇。这样看来，"人类是地球的统治者"这句话实在是一个笑话。

水的电离过程，这一简单的可逆过程影响了许多化学反应，以及在此基础上的生命过程。

　　水是一种万能溶剂，很多种化学物质都能溶解在水中，这让地球表面的海洋成了一个天然的化学反应釜，地球利用这么大的反应釜最终制造出了 DNA，这就不是稀奇的事情了。水的这一特性也让化工产业没有那么复杂，中国的很多化学轻工业就是从小作坊开始的，这一点和英国、德国等发达国家没什么两样。2018 年工业用水价格是 3~6 元 / 吨，如果很多溶剂不是水的话，这些小老板的发财机会将大大缩减。

　　"佛观一钵水，八万四千虫。"地球上，只要有水的地方就有生命出现，一滴水放到显微镜下，是一个小小世界。藻类、细菌甚至病毒面目各异。可以想象，在这个小小的世界里，也有生态平衡。人类的破坏力有时候会渗透到这小小世界里，比如 2008 年的太湖蓝藻事件。

　　地球上水域虽然覆盖很广，但是极不平衡，存在很多的缺水地区，比如山区、沙漠。河流、湖泊等淡水资源对人类文明的产生与发展极为重要，最早的人类文明往往出现在大河流域，这绝非巧合。

　　随着人类文明的继续发展，淡水将成为越来越珍贵的资源。将水资源从充足的地方调动到缺乏的地方，很可能成为未来的商机。三峡工程和南水北调工程展示了人类的智慧和战天斗地的劳动热情，虽然受到一些质疑，但是这应该就是发展吧，用一种 imbalance 去改变之前的 imbalance。

　　水最多的地方是海洋，海水淡化是近年来各国进行大规模投入的工程之一，如果这一工程能够被我们广泛

图片为沙特阿拉伯的沙埃拜海水淡化厂俯瞰图。其既然能淡化海水，处理人体排泄物自然就不是难事。太空旅行中，飞船不可能携带大规模的淡水，必须有设备来循环利用尿和人体排出的汗液。

应用，其产业意义不亚于可控核聚变。

看完地球上的水资源以后，我们再来看看宇宙中的水资源。很遗憾，距离地球比较近的几个星球都没什么水：月球是一个光秃秃的星球；离太阳最近的那个星球虽然叫水星，却没有一滴水，表面被太阳烤得火热；金星的大气中全是酸雨，要治理它几乎等于去治理地狱；火星的表面覆盖着一层氧化铁，所以是通红通红的；更远处，几个气体行星主要由氢元素、氦元素组成，可以提供核聚变的原料，但是对于我们人类这种小生命来说，水才是生命之源。

图片为木卫二的幻想图。基于木星强大的引力，人类幻想木卫二上面会有高达 200 km 的喷泉，完爆所有人工景象。

太阳系之外，我们知道仅仅在银河系中就约有 2 000 亿颗和太阳一样的恒星，那里可能有和我们太阳系一样的行星世界，其中可能有和地球一样的海洋星球，但那是太遥远的事情。

所幸，离我们不远处有一颗这样的星球，它的表面虽然没有液态水，但是有 100 km 厚的冰层，人们猜想，说不定在冰层覆盖的下面有液体海洋，在这液体海洋中会存在生命。这就是木卫二——欧罗巴。

这颗卫星激起了人类无限的遐想。在克拉克的经典科幻小说《太空漫游》系列中，成为宇宙人的鲍曼将木星引燃，让木卫二上的生命得以迅速发展，他称之为"something wonderful"。这颗宝贵的卫星将和木星一起，成为未来太空旅行的中转补给站。

小结一下吧，我们可能觉得水是很稀松平常的，但其实水的理化参数只要比现在差一点点，生命就可能不会诞生。

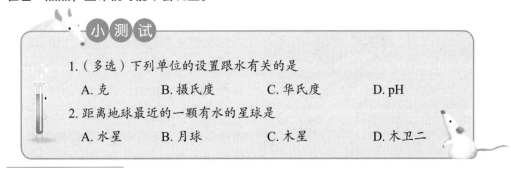

小测试

1.（多选）下列单位的设置跟水有关的是

    A. 克   B. 摄氏度   C. 华氏度   D. pH

2. 距离地球最近的一颗有水的星球是

    A. 水星   B. 月球   C. 木星   D. 木卫二

【参考答案】1. ABCD   2. D

⬡ 6. 冰为什么比水轻

上一节我们提到冰的密度比水小，即水结成冰以后，冰浮在水上，这说明固态水比液态水要轻，这实在是一个特例。这是因为水分子之间存在"氢键"。

"氢键"究竟是什么呢？为何如此奇妙？

我们知道水分子由一个氧原子和两个氢原子通过共价键结合在一起形成。氧原子大，电负性强，而氢原子小，在共价键这场"拔河比赛"中，弱小一方的氢原子

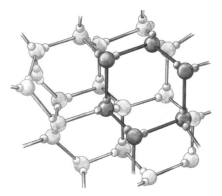

冰晶体的空间网状结构

的电子云就不可避免地被"拖"向氧原子，表现为氧原子稍带负电，而氢原子稍带正电。这个带正电的"半裸"质子特别容易被另一个水分子中带负电的氧原子的孤对电子吸引，形成较强的分子间作用力，这就是"氢键"！

氢键当然不仅仅存在于水中，只要有电负性稍强的、带孤对电子的元素，如氮、氧、氟等，跟氢原子形成极性键，将氢原子的电子云拖过去，就可以形成氢键。比如氢氟酸、氨水甚至更复杂的有机分子中都存在着氢键。

由于水中存在这么多分子间的"氢键"，所以水的物化性质和其他很多物质相比明显不同。比如水比硫化氢的沸点高，那是因为水中有很多的氢键，分子间作用力强，而硫化氢就没这么多牵绊，早早地沸腾了。同理，氨的沸点高于磷化氢，氟化氢的沸点高于氯化氢。

水是液态的时候，流动性较好，好比在热闹的舞场中，两个水分子相遇且相拥成键了，滑过一段短暂的舞步，然后迅速离开，寻找新的舞伴。而结冰以后，在冰雪严寒之下，水分子们冷静了不少，回到了自己的座位，相邻水分子之间都有氢键形成，构成四面体结构。这种四

水分子里，"大哥"氧原子拼命地拖拽氢原子的电子云。

面体结构对空间的利用率较低，因此冰比水疏松，密度只有水的 0.9 倍，这才能让我们看到冰浮于水上的反常现象，而其他大多数物质的固态都比液态密度大，会敦实地沉于液体之下。

　　冰比水轻只是氢键的魔力的一个很小的表现，氢键在各个方面都影响了很多物质的物理化学性质，甚至影响到 DNA 的形成。DNA 之所以能够以双螺旋结构稳定存在，主要依赖于氢键。

　　类似的情况还出现在蛋白质的结构里。蛋白质的二级结构有 α 螺旋和 β 折叠。α 螺旋中肽链内或各肽链间存在氢键，β 折叠中并列的肽链互相以氢键连接起来。如果没有氢键的存在，蛋白质的结构就没有那么紧致，而是松松垮垮的，根本无法充当生命的骨架。

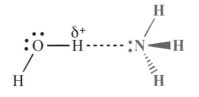

氨水中也存在氢键，因此氨在水中的溶解度超级大。

冰能够浮于水面,氢键起到了重要作用。

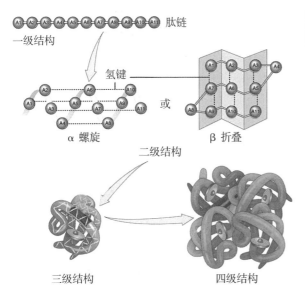

蛋白质依靠氢键形成 α 螺旋和 β 折叠两种形式的二级结构。

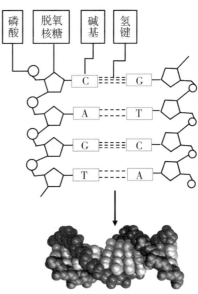

图片为 DNA 的平面与立体结构。两条链上的碱基通过氢键连接成碱基对。

羊毛就是一种蛋白纤维，弹性好，保暖，因此人们非常喜爱用它做衣服。它的主要成分为角蛋白，由多种氨基酸构成，分子间形成氢键。当我们拉伸羊毛的时候，会感觉到一股张力让羊毛回缩，这就是氢键的力。羊毛衫不能用温度高的水来洗，因为这样容易使蛋白纤维里的氢键断裂，羊毛的韧性和弹性就永久性地丧失了，羊毛衫看起来就会失去形状，松松垮垮了。

2013年，中科院国家纳米科学中心拍摄到了氢键的照片，证明了氢键绝非科学家幻想出来的，而是真实存在的科学事实。

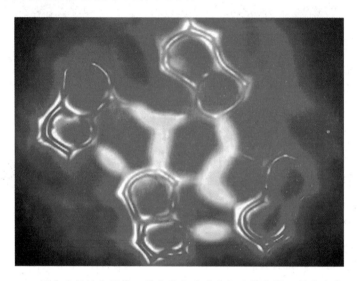

　　图片为氢键的照片，其中黄色为重点标出的氢键。很多事物一开始只存在于科学家的理念之中，在普通人看来，他们的一些想法过于疯狂，但这些想法若是科学的，最终一定会被事实证明。

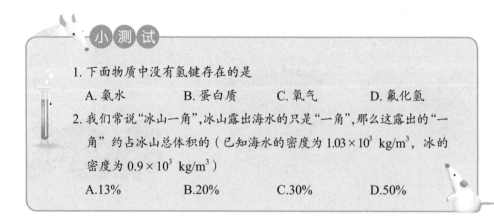

小测试

1. 下面物质中没有氢键存在的是

　　A. 氨水　　　　　B. 蛋白质　　　　C. 氧气　　　　D. 氟化氢

2. 我们常说"冰山一角"，冰山露出海水的只是"一角"，那么这露出的"一角"约占冰山总体积的（已知海水的密度为 1.03×10^3 kg/m^3，冰的密度为 0.9×10^3 kg/m^3）

　　A. 13%　　　　　B. 20%　　　　　C. 30%　　　　　D. 50%

【参考答案】1. C　2. A

⬡○ 7. 水性化让我们的世界更加健康

前面我们提到水是一种万能溶剂，但是很遗憾，我们已知的化学物质远不止一万种，不管是天然的还是人造的，总有很多化学物质不溶于水。很让人头疼的是，这些不溶于水的化学物质对我们的生活、生产是很必要的，比如美食中的添加剂，家装油漆中的活性物质，为美女增姿添彩的化妆品，令豪车中的皮具、饰

挥发性有机物（VOC），是常温常压下易于挥发的有机化合物，如甲醛、甲苯、苯、二甲苯等物质。

我们拒绝 VOC！

品更加鲜亮的添加剂，在各种各样的包装上起黏结作用的胶水等。

在人们还没有办法用水去溶解它们的时候，我们只能用其他类型的溶剂，但是很不幸，大多数溶剂都是对人体有害的，比如甲苯、四氯乙烯等。这些溶剂的挥发性通常都很强，如果被人们吸入体内，则会对人体产生危害。这些溶剂类物质和其他常温常压下具有挥发性的有机化合物统称为 VOC（挥发性有机物）。

值得庆幸的是，化学家们已经在帮我们解决这些潜在的危害了，他们发现很多活性物质能溶于烃类溶剂是因为它们亲油，相似相溶嘛。而我们知道油类的东西是不能溶于水的，在家里我们就可以尝试一下把油倒在水里，油会浮在水上。那么有没有一种东西能作为油类物质溶于水的介质呢？还真有，这就是表面活性剂。它既含有亲油的基团，也含有亲水的基团，可以同时溶于水和油，也就可以当作油和水之间的桥梁，帮助油分散在水里。

其实，人类很早就接触表面活性剂了，4 000 年前人们就发现把羊油和草木灰混合在一起，可以做成肥皂，肥皂就是最早的表面活性剂。

表面活性剂是一种很神奇的东西，根据不同的需要，它具有润湿、渗透、流平、乳化、起泡、消泡、增溶、分散、增稠、洗涤等作用，可谓"八面威风"。我们今天只谈谈它的乳化性能，那就是如何将不溶于水的物质溶解到水里，做成"乳液"。

2012 年，全球表面活性剂的产量已经超过 1 500 万吨。很多不溶于水的物质都

已经通过使用表面活性剂而水性化了，比如我们用的洗发水、我们家里装修时用的乳胶漆，大家尽可以放心，这些都不会对我们有VOC危害。

但是，仍然存在着一些领域需要工程师们继续努力。他们不仅要面对技术上的难题，更多的时候是在面对使用习惯、利益集团甚至法律法规这几座大山。

大部分农药的活性物质都不溶于水，过去乳油剂型的农药在市面上最多，大多数含有芳烃溶剂，一些溶剂比如二甲基甲酰胺（DMF）甚至有致癌作用。这样的剂型对人体有害，也很难分散开，容易形成残留。难怪我们的当家主妇们在清洗蔬菜水果的时候，要花费大量的时间去冲洗才能让自己放

金属加工使用水基的全合成金属加工液，安全环保。

心。目前，我国正在严格控制有毒有害溶剂和助剂的使用，开发和推广水剂类农药。

金属制品存在于我们生活的方方面面。从矿石里冶炼出来金属，到加工成商品，需要我们的工人师傅们将金属切割加工成我们需要的形态。在加工过程中，需要用到金属加工液，它们起到润滑、冷却、清洗、防锈的作用。过去的金属加工液是矿物油基的，现在我们的工程师开发出了合成型金属加工液，将矿物油乳化，甚至不用矿物油。这样不仅节省了成本，而且会更加安全。

幼儿园地坪使用的涂料可能不环保哦！你希望孩子们在开心玩耍的时候，吸入可怕的溶剂吗？

涂料与我们的日常生活关系紧密。在我们小时候，家里装修时能闻到那种"甜甜"的味道。现在我们的工程师已经成功将乳胶漆水性化，所以你在装修的时候，大可不必担心你家墙上刷的乳胶漆，而更应该关注你的家具和地

板，因为现在水性的木器漆还处于开发起步阶段。

同样值得注意的是用于地坪的涂料，我清楚地记得，当公司地下停车库的地坪在施工的时候，身处 17 楼的我们也可以闻到很浓重的气味，员工根本无法专心工作，更低楼层的人们就不用说了。那医院、学校和幼儿园的地坪呢？

可喜的是，财政部、国家税务总局从 2015 年 2 月 1 日起，对于施工状态下挥发性有机物（VOC）含量大于 420 g/L 的涂料征收消费税。2015 年 7 月 1 日起，深圳全面禁用严重危害市民身体健康的溶剂型涂料（油漆）、胶粘剂等不合格装饰装修材料，成为在全国率先限制溶剂型涂料（油漆）销售和使用的城市。

目前看来，溶剂型涂料被取代是大势所趋，虽然涂料水性化过去被技术难题困扰，但在政策指引和法规压力之下，研发新型的水性涂料必定蕴藏着巨大的商机。

作为消费者，我们在进行家庭装修的时候，能不能跟设计师、装修公司强调：为了家人的健康，我们不用溶剂型涂料。我们在面对社区物业的时候，能不能坚定信念：我们不会为了节省一点儿物业费而允许你们使用溶剂型涂料，这会伤害到我们的孩子。

关于氢元素以及水的故事，我们已经说了很多了。氢是最简单的元素，它的简单得到了众多物理学家的关注，尼尔斯·玻尔因提出氢原子结构模型而获得了诺贝尔奖。但是到了下一个元素氦（一个氦原子内部有一个氦原子核和两个电子），物理学家的兴趣就不那么浓了，因为三体问题不可解，而化学家会更加关心后面的故事。

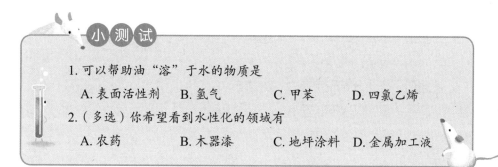

小测试

1. 可以帮助油"溶"于水的物质是

　　A. 表面活性剂　　B. 氢气　　　　C. 甲苯　　　　D. 四氯乙烯

2.（多选）你希望看到水性化的领域有

　　A. 农药　　　　　B. 木器漆　　　C. 地坪涂料　　D. 金属加工液

【参考答案】1. A　2. 略

第二章

氦

就算很冷很孤单，我也要释放自己的红色光芒。

元 素 档 案

姓名：氦（He）。

排行：第2位。

性格：极不活泼，乐于享受一个人的精彩。

形象：单分子气体，一个人也能飞起来。

居所：广泛分布于宇宙中，含量丰富，仅次于氢元素。

第二章　氦（He）

氦（He）：位于元素周期表第2位，是宇宙中含量第二多的元素，但其在地球上的含量非常稀少，以至成为"太阳元素"。它是最不活泼的元素之一，也是不能在标准大气压下固化的物质。在超级低温下，液氦成为超流体，其颠覆性的表现将人类带入神奇的低温世界。

1. 太阳元素氦

氦元素最初被发现，不是在地球上。

牛顿用三棱镜发现了白光是由七种颜色的光组成的。化学家本生和物理学家基尔霍夫这一对好基友让不同元素的盐在本生灯上燃烧，再让发出的光芒通过三棱镜，结果发现每种元素都有属于自己的一套特征光谱，从此以后，光谱分析成为重要的科学实验方法，科学家们据此发现了很多新元素，这些细节我们后面会详细讲。

日全食是天文爱好者和天文学家甚至所有科学家的盛宴，月球挡住了太阳的光球，将太阳的外围清楚地暴露在太空里，地球上的人们得到了宝贵的机会去研究太阳大气甚至太阳以外的东西，科学家们会不远万里，奔波到最适合观测日全食的地方。历史上很多科学发现都借助了日全食这一机遇，其中，最有名的莫过于爱丁顿远道跋涉到南半球观测日全食，发现太阳的引力确实让远处的星光发生了偏折，从

牛顿第一个用三棱镜打开了光的"魔盒"，接下来的几个世纪里，光是波还是粒子的论战让人类对于光，甚至对于时间、空间的认识都前进了一大步。而在化学领域，牛顿之后的本生、基尔霍夫开创了光谱化学。

古希腊神话中的太阳神叫赫利奥斯，他每天早晨从东方升起，乘着四匹喷火的马拉的金车在天空开始至西之游，傍晚降临在俄刻阿诺斯的彼岸。他的儿子法厄同觉得好玩，也想驾驶父亲的金车练练手，结果被烧死。如果你管不住自己的孩子，可以给他讲法厄同的故事吓他，比老虎、警察的效果会好很多。

而证明了爱因斯坦广义相对论是正确的。

1868 年 8 月 18 日也是精彩的一天，法国天文学家让森来到印度把望远镜对准了太阳观察日全食，希望能够观察到日珥。他让阳光通过了当时最流行的分光镜，在光谱中，他找到了一条从未发现过的黄线。两个月以后，其他人也在太阳光谱里发现了这条新线。

按照当时大家的认识，发现了新的特征光谱意味着发现了新元素。由于这条线从来没有在地球上的物质的光谱里找到过，大家都认为这是只有在太阳上才存在的元素。甚至有人猜想，太阳正是因为有这种元素，才能发光发热。化学界一致同意以古希腊神话中的太阳来命名这种新元素，这是人类第一次在地球以外发现的新元素。

20 多年以后，人们几乎已经遗忘了这件事。英国化学家拉姆塞发现了稀有气体氩，他想让氩跟别的元素化合，都以失败告终。有一天他正忙得焦头烂额时，有人告诉他把钇铀矿放到硫酸里以后会冒出很多气体，让他看看是不是氩。拉姆塞把这些气体收集起来，让它们通过高温的镁粉，去除了氧气和氮气，然后他观测剩下的气体的光谱，里面确实有氩元素的光谱，但是同时又发现了一条黄线，一开始他以为是钠元素。

化学家都有强迫症，他想："我又没把管子洗干净，该死的食盐又出现了。"然而，无论他如何仔细地清洗装置，那条黄线还是存在着，而且总是和钠元素的黄线保持一定距离。"该死，我的分光镜坏了！"拉姆塞开始抓狂，又去折腾他的分光镜。

又是好几百次尝试，他尝试了所有的办法，但这条和钠元素的双黄线谱线保持一定距离的神秘黄线一直存在。终于他陷入了癫狂，"是不是上帝在跟我开玩笑？"拉姆塞甚至开始这样想。因为自从本生和基尔霍夫以后，物理学家和化学家就知道钠元素的双黄线谱线是有一定不变的位置的，不管你观测的是从高山上或大海里找到的不同的钠盐，还是观测太阳，钠元素光谱中的双黄线一定会出现在同样的位置！

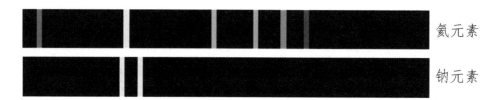

氦元素

钠元素

上面为氦光谱，下面为钠光谱。二者的黄线谱线的位置差不了多少，但是这一点点是逃不过科学家的火眼金睛的。从事科学研究，必须有钻牛角尖的精神。

最后他实在没招儿了，把装有这种气体的管子邮寄给了好朋友克鲁克斯，过了几天，得到了好朋友的电报："请您过来看看吧，那管子里的就是氦！"

太阳元素终于在地球上被发现了！

为什么氦元素之前一直没有被发现呢？其实空气里是有氦元素的，但是实在太少，大约占整个体积的0.000 5%。而钇铀矿里的氦元素又是从哪儿来的呢？

原来铀是一种放射性元素，它每时每刻都在放射出三种射线：α射线、β射线和γ射线。其中α射线就是氦原子核，所以氦原子核也叫α粒子。它是一种穿透性很弱的射线，甚至用一张纸就可以挡住它，α粒子在捕捉到一些自由电子以后，就形成了氦原子。因此在放射性物质周围，经常会发现很多氦元素。

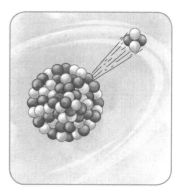

放射性元素放射出的射线里面就有α粒子，其实就是氦原子核。

从宏观上看，被封闭的天然气里面经常会有氦气，目前，发现的氦气储量最大的地方在美国的大平原底下，其中，个别天然气田中氦气平均含量竟然可以达到7%。

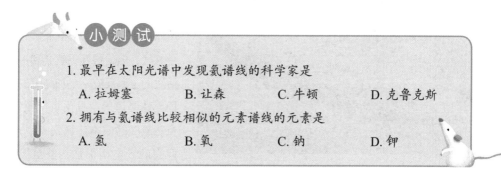

小测试

1. 最早在太阳光谱中发现氦谱线的科学家是

　　A. 拉姆塞　　　　B. 让森　　　　C. 牛顿　　　　D. 克鲁克斯

2. 拥有与氦谱线比较相似的元素谱线的元素是

　　A. 氢　　　　　B. 氧　　　　　C. 钠　　　　　D. 钾

【参考答案】1. B　2. C

🧪 2. 太阳元素来到地球

氦被发现之后，因为它几乎不和别的元素反应，所以很长时间内没有什么突出的应用。最容易被人想到的是，因为氦气很轻，仅仅比氢气重一点儿，所以可以用于飞艇。现在说到飞艇我们可能会觉得挺稀有，但是在 20 世纪初这可是非常时髦的玩意儿，富人和有身份的人都以坐飞艇为荣。当时甚至有这样的航线，乘飞艇从欧洲直飞美国，兴登堡号就是其中最著名的一架飞艇，号称飞艇界的"泰坦尼克"。

当时，由于美国对德国禁运氦气，所以德国的兴登堡号只能使用氢气。1937 年 5 月 6 日，兴登堡号快要结束它的第 13 次跨大西洋航行，准备在终点站美国新泽西着陆。飞艇上的社会名流们刚刚结束了钢琴 party，享受过美酒佳肴，地面上的人们怀着羡慕嫉妒恨的心情注视着这架由远而近的飞艇。

由于暴风雨，飞艇一直在空中盘旋无法着陆，一直到了傍晚 7 点多，飞艇上放下两条绳索，准备着陆。这时，飞艇尾部突然发生了两次爆炸，整个飞艇燃起熊熊大火。不到一分钟，整个飞艇成了一团火球，跌落到地上。地面上迎候的人群本来正在准备欢迎仪式，最终却目睹了一场空难，当时地面上有 22 台摄像机，这场悲剧被全程拍摄下来，更多的人通过电视机目睹了这次灾难。

从此以后，再也没有人用纯氢气作为飞艇燃料了，我们现在偶然看到的商业飞艇里面都充有氦气，而氦气非常昂贵，这使得飞艇作为一种交通工具成为历史，很多投资飞艇的公司都因此而破产。

1936 年德国举办奥运会，兴登堡号甚至给希特勒长了很多脸。兴登堡号空难，结束了飞艇作为交通工具的短暂历史。新技术开发与投资需谨慎。

氦气是最不容易和别的元素化合的元素之一，因此经常用作保护气体。一般的保护气体是氮气，但是氮气仍然会和一些活泼的金属反应，更加高级的保护气体是氩气，且比氦气便宜。虽然氦气的成本比氩气高很多，但它的导电性很强，甚至接近铝和铜，所以经常用作硅片切割与金属焊接的保护气。

氦气作为一种资源，不仅仅因为它可以用作飞艇填充气体和焊接保护气体，它还具有重要的科研价值。美国的氦气储量占全球储量的 70% 以上，美国一直将氦气作为战略资源储备，抬高氦气的价格，限制出口，足见他们对氦气资源的重视。

硅片是生产太阳能电池和电子设备的重要材料，切割的时候要用氦气保护。

我国的氦气资源主要分布在四川的天然气气田，现在已经枯竭，接下来，氦气资源将严重制约我国的科研发展，原因就在于它开启了低温物理时代，从此氦元素走上了科研舞台，成为一颗耀眼的明星。甚至可以说，氦元素带领我们进入了另一个奇异的世界，这一点我们后面再说。

讲完地球上的氦元素，让我们把视线转移到头顶的月球。月球富含氦的同位素氦 3，这是一种高效、清洁、安全、廉价的核聚变发电燃料。有人计算过，10 吨氦 3 就能满足我国一年所有的能源需求。而之前统计过，月球上至少有几百万吨氦 3，这才是真正潜力无限的能源，当然前提条件是人类掌握低温核聚变技术。在科幻电影《月球》中，克隆人的工作就是在月球上开采氦 3。

氦还和氖一起作为发光气体，用于霓虹灯。氦氖激光器也是应用之一。

1. 下面不是氦气应用的是

    A. 飞艇　　　B. 保护气体　　　C. 燃烧供热　　　D. 激光器

2. 氦的同位素中可作为理想的核聚变发电燃料的是

    A. 氦 2　　　B. 氦 3　　　C. 氦 4　　　D. 氦 5

【参考答案】1. C　2. B

3. 开启低温世界之门

氦气被制取出来以后，如何让它变成液体甚至固体就成了科学家面对的一大难题。到了1908年，荷兰物理学家奥涅斯才将它液化，条件是让氦气的温度低于1 K（−272.15 ℃），也就是非常接近绝对零度。要知道，氢气在4 K（−269.15 ℃）的时候已经变成固体了。同时，奥涅斯还发现在常压下液氦无法变成固体。一直到了1926年，他的学生基索姆才通过降低温度和增大压力，得到了1 cm³的固体氦。

现在人们知道，氦气是最难液化的气体。因此，用液氦去冷却其他物质达到超低温是最有效的一种方法。低温物理中有两个标识温度，一个是液氮温度（−196 ℃），另一个就是液氦温度（接近绝对零度）。

1938年，苏联科学家卡皮查发现液氦接近绝对零度的时候，黏度似乎消失了，科学家们把这种现象称为"超流体"，把这种无黏度的氦称为"氦Ⅱ"。在继续深入研究以后，科学家发现这种"超流体"的神奇之处还有很多。如果将它放置于环状的容器中，由于没有摩擦力，它可以一直流动，甚至能从碗中"向上滴出"而逃逸。

▲ 用小勺盛放氦Ⅱ，挂在半空中，勺底出现了一滴氦Ⅱ，不一会儿，勺里的液体就"漏光"了。

▲ 将一个杯子放进氦Ⅱ，杯子高于液面，外面的氦Ⅱ会自动流入杯子。

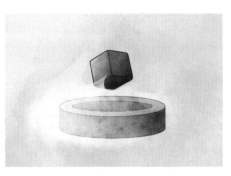

◀ 在液氦温度下，在一个铅环上放置一块儿磁铁，磁铁好像失重一样飘浮在铅环上，与铅环保持一定的距离，这叫"迈斯纳效应"。

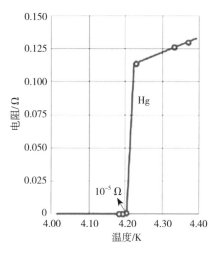

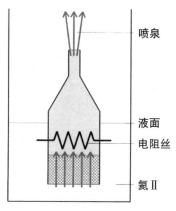

▲ 当温度降到 4.20 K 以下时，汞的电阻会变为 0 Ω，这就是传说中的"超导"。后来人们发现，有些物质在稍高一点的温度时也会有超导现象，这引发了 20 世纪超导科研的开展。

▲ 取一罐超流体氦（氦Ⅱ），将一只无底的细颈胖肚瓶置于其中，瓶底放置一个仅超流体可以透过的多孔塞。上面用电阻丝加热，受热的超流体氦会转化成非超流体，瓶内外的超流体就有了浓度差。非超流体无法通过多孔塞，而超流体无孔不入，于是罐里的超流体氦不断往上涌，形成了美丽的喷泉。

这些现象简直颠覆人类的常识。在科学家开展研究以后，发现这就是玻色－爱因斯坦凝聚态——气态、液态、固态、等离子态之外的第五种形态。

1924 年，年轻的印度科学家玻色给爱因斯坦写了一封信，提出了自己的设想：同类的所有原子都是一样的，不可区分。之前他的论文已经屡遭拒稿，但是爱因斯坦很重视他的想法，并且经过自己的研究，得出结论：当温度足够低，原子运动速度足够慢的时候，将会存在一种"玻色－爱因斯坦凝聚态"——物质的原子都进入同一最低能量的量子态中，宏观上物质将表现出量子效应。

▶ 爱因斯坦给玻色回信。年轻的玻色坚持真理，爱因斯坦没有摆出学霸架子，他们一心一意探讨科研的精神受人尊敬。

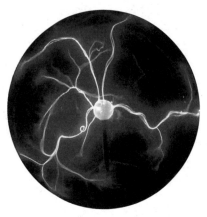

神秘的"球状闪电",难道也是"玻色－爱因斯坦凝聚态"吗?

是不是有点似曾相识的感觉?这种物质形态类似于刘慈欣的作品《球状闪电》里的"宏原子"①。其实没有那么神秘莫测,现实中真的就有"宏原子"。

低温世界谜团多多,让我们的科学工作者找到了很多发展方向,其中,超导就是最典型的例子。从20世纪初一直到现在,科学家就在不断尝试提高超导体的临界温度,目前在液氮温度下已经成功,最终的梦想是在室温下实现超导。如果这个梦想成真,我们的能源损耗将会大幅节省,这个意义将会超过一万个三峡工程。

在看到前面的低温迈斯纳效应,就是那个磁铁悬浮图片的时候,我们可以想到,如果高温超导可以实现,超导磁悬浮也不是梦了。上海的磁悬浮列车利用电磁的能量作为动力,这仍然属于传统动力。如果实现了超导磁悬浮,列车速度将会更快,这一科技甚至在航空航天方面都会起到作用。

认识低温并探索其中的奥秘,让我们对世界的认识又前进了一大步,而且有些推论甚至影响到宇宙观、时空观。比如,有人认为时空就是一种"超流体",这已经超越我智慧的极限了,需要大神来给予解释。

1. 下列气体中凝固点最低的是

　　A. 氢气　　　　B. 氧气　　　　C. 氮气　　　　D. 氦气

2. 下列超导体的应用中最有可能改变我们日常生活的是

　　A. 超导磁悬浮列车　　　　　　B. 研究球形闪电

　　C. 炮制论文　　　　　　　　　D. 表演魔术

---

① 宏原子是著名科幻作家刘慈欣在其作品《球状闪电》中虚构出的对球状闪电的一种解释。宏原子以"空泡"形式存在,被雷电等激发为激发态后成为球状闪电。宏原子具有原子的一般特征,在没有观察者的情况下呈量子状态。

【参考答案】1. D　2. A

第三章

锂

轻柔却不失担当，甘心做你的锂电池，陪你走遍四海八荒。

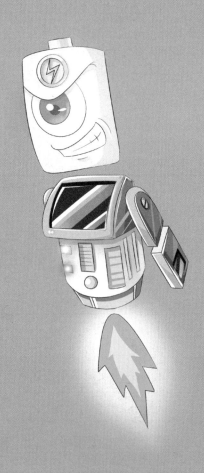

元 素 档 案

姓名：锂（Li）。

排行：第3位。

性格：活泼，乐于贡献电子，但相
　　　比于其他碱金属兄弟，对键
　　　合电子的吸引力较大。

形象：虽是金属，却十分轻盈，在
　　　煤油中也能轻松漂浮。

居所：在地球上主要存在于锂辉石、
　　　锂云母等矿物中。

第三章　锂（Li）

锂(Li):位于元素周期表第3位,质软,是最轻的金属。锂的化学性质活泼,能够与水直接反应,一般存放于液体石蜡中。锂最具代表性的应用实例就是锂电池了,然而,最近几年来连续发生的起火事故,使人们不得不重新考虑锂电池的安全性标准。

我们终于要谈到第一种金属元素了。锂元素的主要特点就是"轻",密度只有 0.534 g/cm^3,比煤油还轻,更不用提水了,它是最轻的金属。

锂元素虽然很轻,却是宇宙大爆炸产生的最重的元素了,它在宇宙中的丰度比氢元素和氦元素少得太多,不成比例,这被称为"宇宙学锂差异"。更让天文学家感到奇怪的是,老恒星里的锂元素很少,一些年轻的恒星里的锂元素更多。天体物理学家仔细研究后发现,恒星这座元素的大熔炉无时无刻不在发生核聚变反应,将较轻的元素聚变为较重的元素。氢核和氦核确实能聚变成锂核,但锂核会继续和质子(氢核)结合生成两个氦核,这种核反应只需要 $2\,400\,000$ ℃就可以发生了,而这是很多恒星都可以轻易达到的温度。因此,锂元素实际上是氢元素聚变成氦元素的催化剂。

锂轻到在煤油里也能浮起来,如果不是它的化学性质过于强烈,简直是飞行器理想的材料。

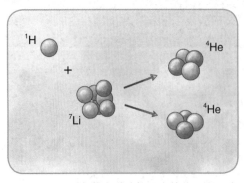

由于锂元素具有这种核反应性能,所以太阳上锂元素的丰度甚至比地壳上的还要少。

地壳的锂元素比太阳上的要多一点,但跟其他元素相比还是太少了,所以人类很晚才发现它。19 世纪初,瑞典发现了一种矿石，人们叫它"petalite"，现在翻译为透锂长石。1817年，贝采里乌斯的徒弟埃维森仔细研究了这种矿石，发现其中含有一种与戴维发现的钠、钾类似的新元素，只是这种新元素形成的碳酸盐的溶解性较差。贝采里乌斯认可了徒弟的发现，由于这种新元素是从矿石中提取出来的，类似于钠、钾两元素分别用苏打和草木灰命名，老贝用希腊文中的"石头"给新元素命名，译成中文就是锂。

锂元素在19世纪默默无闻，进入20世纪后半叶，锂竟然变成一种很有用的元素，有些奇妙的应用简直让你难以想象。

锂电池

自伏特发明了最早的电池——伏特柱开始，电池就逐渐成为科学实验、生活起居不可缺少的一部分。到了20世纪七八十年代，最受重用的是铅蓄电池和碳锌电池。铅蓄电池当时主要在机车里面用，而碳锌电池主要在我们日常生活的家用电器中使用。20世纪初就有人提出锂电池的概念了，在相同条件下，锂作为负极的电极电势更小，为–3.04伏特，这意味着在正极材料相同的条件下，一单位的锂电池能产生的电势差更高。此外，锂的密度小，转运相同电子，金属锂的质量比其他的金属小，根据能斯特方程可以推算，锂电池的能量密度非常高。

20世纪80年代以后，锂的开采成本大幅度降低，锂电池开始商业化。1992年，索尼公司研发出了可以充电的锂电池，这使得电子产品轻便化成为现实，在接下来的这些年里这项科技简直改变了世界。

◀锂电池在汽车电动化的进程中扮演重要的角色。

▶一部智能手机拥有如此多的功能，在20世纪90年代以前几乎不可想象，锂电池让这一切成为可能。

我国第一枚氢弹模型

过氧化锂与氘化锂

由于锂特别轻，所以过氧化锂可以在潜水艇里用作氧气的发生器。同样的原理，过氧化锂也可以用在太空飞船里。

氘化锂作为热核聚变的主要材料，用于氢弹的制造中。

"减肥"元素锂

科学家发现狼吃了含锂元素的化合物以后，会食欲不振，而且这种现象还有遗传性。这让减肥产业得到了一个方向，当然，目前还只处于研究阶段，未来众多美女们有可能不再需要用各种"励志言语"来鞭策自己减肥了，一粒含锂元素的减肥药就能帮助您和您的后代们永不变胖。

1. 下面不是锂元素的应用的是

    A. 电动汽车   B. 笔记本电脑   C. 手机   D. 治疗厌食症

2. 中国第一颗氢弹使用的热核材料是

    A. 氢气   B. 铀   C. 氘化锂   D. 氦气

【参考答案】1. D   2. C

第四章

铍

元素特写

拥有绿柱石家族的高贵血统，
能做宝石能航天，任是有毒也甘甜。

元素档案

姓名：铍（Be）。

排行：第4位。

性格：比较活泼，但能够自制致密的
外衣阻隔空气的伤害。

形象：银灰色金属，轻而硬，口感甜
却有剧毒，一流的暗杀高手。

居所：在地球上主要存在于绿柱石等
矿物中。

第四章 铍（Be）

铍（Be）：位于元素周期表第 4 位，蕴藏在美丽的宝石中。铍是最轻的碱土金属元素，它的化学性质活泼，表面能形成致密的氧化保护层。铍轻而硬，添加在青铜中可形成耐磨、耐腐蚀的铍青铜。铍还能用在核反应堆中，作为中子的提供源及反射器。铍尘有剧毒，处于一类致癌物清单中。

海蓝宝石

祖母绿

第 4 号元素铍是一种宝石元素！无论是象征爱情幸福的海蓝宝石，还是代表平安幸运的祖母绿，其主要成分都是铍铝硅酸盐。

美丽的海蓝宝石被称为"爱情之石"，也因为它与水的关系，人们相信它可以捕捉海洋的灵魂。在电影《加勒比海盗》中，如果你仔细观察，就会发现佩戴着许多花哨玩意儿的水手们，脖子上大多戴着一块儿蓝色的宝石，那就是海蓝宝石，他们相信海蓝宝石会在海洋上庇护他们。尊贵典雅的祖母绿属于绿柱石家族，远至古埃及法老，近到明清帝王，无不对这"绿柱石之王"倾心。

物以稀为贵，海蓝宝石和祖母绿之所以如此稀少是有原因的，那就是铍元素在整个宇宙中的稀缺，原子序数为 4 的铍元素甚至比锂元素还要稀少一点。在铍元素的三种同位素铍 8、铍 9、铍 10 中，只有铍 9 稳定，铍 8 可以由两个氦原子核聚变而成，但是太不稳定，而铍 10 原子核也很容易与中子或者 α 粒子反应，释放中子。

绿柱石在地球上主要分布在巴西、美国、俄罗斯、南非等地。将铍从矿石中冶炼出来，需要 1 500 ℃以上的高温，世界上有能力提炼出铍的国家只有中国、美国和哈萨克斯坦三个国家。然而需要注意，千万不要被宝石的美丽迷惑了，铍其实是有剧毒的，人吸入极微量的铍粉末就可能致死。所以如果未来铍的应用成为一项产业的话，一定要谨防那些无良资本家们不顾工人死活。

既然铍元素如此稀缺，200多年前的科学家能够从绿柱石中发现铍元素，自然是不容易的事情。德国化学家克拉普罗特、瑞典化学家伯格曼等人都研究过绿柱石，认为它是一种硅酸铝。1798年，法国化学家沃克兰应邀对绿柱石和金绿石进行了研究，发现这两种矿物的化学成分是一样的，并且都含有一种新的元素。他认为这是一种未知元素，由于这种未知元素形成的盐有甜味，他用希腊语中代表"甜"这个含义的词来命名。后来克拉普罗特发现另一种元素钇的盐也有甜味，提议还是用绿柱石（beryl）来命名铍元素（Beryllium），译成中文是"铍"。

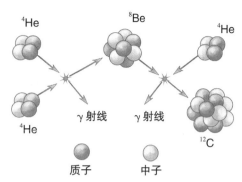

由于铍 8 的半衰期只有 7×10^{-17} 秒，存在时间极短，所以上面的反应似乎很难发生，但是恒星的巨大和时间的漫长，以及神秘的量子隧穿效应，使得这种反应成为可能。铍元素只能作为碳元素形成的催化剂，铍原子核的这种核反应性能决定了它在宇宙中的稀少，也使我们的绿柱石更加珍贵。

你可能会想，绿柱石不是很珍贵吗？为什么要把其中的铍元素提炼出来呢？原来，铍元素在工业上起着很重要的作用。

核反应堆的功臣

前面提到，铍原子核容易与中子反应，一个铍9原子核会接受一个中子，然后变成2个氦原子核，并释放出2个中子，这是不是和原子弹的链式反应很相似？其实这就是一种链式反应，只不过不会像原子弹那样猛烈。铍的这种特性可以让它在核反应堆中成为中子的提供源。此外，铍对快中子

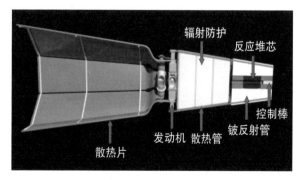

这是一个微型的核反应堆，其中铍包裹在核反应中心周围，作为反射器。这种微型的核反应堆可以用于未来的深空探测器。

有很好的减速作用，因此可以做成核反射管，有助于更加有效地利用中子，也防止中子外泄，对周围的人、动植物产生辐射伤害。

金属玻璃

在元素周期表中铍是第4位元素，原子核很小，它的X射线透过率在所有的金属中最强，因此铍经常作为X射线窗口的材料，被称为金属玻璃。

铍青铜

在青铜中加入一点点铍，可以有效提高青铜的强度和弹性，并且可以让青铜更加耐腐蚀。这种材料叫铍青铜，高度耐磨、耐腐蚀，可用于海底电缆等。将铍加入铁或者镍做成合金，也有意想不到的效果。

铍目前的成本还很高，但是可以想象一下，锂以前的成本也很高，但是锂电池的需求促进了锂生产的发展，也因此降低了成本。成本和需求，有时候是先有鸡还是先有蛋的问题。未来，如果铍的应用发展很快，铍的成本也会降低，也会相应促进铍应用的发展。铍青铜等合金肯定会走上更大的舞台。

未来的航天元素

如果说锂是轻而软的，那么铍就是轻而硬的。

目前的航天材料主要采用铝，钛正在登上航天舞台。铍元素的密度是钛元素的一半，要知道，在航天工业中，重量增加意味着要消耗更多的燃料，而燃料本身又占重量。铍元素还有最吸引航天工作者的一点在于它的吸热性能特别强，因此铍元素已经进入了航天工作者的视野，迟早有一天，它将在人类的太空飞船上大放异彩。

小 测 试

1. 有铍元素存在的宝石是

    A. 钻石   B. 绿柱石   C. 红宝石   D. 黄宝石

2. 下面国家中不具有工业规模提炼铍的能力的是

    A. 日本   B. 中国   C. 美国   D. 哈萨克斯坦

3. 铍能够为核反应堆提供中子，并对快中子有很好的减速作用。为什么当前普遍使用的核反应堆要减慢中子的速度？

【参考答案】1. B   2. A   3. 中子的速度太快，会与核燃料铀235原子核"擦肩而过"，铀核不能"捉"住它，不能发生核裂变。

第五章

硼

寻常的外表，不寻常的硬度，能让玻璃变强，能帮作物开花。没错！我就是你视而不见的"superman"。

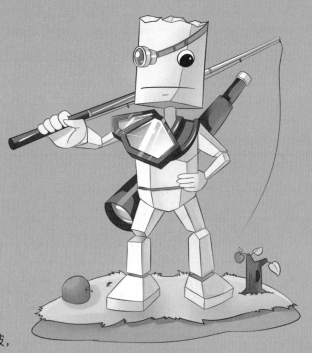

元 素 档 案

姓名：硼（B）。

排行：第5位。

性格：坚毅且稳定（类似于铍，能自制防护罩）。

形象：黑灰色的固体外观、接近金刚石的硬度彰显其硬汉品质。

居所：主要存在于硼砂和钠硼解石中。

第五章　硼（B）

硼（B）：位于元素周期表第 5 位，黑色或深棕色粉末，是一种类金属。天然的硼主要存在于硼砂及钠硼解石中。硼轻而耐磨，硬度接近金刚石，因此，硼纤维的强度甚至超过钢。在玻璃中加入一定的氧化硼，能提高玻璃的耐热性能，使得含有硼元素的玻璃厨具美观耐用。

与前面的几种元素不一样，地球上的硼元素跟宇宙大爆炸无关，也不是在恒星内聚变合成的元素。

前面讲到铍的时候，我们已经知道在恒星内部，氦原子核聚变成铍 8 并进而聚变成碳 12，这中间跳过了 5 号元素硼，因此在恒星中很少发现硼元素。

但是地球上的硼元素竟然比锂元素、铍元素还要多，这是从哪里来的呢？那就是神秘的宇宙射线。浩瀚的宇宙中，分布着各种各样的星体，它们在不断地发展变化，类似太阳的普通恒星表面会有高能量活动，更不用说众多星系中随时会有超新星爆发、脉冲星的辐射，甚至还有传说中拥有超级能量的类星体和黑洞，这些都可能是宇宙射线的来源。这些高能量的宇宙射线穿越地球时，会与地球上的原子核发生反

宇宙太大，说不清宇宙射线是从哪里来的。它不仅制造了很多元素，还是基因变异、生命进化的催化剂，当然，也会导致癌症。

近年来，去北极、南极旅游成为高富帅们的选择，美丽的极光就是北极、南极著名的景观之一。

应，生成新的原子核和辐射，硼元素就是这样形成的。

你可能会嗤之以鼻，这看不见摸不着的宇宙射线似乎很难证明，其实它是可以看得见的。我们可爱的地球母亲拥有地磁场防护罩，将很多宇宙射线偏移到了两极，否则地球上癌症的发病率还要提高 n 倍。宇宙射线在穿越大气的时候，与大气中的分子、原子发生反应，形成了美丽的极光！

话题扯得有点远。由于地球是一个富含氧气的环境，硼元素在自然界中只能以化合物的形式存在。人类认识硼化合物的历史很早，传说从古埃及开始，人类就会使用硼砂制造玻璃和冶炼金属，中国在汉朝的时候就会生产硼砂玻璃，后来马可·波罗把中国的硼砂玻璃带到西方引起了轰动。有人说中国历史只有技术，没有科学，这似乎是一个例证，西方比我们晚接触硼化合物，但是他们试图研究里面的道理。

著名的大帅哥化学家戴维（不要着急，后面我们会有详细的故事介绍这位英国欧巴）1808 年试图电解硼酸盐的水溶液，得到了一些棕色的沉积物，他认为这可能是一种元素。后来他用钾去还原三氧化二硼，得到了一定数量的棕色的硼，他也借此宣布这是一种新元素，成为硼元素的发现者。后来法国科学家盖 – 吕萨克和泰纳尔也在高温下用钾去

天然的硼砂晶体

还原硼的氧化物获得硼。因此，目前公认硼的发现者是戴维、盖 – 吕萨克和泰纳尔三人。硼在高温下极易与氧气化合，因此他们制得的硼都不纯，一直到 1909 年，美国化学家 Ezekiel Weintraub 才制得了纯硼。

土耳其是地球上硼资源储量最多的国家，为什么这么集中没人能回答，我想这可以是地球史科学家去探索地球往事的一个课题吧。近年来中国对硼的需求量增长很快，这让土耳其的很多人发了财。

复合材料的后起之秀——硼纤维

如果说锂是轻而软的，铍是轻而硬的，硼就是轻而耐磨的，强度大。硼的密度只有 2.3 g/cm^3 左右，但硬度极高，摩氏硬度为 9.5，这已经接近金刚石了！工程师们用气相沉积法将硼沉积在钨丝、炭纤维、环氧树脂等复合材料上，增强高性能复合材料的强度。这种硼纤维的密度只有 2.5 g/cm^3，是钢的 1/3 还不到，但是强度比

钢高得多。

在复合材料市场上，无论是和快过气的环氧树脂、玻璃纤维相比，还是跟如日中天的炭纤维、芳纶纤维较量，硼纤维还属于后起之秀。由于开采成本高昂，硼的价格居高不下，这也限制了它的应用。目前硼纤维主要用在钓鱼竿、高尔夫球杆、高级电缆管道等，但是未来，谁知道呢？

从化学仪器到主妇厨具的硼硅玻璃

在玻璃中加入一定的氧化硼，可以降低玻璃的热膨胀率，提高玻璃的耐热性能，这就很强大了！硼硅玻璃可以让我们在实验室里少听到一些爆炸声，含有硼元素的玻璃厨具美观耐用，绝对是家庭必备物件。

作物生长必需的硼肥

对于高等植物来说，硼是必需的，现在国内以硼命名的化肥公司和化肥品种就不少。

▶中国很多土壤都缺硼元素，硼肥市场巨大！

◀天文望远镜的镜片如果用普通玻璃，会对热较为敏感，白天和晚上的折光率会有些许不同。天文学家们对"差之毫厘，谬以千里"特别敏感，这些许不同会让他们"很痒痒"，所以优质的天文望远镜镜片都必须采用硼硅玻璃。

正常与缺硼棉花对比

缺硼棉花蕾、花、铃（从左至右）均小，发育畸形，棉桃展不开，仅吐出部分花絮

缺硼

正常

硼与生命

2013年，有人提出一个惊人的假说：最早的RNA是在火星上由硼元素和钼元素作为催化剂合成的，在距今大约30亿年前，这些RNA通过陨石运输到地球上。这可真够雷人的！众所周知，RNA是DNA的前体，这就是说RNA从火星来到地球，然后进化出了生命，生命竟然来自火星！

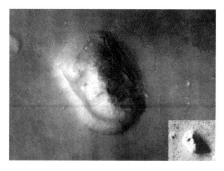

图片为在火星上拍到的"人脸"，你相信生命来源于火星吗？

这种假说的前提在于，科学家发现硼元素对于核酸的稳定很重要，这也能说明为什么硼元素对于作物成长有那么巨大的作用。而对于人类来说，科学家已经发现硼元素对于防止老人钙质流失很重要，另外还发现缺硼会使男人缺少男人味儿！但是我不建议男士们为了增加自己的男人味儿而去吃硼肥，多吃水果蔬菜可能是更好的选择。

目前，对于硼元素究竟怎样在生命中发挥作用还没有完全搞清楚，这将是一个诺贝尔奖级别的研究课题。

小测试

1. 硼元素的发现者不包括

    A. 大帅哥戴维　　B. 法拉第　　C. 盖－吕萨克　　D. 泰纳尔

2. 下面的说法中正确的是

    A. 极光是欧若拉女神画出来的

    B. 男人应该多吃硼肥，增加男人味儿

    C. 地球上的硼元素由恒星里更轻的元素聚变而成

    D. 硼的特点是轻、耐磨、强度大

3. （多选）下列选项中能发现硼的踪迹的是

    A. 玻璃厨具　　B. 化学仪器　　C. 高档钓鱼竿　　D. 高档茶具

4. 硼元素和硅元素的有些性质是相似的，如硼和硅的含氧酸盐都能够形成玻璃且互熔。试用元素的电负性解释其原因。

【参考答案】1.B　2.D　3.ABCD　4.硼元素和硅元素的电负性分别为2.0和1.8，它们的电负性接近，说明它们对键合电子的吸引力相当。

第六章

碳

我软如石墨，硬如钻石；是无机小分子，也是有机高分子。其实，我的潜能大到让自己吃惊……

元 素 档 案

姓名：碳（C）。

排行：第6位。

性格：温和、友好，几乎能和所有的小伙伴化合。

形象：固态，软硬随意转换，石墨或金刚石都是我……

居所：无机碳主要以石灰岩、白云石、CO_2 的形式存在，有机碳主要以煤、石油、甲烷等形式存在。

第六章　碳（C）

碳（C）：位于元素周期表第 6 位，在人体中的含量仅次于氧元素。无机碳主要以石灰岩、白云石、CO_2 的形式存在，有机碳主要以煤、石油、甲烷等形式存在。碳的同素异形体有石墨、石墨烯、金刚石、无定形碳等。碳几乎可以和所有元素结合形成多种多样的化合物，被称为"元素之王"。碳还是有机物的"骨架"，充当生命的基石。

1. 碳的大家庭（一）：上得了权杖，下得了厨房

且不说碳能够形成线性、交联、接枝等多种结构的有机物，也不说它几乎可以和其他所有元素组成无穷多种化合物，就说碳单质本身，也足够称得上一个大家庭！

无定形碳

碳可以算是人类最早接触并开始使用的元素了，"卖炭翁，伐薪烧炭南山中"，在不完全燃烧的情况下，树木残留下来的木炭，成为人类宝贵的暖源，"雪中送炭"乃是美德。动物烧死之后，留下了骨炭，是为"生灵涂炭"。中国历史上，书法是文人的风骨，留下了书圣"洗笔成墨池"的美谈。

除了享誉全球的中国书法，中国的水墨画更加有特色，仅用炭黑一种颜色便能涂抹出大千世界，或锦绣河山，或天马行空，或小桥流水，或蝌蚪找妈，虽不符合西洋画派的透视原理，却自

活性炭。它黑乎乎似乎很脏，但其超大的表面积可以帮助我们吸附家装后产生的有害气体，还可以帮助我们净水。城市里空气质量不断下降，很多居民家里购置了空气净化器，其中大多数都有活性炭，但不要指望活性炭能吸附 PM2.5。

有一种神韵。

◀轮胎中加入炭黑可以提升它的强度、耐磨性能和使用寿命，我们身边很多耐磨的橡胶制品中都有炭黑，比如鞋底。

▶炭黑是油墨中最常用的一种色素，黑得漂亮！

以上这些其实都是无定形碳，在我们现代的生活中也随处可见。

石墨

碳单质可以是很软的，在众多矿物中，石墨是最软的矿物之一。

▼石墨可以导电，所以被用来做电极。最早的电极是铜，石墨比铜轻便、便宜，加工起来也方便，进入 21 世纪之后，基本取代了铜。

▲铅笔是铅做的吗？其实是石墨在帮助我们书写。石墨的英文名称"graphite"来源于希腊文，其希腊文名称的意思就是"用来写"。

◀炭纤维，如日中天的复合材料，由片状石墨微晶等有机纤维沿纤维轴向方向堆砌而成，经碳化及石墨化处理而得。汽车、风电、高铁、运动器材、笔记本电脑，哪个领域高速发展，哪里就离不开它。

钻石

终于要请出碳家族的大明星了：钻石，号称"宝石之王"！

◀电影《泰坦尼克号》中的"海洋之心"，大家不要被它的颜色迷惑，其实它不是蓝宝石，而是一颗钻石，蓝色来自其中混杂的一些硼元素。

其实"海洋之心"在历史上确有其物，法国探险家塔维密尔在印度发现了这颗钻石并上交当时的法国国王路易十四，结果路易十四戴了一次就死去。他的儿子和孙子不敢戴，只敢给自己的女人戴，结果这些女人都上了断头台。现在你知道泰坦尼克号为什么沉没了吧。这颗"海洋之心"如今躺在美国华盛顿的史密森研究所，不会再出来"祸害"人了。

"海洋之心"因为一部电影而成名，但其实在钻石的世界里比它更有名的多得是，让我们看看最有名的几颗吧。

◀路易十五的王冠，上面镶嵌着几百颗宝石，最大的一颗就是正对着我们的"摄政王"，重140.5克拉，它因罕见的纯净和完美的切割被称为"最美的钻石"。这种炫富并没有给路易家族带来好运，路易十五被称为法国史上最差的国王，他的名言：我死后，哪管洪水滔天！他钟爱的情人杜芭莉夫人死于断头台，他的孙子路易十六及其妻子也死于断头台。

▶库里南钻石，1905 年在南非被发现，足足有男人的拳头那么大，后来被英国王室收购，切割成 9 颗大钻石和 96 颗小钻石。最大的一颗号称"非洲之星"，足足有 530.2 克拉，被镶嵌在英国国王的权杖上，目前珍藏在白金汉宫。第二大的也有 317.4克拉，被镶嵌在英国国王的皇冠上。

◀光之山，来自印度，引发了无数的战争。18世纪波斯皇帝因为钟爱这颗钻石侵略印度的莫卧儿帝国并活捉了莫卧儿苏丹，在苏丹的头巾里发现了这颗钻石。波斯皇帝被它的大小和光泽吓呆了，不禁大叫一声："光之山！"这颗钻石因此得名。19世纪"欧洲祖母"英国维多利亚女王得到了它，将它镶嵌在她的王冠上。后来印度曾经要求英国归还这颗钻石，以抵消英国在殖民时期的罪行，但是，和圆明园中的宝物一样，就没有然后了。

 小测试

1. "海洋之心"是

    A. 蓝宝石　　　　B. 绿宝石　　　　C. 钻石　　　　D. 施华洛世奇

2. 目前存于世上，被切割加工后有530.2克拉重，号称世界上最大钻石的是

    A. 摄政王　　　　B. 海洋之心　　　C. 非洲之星　　　D. 光之山

3. 2B铅笔中的"2B"指的是

    A. 铅笔的大小规格　　　　　　　B. 铅笔的软度和黑度

    C. 铅笔芯的含铅量　　　　　　　D. 脑残

4. （多选）无定形碳可以

    A. 用作墨汁　　　　　　　　　　B. 用作色素

    C. 添加到轮胎中增强相关性能　　D. 吸附有害气体

【参考答案】　1. C　2. C　3. B　4. ABCD

2. 碳的大家庭（二）：钻石星球

上一节我们展示了这么多流光溢彩的钻石，你心里有什么想法呢？是不是开始梦想得到珍宝，因为那代表着财富；或者你相信"钻石恒久远，一颗永流传"，因为那代表着爱情；或者你开始愤懑起来，因为意识到财富永远跟随着枪炮。其实，再宝贵的财富，无论是存放在博物馆里，还是收藏在帝王将相家里，都是没有工业价值的，除了修炼一下艺术"细菌"以外，对人类的发展没有任何帮助。作为理性的化学工作者，我们应该把钻石从高贵的礼品架上取下，认识到它其实就是碳。

史上最牛的炫富大师——拉瓦锡就是用这套装置点燃了钻石，只是为了证明钻石的成分是碳。家里有钻戒的美妈们都把放大镜抱紧了，现在的熊孩子们什么都干得出来！

钻石的真正用途来自它的硬度（摩氏硬度 10），因此它被称为"金刚石"！用金刚石做成的切割刃，几乎可以切开所有物质。地球上钻石资源主要分布在南非、博茨瓦纳、俄罗斯和澳大利亚等国，其中几乎一半的产量出自非洲。看过电影《战争之王》的朋友们应该知道，钻石也是非洲战火纷飞的一个相当重要的原因吧。

钻石的稀少决定了它的价值，目前每年天然钻石的开采量约为 26 吨，满足不了工业和结婚的需要，所以科学家们开始想办法生产人造钻石。目前每年有 1 000 吨左右的人造钻石被生产出来，但是基本都是 2 克拉以下的。

◀世界上最大的"洞"，位于西伯利亚，其实是一个钻石矿。旁边的圈层是公路，你可以想象一下这个"洞"有多大。

说完地球上的钻石，我们还可以看看遥远的太空，看看那里是不是有更加宝贵的财富呢？

2010年美国天文学家宣布，经过8年多的观测，他们确信发现了一颗星球，它直径达4 000 km，其核心是密度极高的结晶碳（即钻石），质量相当于10^{34}克拉，这简直是一颗钻石星球了。它距离我们仅50光年，这对于宇宙尺度来说实在不能算很远。

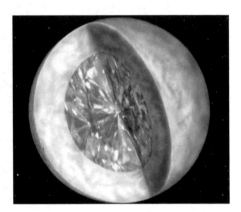

幻想中的钻石星球

如果要问宇宙中为什么会有钻石星球，这就要说到恒星的演化了。在讲前面几种元素的时候我们提到了恒星内部无时无刻不在进行着核聚变反应，先从氢聚变成氦，再到锂、铍，但这两种元素的含量都很少，只是作为中间产物，后跨过了硼，直接从氦聚变成碳（中间经过铍）。以太阳为例，50亿年以后，随着氢逐渐消耗完，它会不断膨胀，把地球等行星吞没掉。而等到氢消耗完，氦原子核在巨大的压力下继续聚变成碳的时候，太阳会发生一次爆炸——"氦闪"（级别比"超新星爆炸"小得多），把外部的气体喷发掉，留下一个白矮星内核。这个白矮星内核继续将氦"燃烧"成碳，当氦反应完，剩下碳的时候，我们可以说：太阳已经变成一颗钻石星球了。也就是说，我们现在看到的钻石星球，其实都是以前发光的恒星。我们还可以说，因为以前的恒星也是很多的，所以宇宙中其实布满了钻石星球。

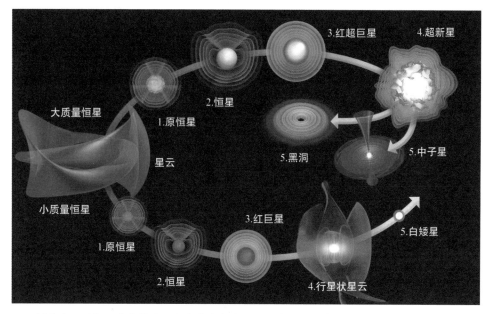

图片表示了恒星演化简史。大多数类似太阳的星球最后的命运都是白矮星，很大可能是一颗钻石星球。如果恒星特别巨大，质量超过太阳的十倍，那么它会发生超新星爆炸，结局是中子星或者黑洞。

　　说到这里，我不禁感叹：人类实在应该将眼光投向遥远的太空，那里不光有无尽的财富，更有我们人类无尽的生存空间。科幻作家刘慈欣带领我们思考过一个问题：地球上诞生的生命进化了 30 多亿年到了现在，而人类作为生命的代表，究竟是干吗来了？我们现在局限在地球上，拥有庞大的群体，但是没有一个共同的目标，时时发生战争、纠纷和各种互相不理解。我们的生活习惯、组织形态使得太多的资源浪费在无谓的内耗上，而没有用到认识和开发宇宙中。

　　网络上关于民主、专制的各种纷争，其实就是财富如何分配的问题。两只蚂蚁抢夺一粒米，会被观察它们的猫狗们耻笑。我想与其趴在地上去抢夺苦涩的浆果，不如去研究如何发现和利用更大财富的方法。科技改变生活。20 世纪 80 年代，家里有台彩电已经非常显摆了，当时的人们谁能想到，现在的我们用一台轻巧的迷你 Pad 就能实现比当时彩电多得多的功能呢？拿破仑三世甚至拿铝作为财富的象征，他不会想到我们现在对铝是怎样一种平常的态度。当然，我们更不能把自己的一点小成就当成炫耀、自满的资本，因为不用想也知道，后代们将嘲笑我们现在所认为的成就。

　　人们不能老看当前，否则跟乌狗又有什么不同？人类的伟大在于自己的理性，所以我真心地希望大家"多谈谈赛先生，少麻烦德先生"。

小 测 试

1. 按照本文的说法，下列选项正确的是

A. 太阳的寿命至少还有 50 亿年

B. 人类进化了 30 多亿年，应该多关注当下的分配问题

C. 钻石星球是外星矮人族的财富仓库

D. 50 亿年以后，太阳会发生超新星爆炸

2. 如果在宇宙尺度下进行投资，下列选项中更具有投资潜力的是

A. 黄金　　　B. 钻石　　　C. 比特币　　　D. 美元

3. 钻石产量最大的地区是

A. 非洲　　　B. 亚洲　　　C. 欧洲　　　D. 南美洲

3. 碳的大家庭（三）：教科书以外的新成员

我们已经谈了碳单质的几种形态，其实就是碳的几种同素异形体，这在我们中学阶段都学过。你可能觉得，碳应该谈完了吧，其实不然，越来越多的碳的同素异形体被发现，而且都逐步走上了不同的舞台。

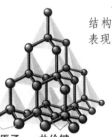

碳原子　共价键

◀ 这是金刚石（钻石）的结构，结构非常坚固，宏观表现是硬度很大。

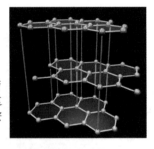

▶ 这是石墨的结构，层与层之间依靠范德华力结合，这是种很弱的分子间作用力，宏观表现是石墨很软。

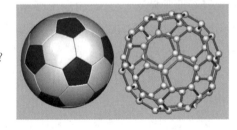

▶ 如果是这个样子呢？

[参考答案]　1. A　2. B　3. A

早在20世纪70年代，就有人提出60个碳原子可以以足球的方式组成一个分子的想法。1985年美国的罗伯特·科尔与理查德·斯莫利以及英国的哈罗德·沃特尔·克罗托这三位科学家在氦气流中用激光汽化蒸发石墨，得到了C_{60}分子，而且证明这个分子是球状结构，他们也因此获得了1996年诺贝尔化学奖。这不是魔法，而是真实的科学！

足球烯又称"富勒烯"或"巴基球"。美国建筑师巴克敏斯特·富勒（"巴基"是这位建筑师的昵称）在1967年蒙特利尔世博会上设计了球形美国馆，如图。诺贝尔奖获得者们为了表达对这位建筑师的敬意，以他的名字来命名足球烯。

后来，科学家们发现C_{60}只是碳的笼状结构系列的一个例子，接下来，又出现了C_{70}、C_{240}、C_{540}等，这简直是一个小家族！足球烯虽然被造出来了，但是它是否只适合做一个"花瓶"，供大家玩赏呢？人类不可能把自己微缩到纳米级别，去用足球烯来踢世界杯。你还别说，还真有人将足球烯当足球踢，只不过他们希望借助这种"迷你足球"证明一些原理。

C_{60}算是比较大的分子了，这样的分子会不会表现出量子力学的波粒二象性呢？这是物理学家很感兴趣的问题。1999年，维也纳大学的科研工作者用C_{60}分子做简单的双缝干涉实验，结果表明，足球烯分子通过双缝之后出现了干涉条纹，表现出明显的波粒二象性。世界是量子的，不是经典的！

C_{60}还有一个非常奇异的个性，它在光照下会将氧分子分解成原子氧，这说明C_{60}是一种强氧化剂。如果将C_{60}加入化妆品，它会将外来的刺激物（如自由基）氧化，保护皮肤不受外来刺激。

既然如此，C_{60}当然会被药物学家盯上。研究抗癌药物的专家们正试图让C_{60}随着一些定向药物进入癌细胞，用原子态氧杀死癌细胞。真心希望这项研究能够早日成功，抗击癌

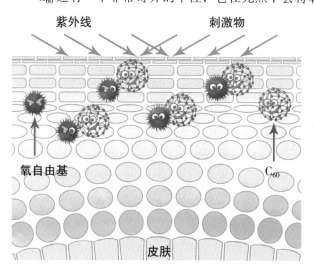

紫外线　　　　刺激物

氧自由基　　　　　　　　C_{60}

皮肤

C_{60}已经开始被掺入护肤品当中。

症，时不我待啊！

和癌症一样，艾滋病是当代人面临的另一把达摩克利斯之剑。专家们也在研究用 C_{60} 接近艾滋病病毒，用原子态氧"炸药包"定点爆破。

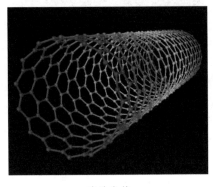

碳纳米管

碳纳米管也属于富勒烯的家族，不同之处在于它的两端是连通的，而不像富勒烯的闭合笼状结构，因此它的两端存在缺陷，这一点决定了它的很多性质。碳纳米管和环氧树脂有天然的亲和力，将碳纳米管加入环氧树脂，可以改善环氧树脂的很多性能。在风电叶片复合材料里，碳纳米管的性能比炭纤维还要优异；使用碳纳米管—环氧树脂复合材料的游艇，可以降低自重；将掺入碳纳米管的环氧涂料涂在舰艇、飞机表面，可以吸收无线电波，实现雷达屏蔽、隐形的功能。

碳纳米管没有风光太多年，它的风头就被自己的小兄弟盖过了，这个小兄弟就是石墨烯，它是目前最受科学技术工作者关注的希望之星！有人预言，它将彻底改变 21 世纪！身为一名化学工作者，在圈子内你要是没听说过石墨烯，你都不好意思跟别人打招呼。

还记得石墨吗？那是一个多层结构。很早之前就有人想，有没有可能得到其中的一层作为我们的材料呢？对，只要一层！单层的石墨就是石墨烯。之前，理论和实验界都认为完美的二维结构无法在非绝对零度条件下稳定存在，但是石墨烯竟然在实验中被制备出来，而且是用很平庸的方法，它的发现立即震撼了凝聚态物理学学术界。

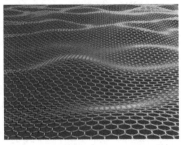

安德烈·盖姆和康斯坦丁·诺沃肖罗夫，因为发现石墨烯而获得 2010 年诺贝尔物理学奖。其实他们采用的方法简单得让人难以置信，就是把一块儿透明胶带粘在石墨上（左图），然后撕下来，就获得了单原子厚度的石墨烯（右图）。在科学领域里，就是要敢想敢做，诺奖其实没那么遥远！

石墨烯与富勒烯、碳纳米管和石墨（炭纤维）的结构其实是类似的，因此相对于石墨烯来说，另外"三兄弟"能干的事情，比如风电叶片、触摸屏等，石墨烯也能干，而且能干得更好。

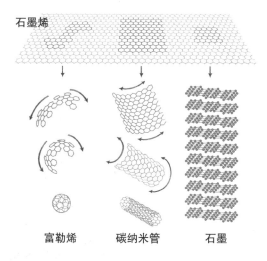

石墨烯

富勒烯　碳纳米管　石墨

◀富勒烯(零维)、碳纳米管(一维)、石墨烯(二维)、石墨(三维)其实都是"弟兄"，这张图很好地解释了它们之间的关系。

让我们看看石墨烯有可能在哪些方面改变未来的生活吧：

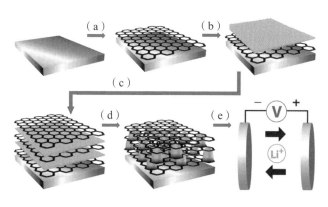

◀未来的石墨烯电池可以保证我们的手机1分钟充满电，而且不会发烫；可以让我们的电动汽车10分钟充好电，然后驾驶1 000 km以上。未来的生活，想想就刺激啊！

▶未来，石墨烯可以让我们的手机变成这样，你相信吗？

◀摩尔定律进入21世纪似乎失效了，原因是：电子在晶体硅中的速度是有极限的。石墨烯只有一层原子，电子的运动被限制在一个平面上，速度可以达到光速的1/300，远远超过了电子在一般导体中的运动速度。用石墨烯晶体管做成的计算机，其运算速度理论上可以超过传统计算机的1 000倍。不要等传说中的"量子计算机"了，先把石墨烯晶体管用上吧！

▶太空电梯，未来的奇迹！只有超高强度的材料才能成就如此壮举！如今火箭发射或航天飞机运送每千克有效载荷约需2万美元，而未来的太空电梯运送每千克物品仅需10美元。太空旅行,不再是梦！

 小 测 试

1. 下列是足球形状的物质是

　　A. 碳纳米管　　　　B. 石墨烯　　　　C. C_{60}　　　　D. 钻石

2. 和碳纳米管有天然的亲和力的复合材料是

　　A. 环氧树脂　　　　B. 水　　　　C. 酒精　　　　D. 玻璃

3. 富勒烯、碳纳米管、石墨烯是

　　A. 同位素　　　　　　　　　　B. 同素异形体

　　C. 同分异构体　　　　　　　　D. 同一物质的多种称谓

4. （多选）下列选项中，有可能被石墨烯改变的是

　　A. 电动汽车　　　B. 太空电梯　　　C. 手机　　　D. 计算机

4. "风骚"的碳和"好基友"氧的故事

碳实在是一种非常"风骚"的元素，由于它外层电子的特性，它几乎可以和所有的元素结合形成化合物。如果我们要把它和其他元素的"浪漫史"写完的话，估计可以写出一本比《资本论》还厚的书了。我们就先说说它和它在地球上最好的朋友"氧"的故事吧。也许你会马上觉得兴味索然，一氧化碳、二氧化碳的故事大家都听得多了，实在是没意思。那我要问，你知道二氧化三碳、九氧化十二碳吗？

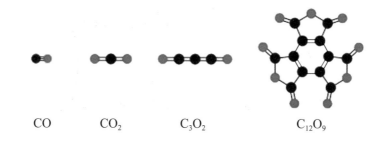

CO　　　　CO_2　　　　C_3O_2　　　　　　　　$C_{12}O_9$

先别急，还有其他形状：

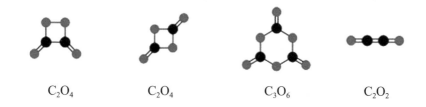

C_2O_4　　　　C_2O_4　　　　C_3O_6　　　　C_2O_2

还没完，我们还可以继续画：

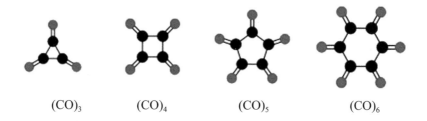

$(CO)_3$　　　　$(CO)_4$　　　　$(CO)_5$　　　　$(CO)_6$

画？你不是开玩笑吧？

没错，只有你想不到的，没有化学家画不出来的。

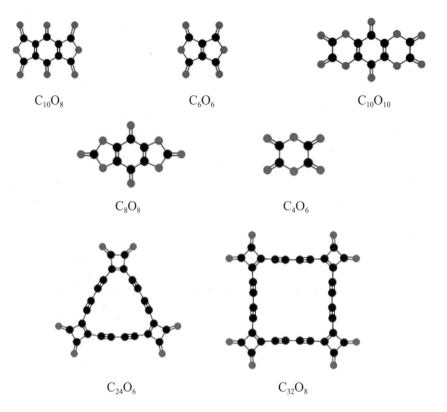

C₁₀O₈ $\quad$ C₆O₆ $\quad$ C₁₀O₁₀

C₈O₈ $\quad$ C₄O₆

C₂₄O₆ $\quad$ C₃₂O₈

C_{10}O_8 C_6O_6 $\text{C}_{10}\text{O}_{10}$ C_8O_8 C_4O_6 C_{24}O_6 C_{32}O_8

你是不是都快看花眼了？好了，搞笑结束，让我们进入正题，说说碳最主要的两种氧化物——一氧化碳和二氧化碳，其实它们也有很多故事是你不知道的。

当我们在享用可乐、啤酒等碳酸型饮料的时候，会感到很酷，这种感觉来自溶解在水里的二氧化碳。二氧化碳在冰冷的水里溶解度较高，到了胃里之后，受热溶解度降低，释放出来，顺便也把人体的热量带了出来，这就是"酷"！二氧化碳对胃还有刺激作用，它可以加速胃液分泌，促进消化，你现在知道你的食欲为什么那么好了吧？所以你要减肥的话还是少喝碳酸型饮料吧。

馒头的传说来自诸葛亮，当年他南征七擒孟获归来，回到泸水，却见狂风骤起，兵不能渡。归顺的孟获告诉他，此乃冤鬼猖神作怪，必须用七七四十九颗人头祭祀，才能风平浪静，尽渡泸水。诸葛丞相爱民如子，岂能杀生，只好和面为剂，塑成人头，名曰馒头。然后装神弄鬼，祭祀招魂，将馒头弃于泸水，果然云收雾散，蜀军唱凯歌还。当然这只是一个传说，制作馒头，必须要加入酵母，酵母遇到面团中的水分，就开始生长繁殖，将淀粉分解成葡萄糖，并释放出二氧化碳。我们掰开馒头，看到里面的小洞洞，就是由酵母释放出来的二氧化碳形成的。就这样，一个小小的面团变成了丰满的馒头，这算是最早的发泡工艺了。

水火不相容，水是最早的灭火物质，但是对于汽油，水就不合适了，因为油可以浮在水上；对于电石等化学品，水也不合适，因为很多化学品可以跟水反应。现在最常用的灭火器是二氧化碳灭火器，因为二氧化碳既不能燃烧，也不能帮助大部分物质燃烧，而且它的密度比空气还大，因此可以有效地隔绝空气。

有一支美国钻井队在得克萨斯州勘探石油，有一次，当他们的钻井打到地下很深的地方时，突然有一股气体以很高的压力从井中喷出，顿时井口堆积起了白皑皑的"雪花"。年轻的钻井队员好奇地跑过去捧起"雪花"，结果怪事发生了，"雪花"迅速消失却没有留下一滴水，而捧"雪花"的手却被严重冻伤了。

原来，二氧化碳在冷却到 –78.5 ℃以下并受到一定压力时，会变成固体，这就是"干冰"。现在"干冰"不光在工业中应用广泛，在我们身边也随处可见。

现在高档海鲜酒店里面，店家为了让海鲜看起来冰爽可口，会加入干冰，表现出云雾缭绕的样子。家长一定要谨防小朋友去玩弄，以免冻伤。

用磨碎的干冰把皮肤轻微冷冻，进行冷冻治疗，可以有效防止感染。此外，我们在人工降雨时也能看到干冰的身影。

说完二氧化碳，我们再看看它的"弟兄"一氧化碳。碳完全燃烧后变成二氧化碳，而不完全燃烧，就会产生很多一氧化碳。一氧化碳可以继续燃烧，因此是人们经常用的燃料，它就是煤气。煤气曾经给我们带来便捷、温暖，也带来了很大的安全隐患，现在家庭燃气基本改成天然气了。

一氧化碳的毒性来自它与血红蛋白的结合能力比氧气更强。它很无辜，萌萌地对人类说："你的血红蛋白为什么这样设计呢？我跟它关系好一点犯了什么错误呢？"血红蛋白也很无辜："这么多年的进化，我们已经适应了氮氧空气，空气里面一直没有很多一氧化碳的成分啊。"

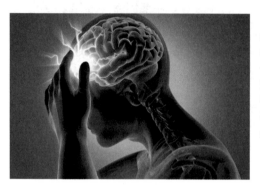

◀一氧化碳中毒会引起剧烈头痛、头晕、心悸，严重时危及生命。日本每年都有很多人烧炭自杀，《挪威的森林》中，直子的前男友就是在车里烧炭自杀的。还有文学大师川端康成，采用的也是这种方法。在这里奉劝大家一句，生命受之父母，生死不能随意处之。霍元甲告诉我们：人不是为了自己活着！

▶用一氧化碳保存肉类，可以达到保鲜、抑菌的效果，而且可以让肉显得更加鲜红。但有专家认为鲜红的颜色能够掩盖肉制品的变质和被病菌感染造成的外观上的变化，这种情况可能会误导消费者。

小测试

1.（多选）下列物质的制作过程利用了二氧化碳的是

    A.啤酒　B.可乐　C.馒头　D.二锅头

2.下面说法错误的是

    A.碳几乎可以和所有的元素形成化合物

    B.一氧化碳可以用于保存肉类

    C."干冰"是二氧化碳的固态形式

    D.碳和氧的化合物只有一氧化碳、二氧化碳两种

3.油品仓库着火的情况下，可以采用的灭火方法是

    A.浇水　B.吹风　C.使用二氧化碳灭火器　D.人工降雨

【参考答案】 1. ABC　2. D　3. C

5. 温室效应，低碳生活

二氧化碳的名声最近越来越不好，不仅仅因为它不助燃，会导致人窒息，更因为它是一种"温室气体"。

这得从碳元素在地球上的存在形态说起。在地球空气里，碳主要以二氧化碳的形式存在，二氧化碳占空气成分的 0.03%（体积分数）；在地壳里，碳的丰度排在第 15 位，甚至低于锰、氟。碳在地壳内主要以石油、煤、天然气的形态存在，现在公认这些物质来源于古老的生物，因此被称为"化石燃料"。这些"化石燃料"是人类目前最主要的能源，对人类影响之巨大是难以想象的，且经提炼或转化出的成品油、电、热等，成为我们生产、生活的必需品，几乎到了我们意识不到它们存在的地步。

石油价格的波动能影响多个行业和领域的战略，当今世界上最强大的国家之所以能在众多领域占据主导地位，控制石油是一个非常重要的因素。

人类很早就认识到这些能源带来的好处，工业革命之后，人类对能源的需求呈几何级数上升。根据《世界能源展望 2008》预测，从 2006 年至 2030 年世界一次能源需求将会从 117.3 亿吨油当量增长到 170.1 亿吨油当量，这其中大部分仍然是化石燃料。化石能源的主要成分是碳氢化合物，燃烧以后释放出水蒸气和二氧化碳，这意味着随着人类活动的增多，空气中的二氧化碳含量会有所增加。2017 年因人类活动产生的碳排放量高达 410 亿吨。

大家知道，太阳每时每刻都在通过辐射向地球输送巨大的能量，有一部分照射到了大地，有一部分被大气反射到太空，还有一部分被大气截留了。在大气层的众多气体中，有一部分气体吸收热量的能力特别强，二氧化碳就是其中之一。因此有

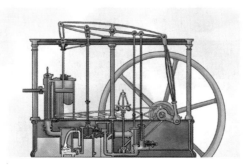

瓦特改良蒸汽机，开启了工业革命之门，这不仅让英国强大起来成为日不落帝国，更让人类利用自然、改变自然的能力上升了一个台阶。

些科学家认为：由于二氧化碳排放量的增加，大气层吸收热量的能力也增强了，结果就是，地球正变得越来越热。这就是"温室效应"。

温室效应给我们带来的就是有了口号——低碳生活。具体的做法有很多，比如少用一次性用品、少开车、多骑车、多使用可回收物品、少使用难降解物品。我想，如果"温室效应"能够让我们反思自己生活中一些粗放的习惯，并导向简约生活之路，这将是人类极好的一个里程碑。

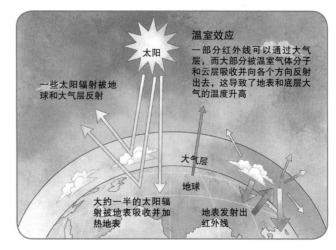

温室效应
一部分红外线可以通过大气层，而大部分被温室气体分子和云层吸收并向各个方向反射出去，这导致了地表和底层大气的温度升高

一些太阳辐射被地球和大气层反射

太阳

大气层
地球

大约一半的太阳辐射被地表吸收并加热地表

地表发射出红外线

除了二氧化碳之外，水蒸气、氯氟烃、氮氧化物、甲烷等气体也是温室气体。有激进的学者认为：二氧化碳对温室效应的贡献率接近 50%。二氧化碳就这样背上了骂名。

在这个过程中，我们更看到了很多商家将"节能减排，低碳生活"视为商机，比如节能灯。远古时代，人类使用火堆、火把；无电时代，人类使用蜡烛、煤油灯；一百多年前伟大的爱迪生发明了电灯，也就是白炽灯，它的机理是将金属丝通电加热到很高的温度（通常在 2 000 ℃以上），辐射出可见光和红外线。这其中更多的能量是通过热效应散失掉了，很可惜，所以人们又发明了节能灯。节能灯一般在

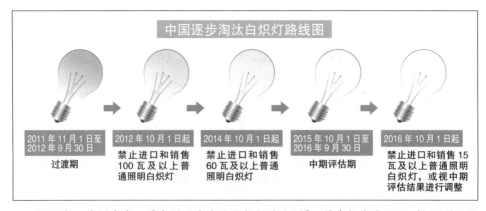

中国逐步淘汰白炽灯路线图

2011 年 11 月 1 日至 2012 年 9 月 30 日	2012 年 10 月 1 日起	2014 年 10 月 1 日起	2015 年 10 月 1 日至 2016 年 9 月 30 日	2016 年 10 月 1 日起
过渡期	禁止进口和销售 100 瓦及以上普通照明白炽灯	禁止进口和销售 60 瓦及以上普通照明白炽灯	中期评估期	禁止进口和销售 15 瓦及以上普通照明白炽灯，或视中期评估结果进行调整

2011 年，我国发布了《中国逐步淘汰白炽灯路线图》，其中规定自 2012 年 10 月 1 日起我国将分阶段逐步彻底淘汰白炽灯，进而全面引入节能灯，这样可以帮助我们每年节省 480 亿度电。爱迪生发明的白炽灯将被节能灯取代。

1 000 ℃以上的温度条件下工作，能量损失小，使用寿命也长，因此在节能减排的大环境下得到了大力推广。

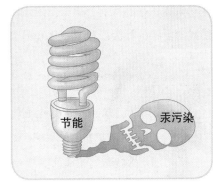

遗憾的是，人们只看到了节能灯可以省电这一点，却没有看到整个产业链条的其他部分会产生更多的能耗，让我稍微列举一下：生产节能灯的能耗，处理被替换白炽灯的能耗，替换工作的手续、耗材，处理废旧、破损节能灯的能耗。一只普通节能灯含 5 毫克汞，汞是一种重金属元素，对人体有害，如果对废旧的节能灯管处理不当，这些汞就会排放到空气中，成为巨大的环境隐患！

2006 年我国报废的含汞照明电器折合 40 瓦标准荧光灯达 10 亿只，由于处理不当而释放到大气环境中的汞量竟达 70 ~ 80 吨。

问题还没有结束，科学家是永远不满足的，他们又发明出了更加节能的 LED 灯。我的天！难道我们又要来一次大规模替换运动吗？

2014 年诺贝尔物理学奖被授予了日本科学家天野浩、赤崎勇和美籍日裔科学家中村修二（从左到右），以表彰他们发明了蓝色发光二极管。从此，光谱被补齐，红、绿、蓝三基色"凑齐一桌"，LED 白光成为现实。

我们看到，在没有规划好整个产业链条的时候，以"新能源""节能减排"等名头，盲目去推广一些似乎是划时代的新产品、新发明，这里的风险是多么巨大。确实，中国过去的几十年发展得太快了，每一座城市都被翻新了好几遍，这确实让我们的生活显得日新月异了。有人通过辛勤工作在大城市定居下来，有人通过苦苦经营成为小老板，有人通过买房、卖房成为千万富翁，但是我们扪心自问，这其中有多少资源投放到全人类的事业中？是不是大部分人都不再忙于创造而是忙于分配？我们改造自然、利用自然的能力提高了吗？

推广节能灯只是一个例子，折射出在一个逐利的社会里，科学进步被商业资本扭曲，并最终让全人类来买单。确实，资本追求保值和升值，所以它必须不断扩张，在它疯狂扩张的背后，是青山绿水的消失，是不断恶化的生态，是笼罩城市的雾霾，是浅薄浮躁的社会。科学技术也好，普世价值也好，都只是它们可以利用的噱头。

小测试

1. 下列物质中不是化石燃料的是

　　A.煤　　　　　B.氕　　　　　C.石油　　　　　D.天然气

2. 下面物质中不是温室气体的是

　　A.二氧化碳　　B.水蒸气　　　C.氯氟烃　　　　D.氮气

3. 属于有害垃圾，需要特殊处理的是

　　A.碎玻璃　　　B.废节能灯管　C.废塑料　　　　D.废陶瓷

4. 经检验，以煤炭为主要燃料的地区，其酸雨中的主要酸性物质是 H_2SO_4，请解释原因，并写出有关变化的化学方程式。

6. 应对温室效应：哥本哈根会议

海岛国家的心情就如同这只北极熊。

地球变暖的后果被部分学者渲染得很恐怖：两极冰川消融，港口城市、海岛被淹没，甚至发生严重的气候灾难，整个地球变成地狱。这是大众传媒绝好的吸引眼球的素材，最有名的就是电影《后天》。在这种大环境下，温室效应越来越往政治化的方向发展。

首先，海岛国家反应最大，因为随着气候变暖，冰川消融，海平面会越来越高，他们的国家将会消失。

各种非政府环保组织也很急迫，因为他们以保护环境为己任，拯救人类似乎已成为他们的"思维钢印"。

【参考答案】 1. B　2.D　3.B　4.煤中的硫元素燃烧时形成 SO_2，排放到空气中，在空气中飘尘的催化下被氧气氧化为 SO_3，$SO_3+H_2O \stackrel{}{=\!=\!=} H_2SO_4$，形成硫酸型酸雨。

大部分欧美发达国家的心态比较平和，他们已经完成了工业化，正在把碳排放严重的产业往发展中国家迁移。他们和海岛国家、非政府环保组织站到一起，希望向碳排放严重的国家征收"碳税"！美国是世界上最大的"流氓国家"，不仅军费开支超过全球的1/3，其国民也过着粗放式生活。大家的眼光无疑应该聚焦在美国身上，如果世界最强的国家能履行义务，那么后面的事情无疑好谈，大家都会唯它马首是瞻。可惜的是，美国竟然没有签署《京都议定书》，其流氓嘴脸，昭然若揭。

当然美国有它的小算盘，它将大家的目光转移到了中国。中国处于很尴尬的境地，因为中国的温室气体排放量也非常大，而其中很多来自发达国家的产业转移。

在这个背景下，2009年12月在丹麦首都哥本哈根召开的"世界气候大会"，被一些媒体渲染为"拯救人类的最后一次机会"。但是很遗憾，会议没有达成任何实质性的协议，距离旁观者的期望甚远。

然而，巨大的反转！在哥本哈根会议之后，有学者发出一些反对的声音，我们列举几点：

①二氧化碳对气温升高的影响远没有水蒸气、甲烷等物质大。

②二氧化碳对地球的影响是正面的，二氧化碳浓度升高，可以提升粮食产量。

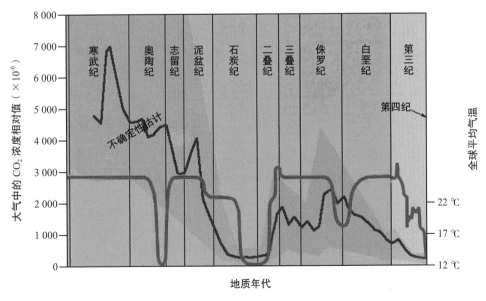

真是厉害，竟然能做出这种曲线，黑色曲线表示大气中二氧化碳的含量变化，蓝色曲线表示平均气温的变化。从六亿年前到现在，大气中二氧化碳浓度和气温的变化曲线显示：在过去，二氧化碳浓度比现在高很多的时候，气温也没有升高。

③历史上温度升高的时期，都是生物繁衍比较好的时期。

④即使气温升高，对人类的影响也不全是负面的，比如格陵兰岛、南极北极、青藏高原这些冰封之地也可能成为人类的新家园。

媒体甚至披露，在哥本哈根会议之前，有些学者对数据作假，将温室效应的后果放大。更有一些学者用数据说话：在地球46亿年的历史上，温度始终在一定范围内升高或降低，在过去的200年里，气温根本没有上升，碳排放导致温室效应就是个骗局！

我们在被一些宣传鼓动得热血沸腾后，需要冷静下来想一个问题：这么多年来，动植物一直在平稳呼吸，排放二氧化碳，人类利用化石燃料也排放二氧化碳，这些二氧化碳都去哪儿了？难道一直聚集在空气中吗？为什么我们没有感到窒息呢？

原来，一方面植物的光合作用在不断地吸收二氧化碳，合成糖类；另一方面，我们的地球上有着巨量的碳酸钙，存在于石灰石、白垩、大理石等矿物中，它们遇到水和二氧化碳，生成碳酸氢钙，经雨水冲洗，通过小溪、江河，最终汇集到海洋，当它们受热分解时，又变成碳酸钙沉积到海底，形成新的岩石，并释放出二氧化碳。你能想象吗？地球上竟然存在这么一个庞大的二氧化碳"缓冲剂"，它就是碳酸钙！

地球上的生物与环境已经组成了"碳循环"系统，二氧化碳就这样在其中循环了上亿年，人类每年排放的二氧化碳相对于这伟大的"碳循环"系统来说，实在是太微不足道了！

当然，也有学者认为，即使是微量的二氧化碳增加，也可能会带来不可预测的非线性效应，因此，应该时刻关注碳排放对气候的影响。但是从理性的角度来看，我们仅仅根据一些科学假设，就被迫按照某种方式来生活，未免过于武断。是否可以换一种思路，在对地球做出决定之前，先尝试去改变一下我们的兄弟星球——火星、金星，再利用这些经验来改造我们的地球，不是更安全吗？这些幻想我们将在下一节讨论。

不管怎样，因温室效应而召开哥本哈根会议是第一个用科学影响全球政治的事件，这似乎只在科幻小说中发生过。人类将进入全球科学时代，政治家必须懂科学，否则肩负不了责任，民众也必须懂科学，否则将有被奴役的危险，你是不是已经落后了？

小测试

1. 2017年碳排放量最大的国家是

    A. 中国　　　B. 日本　　　C. 德国　　　D. 美国

2. （多选）下列选项中可以吸收二氧化碳的是

    A. 植物　　　B. 动物　　　C. 石灰石　　　D. 糖类

 ## 7. 改造金星、火星（上）

题目有点大……

可是没办法啊，毕竟这俩星球是离我们最近的两颗行星，以后地球住不下了，除了月球，咱人类大家族就指望这俩星球了。似乎有点离题，其实一点也不离题啊，这两颗星球的大气大部分是二氧化碳，要改造它们首先就是要治理上面的二氧化碳。

我们先看金星，大小和地球差不了多少，被称为地球的姊妹星。除去

先看看金星、火星的全貌吧，以及它们和地球大小的比较，还是咱地球看起来顺眼吧。

波提切利所作《维纳斯的诞生》。希腊神话里最早的天神叫乌拉诺斯，他的小儿子克洛诺斯推翻父亲的统治，用镰刀割伤了父亲（西方神话无比残忍，大家一定要适应），肉落到了海里，激起了一片泡沫，阿芙洛狄特就在这一片泡沫里诞生了，阿芙洛狄特（Aphrodite）就是"上升的泡沫"的意思。她拥有最完美的身段和容貌，一直被认为是女性体格美的最高标准。"♀"这个符号大家都知道代表女性，它来自阿芙洛狄特的梳妆镜。

【参考答案】　1. A　2. AC

火星以古罗马战神玛尔斯来命名。古罗马人崇尚勇武，对玛尔斯无比崇拜，他已经成为罗马城的保护神。"♂"代表男性，来自玛尔斯的标志。

玛尔斯和维纳斯是一对情人，他们的孩子就是小爱神丘比特，就是那整天背着一副小弓箭到处一边飞一边射少男少女，害他们爱得死去活来的小子。

月球之外，这是距离地球最近的天体，在傍晚或者拂晓的时候，我们用肉眼就可以轻松看到它，那绝对是天空中最亮的星体。我国将傍晚的金星称为"长庚星"，代表马上要进入漫漫长夜；将拂晓的金星称为"启明星"，意为开启光明；又将它称为"太白金星"，传说李白的母亲梦见金星落入腹中，因而为李白取字太白。在西方，金星由于那柔黄色的光芒，被称为爱与美的化身——爱神，其在古希腊神话里的名字叫"阿芙洛狄特"，在古罗马神话里的名字为我们熟知的"维纳斯"。

我们再看火星，火星的表面因为覆盖着一层红色的氧化铁，所以表现出热烈的红色。又因为它在天空中不断地变换位置，所以在中国古代被称为"荧惑"。古罗马将火星命名为战神玛尔斯（古希腊名阿瑞斯），玛尔斯跟维纳斯正好是一对情人。

神话毕竟只是神话，真实的金星可不像维纳斯那般美好，而是一个地狱。金星的表面温度达到460~480 ℃，没有水，空气中97%都是二氧化碳，而且到处都有雷暴和酸雨。大多数科学家认为，金星的高温主要来自二氧化碳的温室效应。所以有人幻想，金星上原来是有智慧生物的，后来由于他们不珍惜环境，排放了过多的二氧化碳，最终使得金星变成了不适合居

NASA拍摄的金星表面的照片，天上是黄色的硫酸云雾，地上是炙热的还未形成地壳的物质，最长的闪电竟然可以持续15分钟，但丁的《神曲》也描绘不出这样残酷的情状。

住的地方，"金星人"也因此而灭绝。环保主义者警示：如果我们不珍惜环境，继续这样下去，金星的现在就是我们的未来！

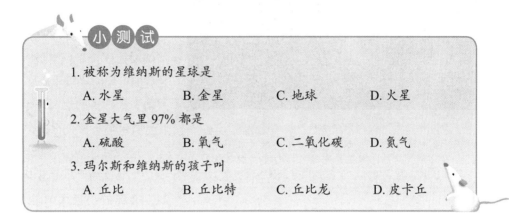

小测试

1. 被称为维纳斯的星球是
   A. 水星　　　　　B. 金星　　　　　C. 地球　　　　　D. 火星
2. 金星大气里 97% 都是
   A. 硫酸　　　　　B. 氧气　　　　　C. 二氧化碳　　　D. 氮气
3. 玛尔斯和维纳斯的孩子叫
   A. 丘比　　　　　B. 丘比特　　　　C. 丘比龙　　　　D. 皮卡丘

8. 改造金星、火星（中）

我们当然不希望地球变成金星，而且我们更希望将金星这颗姊妹星改造成适合人类居住的地方，很多人开始异想天开地提出了很多办法。

方案一

让数百颗核弹在金星上爆炸，制造核冬天，使金星冷却下来。

姑且不说这个方案显然会在人文上引起很大的争议，从科学的角度来说，第一，核弹爆炸产生的能量需要多久来冷却呢？第二，核弹爆炸带来的辐射要过多久才能消除呢？所以这种方案已经被贴上了"狂人"的标签，如同《三体》中的雷迪亚兹。

方案二

有人指出，金星之所以没有水，是因为金星自转速度太慢，金星绕太阳旋转的周期是 225 个地球日，而它自转一周竟然需要 243 个地球日，也就是说金星的一天比一年还长。因此，其铁质核心就无法产生强大的磁场，强大的太阳风就如入无人之境，侵入了金星的每一个角落，最轻的氢原子就这样被吹散，从金星表面逃逸了。没有了氢原子，水自然就无法存在。因此，如果要改变金星，一是要引入水，二是

1994 年 7 月，苏梅克列维 9 号彗星撞击木星，其残迹在多年后的今天还能看得清清楚楚，撞击处还存在着巨大的风暴。先不说木星是一颗气态行星，而金星是固态行星，就拿金星的体积仅仅是木星的 1/2 000 多一点来说，用彗星来撞击金星也绝对是冒险之举。

要促使金星转起来，给它一个强大的角动量。

你是不是已经想到了：引导一颗含水量大的彗星，从侧面撞击金星！彗星，就是我们常说的"扫帚星"。有人猜想地球上的水甚至生命就是彗星带给我们的。

这种做法也存在缺陷：一是星球碰撞可不是开玩笑的，会释放出巨大的能量，这些能量估计要等几亿年才能被转化，等到那时候黄花菜都凉了；二是星球碰撞会撞击出无数的碎片，金星距离地球很近，很难保证没有碎片砸到地球上面，我们不能为了拓展自己的生存空间而给自己引来巨大风险；三是一颗彗星的含水量是有限的，杯水车薪，难道要引导很多颗彗星来撞击吗？这哪是改造工程，分明是让太阳系回到形成初期的混乱时代。

方案三

只可智取不可强攻，改造金星，实质上是温室效应的逆过程。那么，能不能用化学或生物的方法将金星大气中二氧化碳含量降低，而提高一些非温室气体的含量？植物可以吸收二氧化碳，能否在金星上开展"防护林"工程？可惜的是，地球上的植物在目前的金星上根本存活不了。

应该说，这种思路是对的，也是改造金星的方案中最受关注的，但是目前还没有明确的化学方法能利用金星上的物质来发生这样的化学反应以迅速降低二氧化碳含量，这需要化学家去研究。另外，金星上的大气实在是太厚了，是地球大气压的 90 多倍。要消化如此多的二氧化碳，就人类目前的技术水平来说，绝对是愚公移山。

说到这里，大家都能发现，改造金星的难度很大，有人指出，50 亿年后，太阳将逐步吞噬掉周围的行星，金星死得比地球还早，还去解救它干吗呢？不如改造火星，确实，火星对于人类而言，希望更大。其实很早以前，火星就受到科学家乃至民众的关注。火星的一天是 24 小时 37 分钟，不需要狂人用彗星去撞它，我们就能够很好地处理好时差。火星上，冬天的温度低到零下 133 ℃，而在夏天的赤道上，温度可以达到 20 ℃以上。对于我们这些娇弱的人类来说，这在外太空天体中已经是一个很不错的温度了。更加吸引人的是火星上有两个月亮，那将是一幅什么样的夜景？

火星拥有两颗外形像土豆一样的卫星。

火星对人类的吸引力很大，这是一个很长的故事。1877 年，火星离地球特别近，意大利米兰的一位观测者乔范尼·夏帕雷利用望远镜对准了火星，他惊异地发现，在火星的圆面上布满了极细的直线所构成的网状系统。他用意大利语中的"沟渠"来称呼这些线条，然而，这个词被译成英文后成了"运河"，这一词不达意的翻译让火星的名气越来越响。后来，美国天文学家洛维尔建造了一座天文台，专门研究火星，经过他的观察，绘制了很详细的火星运河图。他认为：这些"运

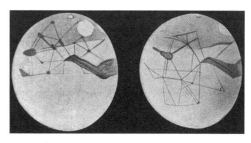

乔范尼·夏帕雷利手绘的火星图，笔直的线条被认为是"运河"。

河"太直了，不可能自然形成，只能用火星上存在智慧生命来解释，而且他们已经拥有相当先进的技术，建立了全球的运河网络，用以灌溉大量的农田。

就这样，火星成为很多科幻小说关注的焦点，大家都在幻想火星上的智慧生物是什么样的。火星人最经典的形象是科幻作家乔治·威尔斯 1898 年发表的《世界大战》中如同水母的形状，这部小说还被拍成了电影。

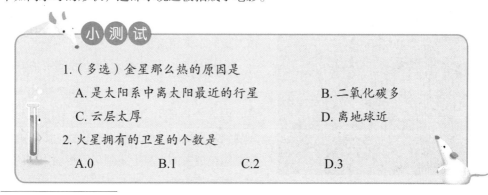

小测试

1.（多选）金星那么热的原因是

　　A. 是太阳系中离太阳最近的行星　　　　B. 二氧化碳多

　　C. 云层太厚　　　　　　　　　　　　D. 离地球近

2. 火星拥有的卫星的个数是

　　A.0　　　　　B.1　　　　　C.2　　　　　D.3

【参考答案】 1. BC　2. C

9. 改造金星、火星（下）

美国、苏联、欧洲甚至印度都多次成功发射了飞往火星的航天器，中国和日本也尝试了，但是都失败了，路漫漫其修远兮！尤其是最近几年，美国的"勇气号""机遇号"和"好奇号"火星车相继在火星上着陆，带回来了更多的实景照片，让胸怀美好憧憬的人们大失所望。原来，火星表面基本和沙漠没什么两样，布满了红色的氧化铁，还经常刮起沙尘暴。火星上的沙尘暴比地球上的"凶残"很多倍，最厉害的时候会席卷火星整个表面。至于之前我们在地球上观测到的"河网"，其实只是一些峡谷和裂缝，在望远镜里出现的景象不过是肉眼的错觉。

这张照片是由"好奇号"火星车拍摄的火星表面。天文爱好者在照片的细小处发现了一个"正在等公交车的女人"。

火星上干涸的河床，说明火星曾经被水覆盖。

"好事者"还是很多，很多天文爱好者在 NASA 发布的照片里用放大镜来寻找，这些怀疑论者自以为找到了一些蛛丝马迹，并论证火星上有智慧生物，甚至有类似于人类的"火星人"！在硼元素那一章中，那张火星上的"人脸"照片也是证据之一。

然而，最新的科学发现不是让我们一无所获。之前绕火星的探测器就已经发现，火星上有很多干涸了的河床，它们虽然已经滴水无存，可是仍然弯弯曲曲，支脉丛生，有的地方还清晰可见一些海岛和三角洲。科学家们推测，火星在几十亿年前被大量的水体覆盖！

在地球上，公认有水的地方就可能有生命。这一点在火星上是不是成立呢？谁也不知道，因为不可能有人搭乘哆啦 A 梦的时光机穿越到几十亿年前的火星上去检查一下，但是如果能在现在的火星上找到亿万年前生物的化石，那将是非常令人振奋的消息。

火星的过去再怎样振奋人心也只能代表

过去，更重大的意义在未来，如果火星是"可造之材"，经过我们的改造能重聚生气，那是我们最想看到的。前面提到火星的表面比较冷，这一点倒不是最坏的，经过前面对金星情况的描述，大家应该能感受到了，由热入冷难，由冷入热易，大不了让火星来一次温室效应呗。对了！很多人都是这个思路！

火星的大气很稀薄，气压只有地球的1%，虽然大气中95%都是二氧化碳，但还是太稀少了，加上火星距离太阳更远，也就无法锁定更多的热量。如果我们能有方法向火星引入更多的二氧化碳，只要多产生一点温室效应，让火星比现在热一点点，气温就不是问题。

当然，通过引入二氧化碳来制造温室效应只是改造火星的第一步，我们无法生活在一个充满二氧化碳的世界里，接下来还有很多问题需要解决。比如说，火星上缺水如何解决？科学家们猜想几十亿年前的水仍然在火星上，只不过已经从地表渗入地下，那么如何将其释放出来也是一个问题。另外，火星上还存在着一个巨大的臭氧层空洞，我们无法生活在一个充满辐射的世界里。

把这些问题都解决以后，人类再去火星种植植物，通过光合作用制造氧气，这是一个漫长的过程。专家估计，改造火星计划开展之后，50年就可以制造大气，再过50年可以在火星上散步，但接下来大概需要1 000年制造氧气，这1 000年内需

2015年9月28日，NASA发布了一个令人振奋的消息："在某些特定的情况下，火星表面存在液态水。"NASA迫于经费的压力，总是要隔段时间发布一些包装得很精美的消息，这样才会有人不断关注NASA的工作，这其实是一种悲哀了。现已有人发表论文证明火星表面具有含卤素的水，只是这些水不适合人类饮用。

要火星的开拓者们不停地种植植物。

改造金星、火星这种科幻话题似乎脱离生活太远，其实思考这些话题，其更大的意义在于：

①给予我们现在的生活方式一些思考和警示。

②研究行星的发展史，预测地球未来向何处去。

③研究不同类型的行星，它们是因为什么才呈现出现在的样子。地球上能产生智慧生物是不是宇宙中的一个巧合？

④人类未来的家园是一种什么样的形态？是不是一些环境和地球相差甚远的地方也能成为人类未来的家园？

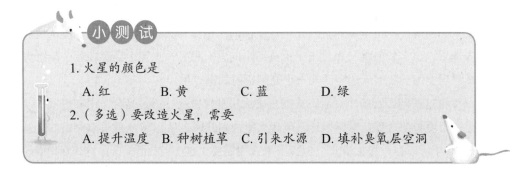

小测试

1.火星的颜色是

　　A.红　　　　B.黄　　　　C.蓝　　　　D.绿

2.（多选）要改造火星，需要

　　A.提升温度　B.种树植草　C.引来水源　D.填补臭氧层空洞

10. 终结"生命力学说"：有机化学的诞生

很抱歉我们还得在碳元素这里多待一段时间，毕竟碳是组成生命的元素，我们身体的组成物质——蛋白质、糖、脂肪、维生素等都含有碳元素。我们把除一氧化碳、二氧化碳、氰化物等之外的含碳化合物统称为"有机物"，意思是"有生机的物质"。目前发现的有机物少说有好几千万种，所以这是一个比化学元素大得多的超级家族，而在这个超级家族中，碳元素就是骨架。

之所以把这些物质称为"有机物"，是因为漫长的历史中人们的一些错误认识。追本溯源，是西方历史上一种叫"二元论"的东西。上升到哲学高度，就是说：精神是精神，物质是物质，二者根本就是两种东西。物质是没有精神灵性的，精神完全独立于物质，比如人的灵魂，就是用这东西来解释的。这种思想的集大成者是法

【参考答案】　1. A　2. ABCD

国哲学家笛卡尔。

笛卡尔是法国伟大的哲学家、物理学家、数学家和神学家。话说他在 50 多岁时成为 18 岁的瑞典公主的数学老师，然后他们相爱了，这当然是王室不允许的，因为当时的笛卡尔就是个穷酸教师。公主为此苦苦相争，笛卡尔还是被赶走了，在流浪漂泊的路上他写了 13 封情书给公主，前 12 封因为过于赤裸裸都被"防火墙"拦截。万般无奈，笛卡尔寄出了最后一封情书，上面只有一则公式：$r = a\,(1-\sin\theta)$。这封情书果然穿越了防线，公主看了以后秒懂，原来这就是传说中的"心脏线"。后来公主成为瑞典女王，再派人去找之前的老情人，可惜的是，笛卡尔已经死于黑死病。（注：故事是美好的，但真实性有待考证。）

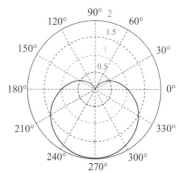

二元论在化学上的体现就是"生命力学说"，化学家认为，生命以外的物质都属于无机物，生命之所以有活力，原因在于生命中存在含有生命力的物质，化学家的责任就是研究有机物如何产生"生命力"，以及这种"生命力"是如何转化的。在那个年代里，无机物被大量合成，但是有机物只能从动植物中提取，原因就在于当时大家认为：由无机物合成有机物是不可能的。

当时持有这种观点的代表人物就是瑞典大科学家贝采里乌斯，他在化学界是一位类似孔子的人物，培养了众多学生。他一直到 56 岁才结婚，老婆才 24 岁，是瑞典国务大臣的女儿。当他从教堂把新婚的娇妻带回家以后，这个女人惊呆了，原来贝采里乌斯家里东倒西歪地睡了二十几个学生。他和他的学生们在我们后面的故事里还会多次亮相，在这里他先扮演配角，主角是他的学生。

瑞典大科学家贝采里乌斯

这位大牛在现实中没有子嗣，在科学领域却非常"open"，他除了是"现代化学的爸爸"，还被称为"有机化学之父"。他第一个提出了"有机化学"的说法，而且还指出有机物也遵守"定组成定律"。也就是说，有机物发生化学反应不会丢失一个原子，也不会凭空多出来一个原子，符合物质不灭定律。

他本身是一位二元论者，在电化学领域，建立在戴维的实验基础上，提出了电化二元论。在有机化学领域，他也没有能打破"生命力学说"，而是成为"生命力学说"的学霸，等待他的学生来打破他的权威。

图片为道尔顿用来表示原子的符号。虽然其中关于水的分子表述是错的，但是这不能掩盖他的伟大。同时，贝采里乌斯第一个提出使用元素的简称，也就是我们目前看到的碳（C）、氧（O）、氢（H）等。我们这些学子们真要感谢他，如果不是他，我们还得多写几个字，多背几个单词。

维勒，从小在家做电化学实验，将自己的亲妹妹击伤的熊孩子，因为爱好科学探索没少被父母臭骂，还好最终修成正果，在化学史上留下自己的名字。

这个人就是维勒，他是铍元素的发现者之一，还会经常出现在后面的一些故事里。除了发现新元素，他还顶着巨大风险，在氰酸盐研究方面付出很多，他最早证明了氰酸就是氢、碳、氮、氧的化合物。紧接着，他又制取了氰酸钾、氰酸银这些氰酸盐，希望了解它们的性质。有一天，维勒加热氨水和氰酸的混合物，想要制取氰酸铵，结果得到的物质与之前的氰酸盐类完全不一样。维勒根本没有意识到一个伟大的发现就在他的眼前，而是一直重复实验。经过4年的仔细研究，他终于发现得到的不是无机的氰酸盐，而是常见的尿素，有机物第一次被人们用无机物合成出来了！

维勒制造出尿素给了化学家们巨大的鼓舞，醋酸、酒石酸等有机物如雨后春笋般被制造出来，人们终于意识到：有机物也是一种普通的物质，根本没有什么"生命力"在里面，"生命力学说"该破产了！

长久以来，各种类型的宗教都告诉人们，人是神创造的，因此人必须接受神和神使们的统治。即使哥白尼提出日心说，即使牛顿告诉我们万物之间皆有引力，即使化学家们发现了那么多神奇的现象并创造了世界上没有的物质，宗教论者仍然抱着"生命力学说"这最后一根稻草：你们说的都对，但是"生命力"是上帝创造的，生命之所以有灵气是因为上帝创造了"生命力"并将其埋藏在有机物里面。因此，维勒的发现不仅影响了化学界，更是给摇摇欲坠的宗教统治宣布了死刑。

贝采里乌斯并没有因为自己的权威受到挑战而压制维勒，在维勒公布自己的发现之后，他受到启发，想到之前维勒和另一位德国化学家李比希因为雷酸和氰酸发生过一场论战，这与氰酸铵和尿素很类似，也是同样的化学组成，但是化学性质完全不同。类似的情况还有葡萄酸和内消旋型酒石酸。

他认为应该提出一个新概念——同分异构体，意思就是拥有相同分子式、不同结构的物质。这让化学家们意识到，研究有机化学和研究无机化学不一样，不仅仅需要得到分子式，还需要研究分子的结构，有些物质的分子式虽然一样，但是会因为结构不同而表现出不同的化学性质。因此，有机化学从诞生伊始就与传统的无机化学不一样。这使得化学家们更多地去研究分子内部结构，对物质组成的认识又前进了一大步。

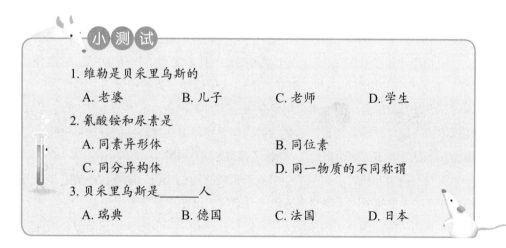

小 测 试

1. 维勒是贝采里乌斯的
   A. 老婆　　　　　B. 儿子　　　　　C. 老师　　　　　D. 学生
2. 氰酸铵和尿素是
   A. 同素异形体　　　　　　　　　　B. 同位素
   C. 同分异构体　　　　　　　　　　D. 同一物质的不同称谓
3. 贝采里乌斯是_____人
   A. 瑞典　　　　　B. 德国　　　　　C. 法国　　　　　D. 日本

【参考答案】　1. D　2. C　3. A

11. 有机物中的明星（一）：甲烷

以碳为骨架的有机物对我们的生活、生产太重要了，说句实在话，可能把好几种稀有元素加起来，对人类的价值都没有一种有机物大。由于篇幅有限，我们仅挑选有机物中的几个"明星"，让它们亮亮相。

甲烷是最简单的有机物，由一个碳原子和四个氢原子组成。我们熟知的天然气的主要成分就是甲烷，相对于之前我们提过的一氧化碳，它更加清洁无毒，实在是理想的能源。

甲烷

清洁无毒

天然气

主要成分 CH_4

　　天然气和石油、煤一样，也是由古代生物遗留下来的，封闭于地下岩层中，主要成分是甲烷，还有乙烷、丙烷等杂质。

甲烷经常和煤聚集在一起，煤矿中可燃性气体的主要成分就是甲烷，被称为"瓦斯"。在没有发明电灯的时候，煤矿工人只能用蜡烛和火把来照明，经常发生瓦斯爆炸。大帅哥戴维为了减轻工人们的痛苦，亲自下矿井和工人们一起工作，收集瓦斯气体回去研究。他发现瓦斯的燃点很高，只要用温度比较低的灯就可以避免瓦斯爆炸，于是发明了"安全矿灯"，挽救了很多矿工的生命。

天然气的分布极广，最早人们只能开采较连续的气田。随着技术的进步以及社会对能源需求的提升，人们将眼光投向页岩气、可燃冰等非常规能源。1997年，美国商人米切尔的能源公司的浅层天然气储量已经很小，虽然米切尔能源公司拥有得克萨斯州北部的大片页岩层，但从来没人能从这种致密岩石层中稳定地大量开采页岩气。比米切尔能源公司大得多的能源公司，例如艾克森、雪佛龙，宁可开辟海外市场，也不愿意进行页岩气开采尝试。留给78岁的米切尔的时间不多了，万般无奈之下，他把赌注压在页岩气上。

其实在这之前，米切尔公司的工程师们也不是没有想过办法，他们尝试过各种化学品复配的试剂，都宣告失败。没想到这次一个工程师使用了错误的配方，多加了水，稀释倍数比之前高了很多，却得到了更高比例的页岩气。他们看到了希望，使用这个"偏方"最终获得成功，原本萎靡不振的米切尔能源公司开始复苏。2001年，米切尔能源公司的天然气产量比1999年飙升250%，这在能源史上极为罕见。同年，米切尔能源公司最终被另外一家同等规模的能源公司以31亿美元高价收购。

类似米切尔这样的冒险家还有很多，页岩矿井在美国遍地开花。美国整体石油对外依存度从2005年的顶峰60.3%降到2014年的27.9%。2014年，美国已经取代俄罗斯，成为全球最大的天然气生产国（页岩气占到了25%以上）。这就是页岩气革命！

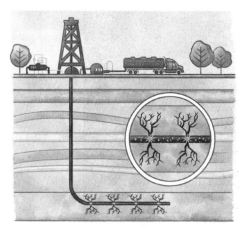

开采页岩气的压裂技术示意图

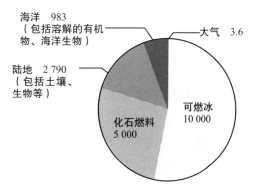

大气与地壳中有机碳的分布图（数量为相对值），可燃冰（天然气水合物，黄色部分）中有机碳含量竟然是传统化石燃料（左下角灰色，煤、石油、天然气）的两倍。

大部分人认为，页岩气革命无力改变化石燃料的供求结构，因为它的储量远远不能取代石油。甲烷最大的储量竟然是在地下、冻土或者海底，在低温高压的环境下，甲烷和水形成一种笼形水合物，这就是传说中的"可燃冰"。

早在1960年，苏联人就在西伯利亚的冻土里发现了可燃冰，后来美苏两大国在深海里也找到了同类物质。可燃冰是一种白色固体，看起来和普通的矿物没什么两样，但很容易燃烧。1 m³的可燃冰里蕴藏着164 m³的甲烷，因此它的能量密度非常高，甚至有人把它形容为动画片《变形金刚》中的能量块儿。它又是非常清洁的能源，燃烧后几乎不产生任何残渣，所以一下子就被全世界关注。

但是，对可燃冰的开采利用仍存在很大的争议。一方面，它只在低温高压下才能稳定存在，只要温度超过20 ℃或气压低于30个标准大气压，它脆弱的小身板很

可燃冰和它的物质结构
（左上角）

快就会"烟消云散"，重新变成水和甲烷。如何将这些有着"玻璃心"的小东西从海底完好地开采出来，真是让全世界的科学家伤透了脑筋。另一方面，甲烷的温室效应是二氧化碳的20倍，如果开采过程中出现泄漏，则会有加剧温室效应的风险。日本人曾经采用注入二氧化碳的方法试采可燃冰，这种做法除了具有让海水pH下降的风险外，还可能带来一些潜在的危害，因为人们对海底的了解还不够深入，将如此大量的海底物质开采出来，对海底的生态环境乃至地质环境有何危害，还无法下定论。不管怎样，为了将来的美好生活，我们还是要努力尝试，遇到问题，总结经验教训，再解决问题。

2017年7月，我国宣布中国海域天然气水合物首次试采圆满成功，取得了持续产气时间最长、产气总量最大、气流稳定、环境安全等多项重大突破性成果，创造了产气时长和总量的世界纪录。

目前认为甲烷主要来自微生物的生化作用。其实人类接触甲烷的机会算很多了，人们经常看到，在沼泽地、污水沟或粪池里有气泡冒出来，如果我们划着火柴，可把它点燃，这就是"沼气"，沼气中含有50%~70%的甲烷。

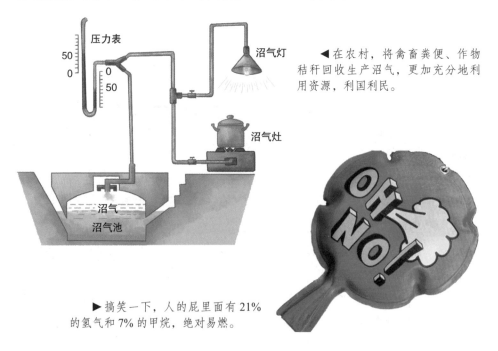

◀在农村，将禽畜粪便、作物秸秆回收生产沼气，更加充分地利用资源，利国利民。

▶搞笑一下，人的屁里面有21%的氢气和7%的甲烷，绝对易燃。

既然如此，甲烷也可以成为宇宙中有无生机的"信号灯"。如果在一块儿区域，我们连这种最简单的有机分子都找不到的话，基本可以宣布这一块儿为"无生机区"了。而反过来，按照地球上天然气和沼气的产生机理来分析，如果在宇宙空间里发现了甲烷，那是不是可以说明这里可能有生命呢？甲烷的发现就意味着发现了宇宙中的"宜居带"。

在太阳系内，很多行星和卫星上都有甲烷，比如天王星、土卫六，科幻作家因此想象在这些星球上存在着一些跟我们不一样的生物。尤其是土卫六这颗太阳系第二大的卫星，和地球类似，也具有浓厚的大气层，不同的是土卫六的大气中富含甲烷，后来发现土卫六地表有很多甲烷湖泊，这是太阳系内除了地球之外，表面有液体的唯一的行星状天体。有科学家认为，土卫六的现在就是 45 亿年前的地球。

早有科学家猜想，土卫六这样的环境暂时还无法孕育我们地球上熟知的生命，但是可能会存在一些微生物，以甲烷在土卫六大气高层生成的乙炔作为食物，与氢气发生反应，为自己提供能量。与我们地球上熟知的生命类似，乙炔就是它们的"碳水化合物"，氢气就是"氧气"。我们依靠氧化反应提供热量，而它们靠的是还原反应。

前面提到甲烷是一种强温室气体，地球空气中甲烷的含量很少，基本可以忽略，但是未来在改造火星的进程中，它可能会扮演很重要的角色。

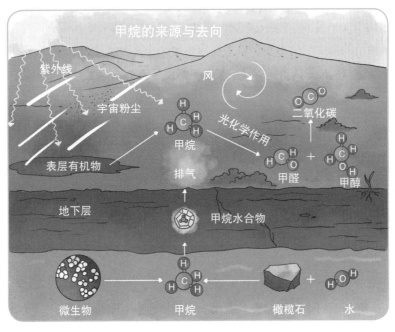

用微生物在地下制造甲烷，排放到火星空气中，通过光化学反应变成甲醇和甲醛，最终变成二氧化碳，这些气体都是温室气体。

小测试

1. 最简单的有机物是

   A. 二氧化碳   B. 甲烷   C. 乙醇   D. 乙烯

2. （多选）下列物质中富含甲烷的是

   A. 天然气   B. 页岩气   C. 可燃冰   D. 沼气

3. 大气中富含甲烷的星球是

   A. 水星   B. 金星   C. 火星   D. 土卫六

12. 有机物中的明星（二）：粮食的精华——糖和酒

"酸甜苦辣咸"俗称"五味"，如果让你从"五味"中选择一种，只剩下一种味觉，大多数人都会选择"甜味"。确实，甜味来自人体必需的营养物质——糖。在漫长的进化历程中，就是它让我们产生了"甜"这种味觉。远古时期，原始人和大多数动物一样，是食物采集者。味觉帮他们选择食物，大多数时候，酸和苦都代表着毒性，而甜味的食物多半意味着可以食用！

距今约 10 000 年前，"农业革命"诞生，人类从食物采集者变成了食物生产者。人们最早种植的是中东的小麦，后来在远东地区普遍种植的是水稻，而在美洲则是玉米和土豆。与其说是人类选择了它们，不如说是人类选择了自己的味觉——甜味，即人类选择了糖！

《诗经·大雅》中"周原膴膴，堇荼如饴"，意思是周的土地十分肥沃，连堇菜和苦菜都和饴糖一样甜。这里的饴糖就是用小麦等熬煮后得到的最早的糖，主要成分就是我们今天说的麦芽糖。到了春秋战国时期，屈原的《楚辞·招魂》又有这样的词句："胹鳖炮羔，有柘浆些。"这里的"柘浆"指的是甘蔗汁，从甘蔗中得到的糖更甜，因为它是蔗糖。几乎同时期，印度人发明了从甘蔗中制糖的方法，敦煌残卷中有一段说到印度可造最上等的"煞割令"。到目前为止，从甘蔗中制糖还是应用最广泛的制糖方法。

从化学的角度来看，麦芽糖和蔗糖都属于二糖，麦芽糖由两个葡萄糖脱水形成，蔗糖由一个果糖和一个葡萄糖脱水形成。葡萄糖和果糖则是单糖，即不能被水解为

【参考答案】 1. B 2. ABCD 3. D

更小分子的糖，它们是糖类中重要的结构单元。葡萄糖和果糖相比，果糖更甜，所以蔗糖比麦芽糖甜，水果比米饭更甜。

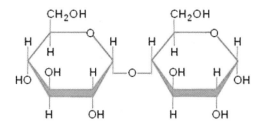

麦芽糖由两个葡萄糖脱水形成。

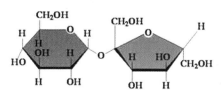

蔗糖由一个果糖（右）和一个葡萄糖（左）脱水形成。

小麦、水稻、玉米和土豆等主食中富含的淀粉和蔬菜中的纤维素是多糖，由很多个葡萄糖组成。这些糖类都含碳、氢、氧元素，其中氢和氧的比例大多是 2:1，因此传统上又被称为"碳水化合物"。当我们咀嚼这些主食的时候，唾液中的酶就会帮助我们分解淀粉，把它们变成麦芽糖，不信你嚼米饭两分钟，一定会发现嘴巴里

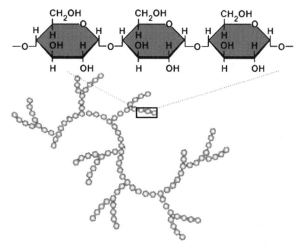

淀粉，由很多葡萄糖组成，存在不同的结构。

逐渐出现甜味。人体消化不了纤维素，但它可以帮助我们排便，所以蔬菜也不能少吃哦。纤维素多用于造纸。

人类从食物采集者变成食物生产者以后，慢慢地有了剩余的粮食。如何处理这些剩余的粮食是个问题，既不能浪费，也要便于保存，制糖和制酒是

李白斗酒诗百篇。"人生得意须尽欢，莫使金樽空对月。""我欲因之梦吴越，一夜飞度镜湖月。""安能摧眉折腰事权贵，使我不得开心颜。"这样的诗句难道不是只有畅饮一番之后才吟得出来？

最有效的方法，其中酒比糖出现得还早。传说商纣王建造"酒池肉林"，固然可能是周人抹黑，但至少说明商朝时期的粮食生产力已经达到了很高的水平。曹操《短歌行》："慨当以慷，忧思难忘。何以解忧？唯有杜康。"杜康被认为是酒的发明者，关于他的传说版本很多。渐渐地，酒已经不单是一种食物，而形成了一种文化：招待客人，为表诚意，必须要用这玉液琼浆。在我国的很多地区甚至形成了酒桌文化，甚是复杂。文人骚客为了激发自己的创作灵感，往往要借助酒的作用。

古希腊神话中有专门的酒神，名叫狄奥尼索斯，代表着原始、狂欢、自由、生命和艺术。"超人"哲学家尼采认为，古希腊艺术是在日神（阿波罗）和酒神（狄奥尼索斯）这两种精神的相互激荡中产生的。

在古希腊神话中，诸神狂饮的佳品正是红葡萄酒，后来的基督教更是视红酒为圣血，这几乎一直影响西方的饮酒传统到现在。

到了现代，乙醇已不仅仅是以酒的形式带给人们精神上的满足和放纵，随着科学的进步，其工业应用价值逐渐增大。在医院里，乙醇就是一种最简单的消毒剂，体积分数为 75% 的乙醇溶液用作医用酒精。乙醇还是一种很重要的溶剂，很多化妆品里就有它哦。夏天常用的花露水也用乙醇作为溶剂。

从化学的角度来看，将糖类变成酒精是"生物发酵"的过程，酒精是一些微生物进行无氧呼吸的产物，这个过程恰好将一种生物能源转化为燃料。在解决人类最基本的温饱需求以后，现代文明最缺乏的是能源。传统的化石燃料在开采和使用过程中都会产生不可估量的污染，而且有限的化石燃料远远不能满足人类无止境的欲望增长。在这种情况下，人们盯上了酒精这种可再生能源，如果能从天然的食物中

提取出糖，再经过生物发酵转化为酒精，就相当于将亿万棵植物变成太阳能电池板，不断吸收太阳的能量，再转化为高燃烧值的燃料。乙醇汽油就这样进入了我们的油箱，在美国、巴西、欧洲等地都已经广泛使用。我国也尽力跟上，在一些省份，乙醇汽油作为汽车燃油已经试行。

2016 年 10 月，美国橡树岭国家实验室的三名科学家宣布，他们研制出了一种纳米铜颗粒的催化剂，竟然在室温下就可以直接把二氧化碳转化为乙醇。这简直就是化学永动机！在过去，将化学废物通过

味道怎么样?

乙醇汽油是汽油和乙醇（酒精）的混合燃料，乙醇汽油是用90%的普通汽油（无铅汽油）与10%的燃料乙醇调和而成的。

简单有效的方法重新变成燃料，一直是众多化学家的梦想。但这次，三名科学家告诉我们，这其实并不难，他们透露就连他们自己也没有料想到整个过程会如此简单。

希望这项技术早日产业化！

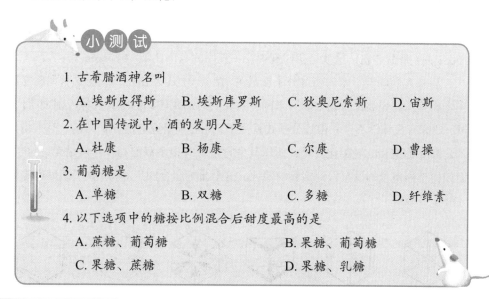

小测试

1. 古希腊酒神名叫

　A. 埃斯皮得斯　　B. 埃斯库罗斯　　C. 狄奥尼索斯　　D. 宙斯

2. 在中国传说中，酒的发明人是

　A. 杜康　　　　　B. 杨康　　　　　C. 尔康　　　　　D. 曹操

3. 葡萄糖是

　A. 单糖　　　　　B. 双糖　　　　　C. 多糖　　　　　D. 纤维素

4. 以下选项中的糖按比例混合后甜度最高的是

　A. 蔗糖、葡萄糖　　　　　　　　　B. 果糖、葡萄糖

　C. 果糖、蔗糖　　　　　　　　　　D. 果糖、乳糖

【参考答案】 1. C　2. A　3. A　4. C

13. 有机物中的明星（三）："芳香"的苯

法拉第在物理界是位大牛，但是在化学界他只能是戴维的助手和学生，是个配角。如果说戴维是天赋异禀、高调倜傥，那么法拉第就是平凡低调、踏实勤勉。慢工出细活，他在化学上也有一些很重要的发现。

苯的名称来自"安息香"，这使得后来苯系化合物被称为芳香族化合物。

1825 年的英国号称"日不落帝国"，无数的战舰满载世界各地的财富归来，各种新的发现在刺激着商人的心。这一切都不断改变着这个国家的方方面面，当时的帝国之都伦敦已经用上了煤气。身为皇家科学院员工的法拉第发现，在生产煤气之后总会有一些油状物残留，他从这种油状物中分离出一种无色液体物质，有淡淡的甜味和香味，他还不太明白这种物质的具体结构，只能根据它的成分命名为"双碳化氢"。

1834 年，德国化学家米希尔里希用蒸馏苯甲酸和石灰混合物的方法，得到了和法拉第发现的物质一样的东西，由于带有一些芳香味，他用历史上有名的"安息香"（benzoin）来命名它，这就是我们到现在一直用的名字"苯"（benzene）。

后来人们确定了苯的相对分子质量为 78，分子式为 C_6H_6，碳的含量如此之高，在之前发现的烃类化合物中闻所未闻，这让当时的化学家们感到震惊。前面我们说过，研究有机化学不是只得到分子式就完了，还必须研究它的分子结构。有人指出，苯是高度不饱和的烃类化合物，所以其中肯定含有很多双键和环，但是无论化学家们如何排列组合都没有得到实验的验证。这个排列组合的"密码"到了凯库勒这里，才终于被破解。

关于苯分子结构的各种猜想，最后两个是对的。

凯库勒是一个德国人，从小就是一个天才，中学时候就会四门语言，他当时的理想是成为一位建筑师，在他上大学以前，他已经成功设计了三套房子。1847年他考上了吉森大学，如愿以偿进入了建筑系，学习几何学、数学、制图和绘画等，这和希特勒的经历非常相似，不同的是希特勒没有遇到优秀的化学老师，而凯库勒遇到了，这个老师就是李比希——另一位"有机化学之父"。

一次很偶然的机会，凯库勒走进了李比希的教室，立马被这个神奇的教授吸引住了。从李比希的口里说出的，并不是生硬的术语，而是神奇的发现；不是枯燥的理论，而是生动的故事。李比希的讲台两旁还放有各种各样的实验设备和仪器，这位大师不时地从讲台走向实验台展示他刚刚述说的各种

照片为凯库勒（左）和他的老师李比希（右），如果能多一些像李比希这样的老师，世界上会少一些希特勒那样的战争狂人。

神奇。就这样，凯库勒完全为老师倾倒，爱上了化学。从此以后，世界上少了一位建筑师，多了一位伟大的化学家！

天才不管做什么，只要是自己感兴趣的，总能有所成就。凯库勒就是这样一个天才，他进入化学界迅速崭露头角，他研究了雷酸及其盐的性质，还发表了论文《关于多原子基团的理论》。在这篇论文里，他总结了之前的化合价理论，并提出碳在所有的元素里面，是最特殊的，因为它可以体现出多种化合价，比如在二氧化碳、甲烷、四氯化碳等化合物中，碳表现为 +4 价，但是在其他含碳化合物中，又体现

出其他化合价，甚至分数化合价，比如丙烷等。所以他认为含碳化合物真是一个"神秘的池沼"，值得投入精力。在接下来的研究中，他提出了"碳链"的见解。可能我们现在一目十行地看化学教科书的时候觉得这是理

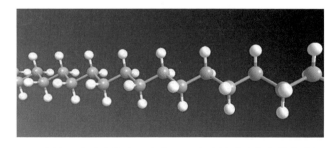

碳原子的最外层有4个电子，这种性质让它和其他碳原子之间可以用很多方式结合在一起，进而形成碳链。碳链的结构可以是线性的，也可以接枝、分叉、成环、交联等，因此有机物的种类才会有那么多。

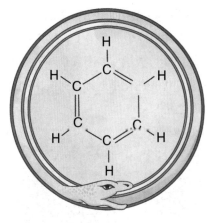

一条长蛇首尾相连，在古印度传说中也有体现。如果凯库勒早点接触古印度思想，估计早就能想到苯的结构了。

所当然的，然而在 100 多年前凯库勒的时代里，率先从众多有机物的迷雾中发现这一点很难得！

1864 年冬天，凯库勒开始思考最棘手的碳氢化合物——苯的结构。有一天他在书房工作，过度劳累让他打起了瞌睡，在半梦半醒之际，他脑海里浮现出他的"老朋友"——碳链。这根碳链飞舞旋转，盘旋弯曲，宛如一条神秘的蛇，突然，这条蛇咬住了自己的尾巴，头尾相接。

凯库勒得到了灵感，好像被神谕电击了一下自己的灵魂，猛然醒了过来。他继续工作了一夜，按照他梦中的启示做了各种推理，并和之前的数据、记录对应起来互相验证。终于，他发现"神谕"是对的，次年，他发表了论文《论芳香族化合物的结构》，其中提到了苯的环状结构，单双键交替排列，举世震惊。

凯库勒的苯结构公布以后，各方面性质和实验都符合得很完美，唯有一条不符合化学家们的经验：含有双键，却不能被高锰酸钾氧化。这个缺陷让化学家们纠结了很久，一直到 20 世纪量子力学出现以后，化学家们建立了分子轨道理论，原来，当一个原子和其他原子结合成分子以后，这个原子的核外电子就不再属于这个原子

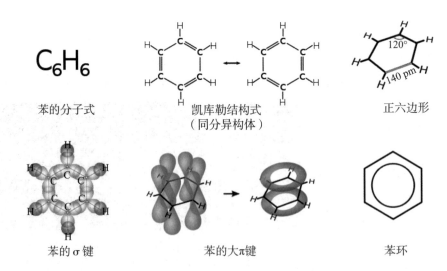

苯的分子式　　　凯库勒结构式　　　正六边形
　　　　　　　　（同分异构体）

苯的 σ 键　　　　苯的大 π 键　　　　苯环

对苯分子的认知过程如同打开了一个"魔盒"，随着人类对于苯分子的认识不断进步，我们不断从这个"魔盒"中得到新的理论工具。

本身了，它的分布概率可以充斥整个分子。化学家们回过头来重新看苯的分子结构，才发现6个碳原子和6个氢原子都在一个平面上，组成了一个完美的六边形，所有的碳碳键长都相等，既不是单键也不是双键，而是一个覆盖着6个碳原子的大π键。从此以后，苯的结构又改了，中间的双键被删除，取而代之的是一个象征大π键的圆。直到现在，在各种化学读物和教科书上，有些地方印刷的仍然是凯库勒的单双键交替排列结构，有些地方画的是象征大π键的圆。这是历史遗留问题，大家理解其中的意义就可以了。

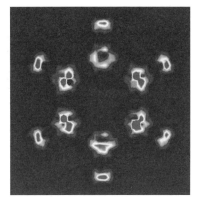

苯分子的电流密度图，是一个很完美的六边形。

后来科学家们发明了扫描隧道显微镜，拍摄到了苯分子的照片，发现和理论完全一致，是一个完美的六边形，苯分子模型被照片证实了！

苯是一种很有用的化学物质，在各种化工领域都是非常有用的原材料。它又是非常好的溶剂，可以溶解大部分有机物，所以很多油漆都采用苯、甲苯、二甲苯作为溶剂。之前在刷油漆的时候，我们总是会闻到一股香而微甜的气味，那就是苯的气味。但苯又是一种强致癌物质，因此在油漆涂料中已经被禁用！如果在木器涂料中你还是闻到香而甜的气味，一定要举报！

苯的结构很特殊，它虽然极度不饱和，但是结构非常稳定。它还可以接枝不同基团，或者和其他苯环连在一起、靠在一起。我们把含有苯环的碳氢化合物称为"芳香族化合物"。大家千万不要被它们的名字蒙蔽，有些确实是有香味的，有些则奇臭无比。很多含苯环的化合物在我们的生活中发挥着巨大的作用，我们简单列举几种，在后面的篇章里，我们还会经常看到"苯"的身影。

▲萘，曾经用作卫生球，现在由于致癌已经被禁用，但是萘的衍生物仍然有很多具有医药用途。

▲阿司匹林，学名乙酰水杨酸，结构含有苯环，是最经典的药物之一，也是西方很多家庭的常备药。

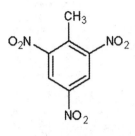

◀TNT，三硝基甲苯，也称黄色炸药，号称"炸药之王"。直到现在，它还作为炸药的爆炸当量，甚至核武器的当量也用它来计量。

小测试

1. 凯库勒的老师是

  A. 法拉第　　　B. 戴维　　　C. 李比希　　　D. 维勒

2. 苯分子的形状是

  A. 三角形　　　B. 正方形　　　C. 正六边形　　　D. 圆形

3. （多选）下列物质含苯环的有

  A. TNT　　　B. 萘　　　C. 阿司匹林　　　D. 四氯化碳

14. 有机物中的明星（四）：乙烯

上一节的"主角"苯目前主要来自石油化工。确实，石油最主要的用途是制造燃油，大约有90%以上，另外5%用来生产润滑油，剩下的不到5%就是生产各种各样的化学品。但就是这不到5%的石油化工，在方方面面影响着我们的生活，而

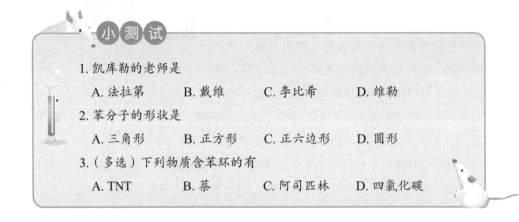

乙烯会帮助植物生长，也就自然会让它们更快老去。

【参考答案】 1. C　2. C　3. ABC

石油化工中最主要的初级产品就是乙烯！

　　其实人类接触乙烯很早，古埃及人在无花果结果之后，故意给树划开一个口子，这样果实可以结得更快，长得更大。中国古人也发现，将不够成熟的果实放在燃烧香烛的屋子里，可以成熟得很快。19世纪德国人发现在临近泄漏的煤气管道处的植物树叶特别容易掉落，后来人们又发现，把橘子和香蕉放在一起可以让青香蕉快速变黄。一直到20世纪中叶，科学家才证明，植物的所有部分都会排放出乙烯，乙烯其实就是一种植物激素！

　　这就解释了古人的经验其实是有科学道理的，树木切开口可以释放出更多乙烯，香烛会不完全燃烧释放出一些乙烯，这些都可以有催熟的效果。我们在日常生活中也会有一些经验，如果放在一起的一串香蕉或者一箱苹果中有一个烂掉，那么剩下的也会

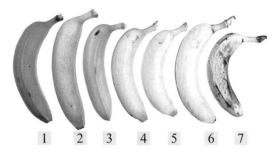

乙烯可以催熟植物。

迅速烂掉，所以应该及时地将一堆水果中烂掉的拣出来。这里面的科学道理大家都懂了吗？烂掉的水果会产生更多的乙烯。

　　这个发现立刻在农业上得到了应用，一种叫乙烯利的物质被用作催熟剂，它的作用机理就是它溶于水后可以释放出乙烯。几年前有媒体曝光香蕉生产企业使用乙烯利，并指出乙烯利是一种化学品，对人体的危害如何之大，造成了香蕉价格大跌。这实在是非常无厘头了。其实乙烯利是一种使用十分普遍的催熟剂，如今人们对水果的需求量如此巨大，甚至在冬季也有吃夏季水果的诉求，在这种情况下不使用乙烯利，简直是"mission impossible"。大众媒体不懂化学，却乱宣传化学的危害，实在是一种悲哀。当然，如果有不懂科学的不法商贩将工业级乙烯利涂在西红柿上，以为能让西红柿更红，那就是另一回事了。

　　说完我们身边的乙烯，再把眼光投到乙烯更大层面的应用上。其实乙烯是产量最大的石油化工产品，是石油化工的核心，超过75%的石油化工产品走的都是乙烯这条线，一个国家的石油化工发展水平的标志就是乙烯的产量！乙烯的下游产品主要在四个方向：环氧乙烷、苯乙烯、聚乙烯、氯乙烯。这里面每一个产品都是石化产业的支柱产品！在接下来的几篇里，我们走马观花地了解一下这些石化明星吧！（由于篇幅限制，氯乙烯将放在氯元素中详细解读）

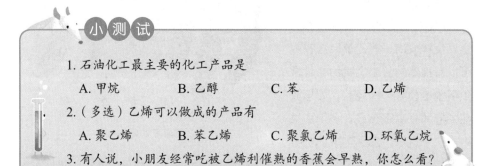

在工业生产中，环氧乙烷、苯乙烯、聚乙烯、氯乙烯是最主要的乙烯下游产品，但也只是中间产品，还需要被加工成不同形态才能得到应用。它们是有机化工最重要的砖和瓦。

小测试

1. 石油化工最主要的化工产品是

    A. 甲烷   B. 乙醇   C. 苯   D. 乙烯

2.（多选）乙烯可以做成的产品有

    A. 聚乙烯   B. 苯乙烯   C. 聚氯乙烯   D. 环氧乙烷

3. 有人说，小朋友经常吃被乙烯利催熟的香蕉会早熟，你怎么看？

15. 有机物中的明星（五）：聚乙烯

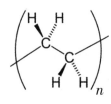

聚乙烯的结构式

从本节开始我们要进入"高分子"的世界了。所谓"高分子"，是相对于我们之前提到的二氧化碳、氧分子，甚至甲烷、乙醇、苯等这些简单的分子来说的，这些高分子含有的原子数多，相对分子质量大，结构却不一定复杂，聚乙烯就是其中一例。

人们接触这些"高分子"其实很早，哥伦布发现新大陆的时候，欧洲人发现拉美的土著们在玩一种很有意思的球，这种球弹性很大。原来，这种球是用硬化了的植物汁液做的。说到这里，你一定想到了，这种树就是橡树。欧洲人将这种材料视为珍品运回了欧洲，人们发现这种橡胶球可以擦去铅笔的痕迹，

【参考答案】 1. D 2. ABCD 3. 乙烯利能催熟香蕉，不代表它也能"催熟"小朋友。植物激素不能同样作用于动物。儿童性成熟受到性激素的调节，在人体内它们都有特定的结构和特异性的受体。无论是乙烯还是乙烯利都不能在人体内表现出性激素的作用。

所以给它起了个名字——rubber，意思就是擦子，这个名字也一直用到现在。

1839 年美国人固特异（这个名字你肯定非常熟悉）发现在橡胶中加入硫黄可以使橡胶更加耐久，从此以后橡胶就走上了工业应用的舞台。现在我们知道这些天然的橡胶其实是一种聚合物：聚异戊二烯。

天然橡胶到了今天仍然不能完全被合成橡胶取代，东南亚、拉美是橡胶的重要来源地。

到了 19 世纪末 20 世纪初，酚醛树脂、人造丝、赛璐路、合成橡胶等材料如同雨后春笋般被制造出来，人们也认识到淀粉、多肽等有机物是有重复结构单元的。但是关于这些新型有机物究竟是什么样的结构，还是有很多种意见，大部分人认为这些重复的结构单元是很多小分子通过一些类似于范德华力的作用力结合在一起的，而不是共价键。因为当时大部分化学家都熟悉了简单的小分子，对于"大分子"这种概念感到陌生和恐惧。

一直到了 1922 年，德国化学家施陶丁格提出高分子是长链的大分子，遭到了很多同行的强烈反对。但是施陶丁格坚持自己的观点，并通过好几年的实验得出了更加强有力的证据，他将天然橡胶加氢，得到的不是烷烃而是加氢橡胶。此外，他也证明了多聚甲醛和聚苯乙烯也是大分子。1926 年，瑞典化学家斯维德贝格测出了蛋白质的相对分子质量竟然有几万到几百万，更是成为了大分子理论的直接证据。1926 年底的化学年会上，不支持施陶丁格的化学家只剩下一个人了。

1932 年，施陶丁格出版了《高分子有机化合物》，这是高分子科学诞生的标志。对高分子的研究有了理论的指导，再也不像之前是点对点的探索，而是铺开面的大规模研究，各种各样的橡胶、塑料、树脂、纤维如同雨后春笋般出现在我们日常生活的方方面面，改变了我们的世界。施陶丁格也因此获得了 1953 年的诺贝尔化学奖。

最早发现聚乙烯的记载可以追溯到 1898 年，德国化学家汉斯·冯·佩希曼在研究重氮甲烷的时候，他的同事发现一种白色蜡状物，他们一起研究发现其中含有很长的线性亚甲基的结构，命名为"聚乙烯"。

施陶丁格，他对高分子化学开创性的贡献一直影响到现在。高分子材料与金属材料、无机非金属材料并称工程材料的三大支柱。

一直到 1939 年，聚乙烯才算是搭上了施陶丁格高分子化学的顺风车，英国的帝国化学工业公司（ICI）成功地将聚乙烯规模化生产，在二战中发挥了重要作用。英德空战中，英德飞机损失比为 1∶2，英国空军能有如此神勇的表现与雷达的使用是密不可分的。由于聚乙烯在雷达中用作绝缘材料，我们是不是可以说："如果没有聚乙烯，英国的雷达就敌不过德国的，英国就可能会输掉这场空战，德国就不会有后顾之忧，就可以全心全意实施巴巴罗萨计划攻打苏联，美国也不敢参与欧洲战争，苏联可能灭亡，二战的结果会完全两样？"

二战以后，聚乙烯在更多的领域得到应用，取代了聚氯乙烯成为最常用的塑料。

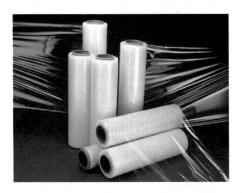

家用的保鲜膜就是聚乙烯。这里提醒大家，用微波炉加热食物的时候，一定要把保鲜膜撤去，因为聚乙烯保鲜膜在 110 ℃左右会热熔。农用大棚薄膜也有很多是用聚乙烯做的。

上面这两种是低密度聚乙烯，密度低，材质软，是聚乙烯最早的应用。后来人们又发明了高密度聚乙烯，耐热耐油耐蒸汽，绝缘性能好，我们在生活中也经常见到。

随着科学的进步，人们又发明了线型低密度聚乙烯，是在乙烯聚合的时候引入少量的 α-烯烃，被称为第三代聚乙烯，它使传统的聚乙烯各方面的性能都得到提升，也得到了更多的应用。目前世界上新投产的聚乙烯工厂已经没有生产低密度聚

用高密度聚乙烯做的雨水道

乙烯的了。

聚乙烯的缺点是它不易降解，造成了很多"白色污染"，这让它背上了骂名。想想我们每天要使用多少垃圾袋和包装袋吧。聚乙烯中碳碳键的超强稳定性，使得这些聚乙烯塑料制品要过几十年才会分解。目前每年生产出来的聚乙烯接近1亿吨，大部分都被做成了塑料制品，如果一直这么发展下去，我们的世界是不是会被这些塑料垃圾包围？在很多地方，比如我国的老铁路沿线，白色污染已经成为很严重的问题。

为了解决这个问题，一方面要发展新型的可降解塑料制品，另一方面要研究如何快速降解聚乙烯制品。此外，问题的解决不仅要靠科学技术的发展，还得依赖于我们建立的回收机制。早在十几年前，我们国家就已经提出了垃圾分类回收的概念，但是执行得怎么样，大家心里都有数，即使是在北上广这些一线城市，有关部门只是在若干地方将垃圾分类回收作为形象试点工程，大众对垃圾分类回收也存在严重的知识缺失。塑料制品大多数是生活消费品，如果生活垃圾不能被分类回收，废弃塑料就很难被集中处理，快速降解也只能是空想。

说到这里，我又不得不吐槽科学与人文的脱节。科学再如何发展，人文的落后照样会让我们的生活一团乱麻。

◀"白色污染"盛况空前，你还看得下去吗？

▶维也纳郊区的居民区实拍，在维也纳，每个小区外的垃圾箱都有4~5种，按照玻璃、纸张、塑料、金属、食品等分开。

小测试

1. 最早使用橡胶的是
   A. 日本人   B. 印度人   C. 埃及人   D. 拉美土著
2. 提出高分子是长链的大分子，并出版《高分子有机化合物》的科学家是
   A. 施陶丁格   B. 基辛格   C. 辛格   D. 格格巫
3. 通常所说的"白色污染"是指
   A. 白色烟尘   B. 白色建筑废料
   C. 生活垃圾   D. 塑料垃圾

🧪 16. 有机物中的明星（六）：环氧乙烷和表面活性剂

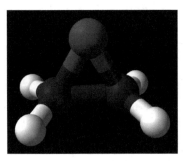

环氧乙烷，不要小看它哦。

本节的主角叫环氧乙烷，它在中学课本里没有，甚至在大学非相关专业的化学课本里也见不着，但它是精细化工的重要中间体，在我们的世界里扮演着重要的角色！下面我们就看看，它在精细化工的舞台上都有哪些表现？

环氧乙烷和水反应生成乙二醇，确实，约三分之二的环氧乙烷被做成了乙二醇。中学课本告诉我们乙二醇是一种防冻液，但现在世界上大部分乙二醇被做成聚酯纤维，大家对这个名字可能比较生疏，它比较为人熟知的名字是"涤纶"，如果你还反应不过来，它还有一个小名：的确良。

涤纶现在是世界上合成纤维中产量最大的，约占 2/3 市场份额。中国的纺织业带动了中国的化纤产业，好几个沿海省份都以化纤产业为支柱产业，中国的乙二醇和环氧乙烷供应有限，每年还需要进口好几百万吨的乙二醇，最主要的流向就是用于化纤产业中的涤纶制造。之所以进口乙二醇而不进口环氧乙烷，是因为环氧乙烷是一种剧毒易燃易爆化学品，而乙二醇的性质比较温和。

环氧乙烷还可以做成聚乙二醇（PEG），这是一个简单的高分子，根据聚合度

【参考答案】 1.D 2.A 3.D

的不同，聚乙二醇的平均相对分子质量从二百到数百万不等，形态有液体，也有蜡状固体。每个产品用它的平均相对分子质量命名，比如 PEG200，PEG1 000 等，不要以为你拿到的 PEG400 产品里面全部都是相对分子质量为 400 的聚乙二醇，实际上它是一个由很多种不同相对分子质量的聚乙二醇组成的混合物。这也是高分子化学品的一个特点，即通常得到应用的都是一个系列的混合物，那么其中聚合度的分布对这个混合物的物化性质有很大影响，每个生产厂家的工艺不同会导致成品差别很大。

环氧乙烷在四氯化锡催化下聚合生成聚乙二醇。聚乙二醇的主要性质是亲水、透明、润滑，所以它的应用非常广泛，在我们身边也随处可见，从牙膏到护肤霜，到隐形眼镜，还有治疗痔疮的软膏。

牙膏　　　　　　　　护肤霜

聚乙二醇的用途

除草剂

洗发香波　　　　　　桥梁

乙醇胺的用途

环氧乙烷和氨反应生成乙醇胺，有一乙醇胺、二乙醇胺、三乙醇胺三种。这又是一个应用十分广泛的化学中间体"三兄弟"，一乙醇胺可以用来合成牛磺酸，这是一种特殊的氨基酸，堪称营养药物中的"明星"，在红牛、各种儿童益智药物甚至护肤品中都能找到。二乙醇胺主要用于生产除草剂草甘膦，目前世界上 75% 的草甘膦的生产集中在中国，另外二乙醇胺还用于合成表面活性剂 6501，这种非常大众的表面活性剂在洗发水、洗手液中都有应用。三乙醇胺主要用来合成水泥添加剂，我们在享受新建的桥梁、高速公路带来的交通便利的时候，要想到三乙醇胺的贡献。除此之外，三种乙醇胺都可以起到 pH 调节剂的作用，在各种化学实验室里都可以看到它们的身影。

$(CH_2CH_2)O + NH_3 \rightarrow HOCH_2CH_2NH_2$　　　　　　　（一乙醇胺）

$$2\ (CH_2CH_2)O + NH_3 \rightarrow (HOCH_2CH_2)_2NH \qquad （二乙醇胺）$$

$$3\ (CH_2CH_2)O + NH_3 \rightarrow (HOCH_2CH_2)_3N \qquad （三乙醇胺）$$

环氧乙烷还堪称非离子表面活性剂的结构单元。在第一章第七节中我们提到，最早的表面活性剂就是肥皂，但是肥皂也存在问题，一方面其不够温和、不能耐硬水，另一方面由于肥皂的原材料是天然油脂，供应量有限，不能满足社会发展的需要，所以化学工程师们需要开发基于石油下游产品的新型表面活性剂。表面活性剂的结构很简单，由一个亲水基和一个亲油基组成，但是亲水基、亲油基的不同可以创造出千变万化的表面活性剂，这是一个大家庭！

表面活性剂可以改变液体的表面张力。我们小时候都喜欢吹肥皂泡，能把肥皂水吹成超薄的泡泡，就是表面张力的体现。图中是英国人吹出有史以来最大的泡泡。

最早得到大规模应用的是阴离子表面活性剂烷基苯磺酸钠，用于洗衣粉中，但仍然不能满足所有的需求。非离子表面活性剂开始走上舞台，比如直链烷基聚氧乙烯醚、烷基酚聚氧乙烯醚、嵌段聚醚等。它们的优点是以不同的碳链或环氧丙烷为亲油基，以不同长度的聚环氧乙烷链（EO链）为亲水基，通过调节碳链和EO链的长短，就可以得到不同类型的表面活性剂，满足不同情况下生产、生活的需要。这种类型的不同在化学上可以按照HLB值来区分，即亲水亲油的平衡值，HLB值越大，说明它更亲水，越小说明更亲油。

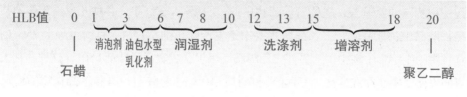

HLB值具有加和性，两种非离子表面活性剂复配后的混合物可以简单按照比例计算出混合物的HLB值。所以化学工程师通常会选择一个高HLB值和一个低HLB值的非离子表面活性剂，然后调整配方比例，满足实际需要。

涂料

纺织皮革

清洗

日化

表面活性剂

造纸

农药

油田

润滑油

表面活性剂千变万化，在精细化工中到处都能找到它们的身影，如同我在第一章中提到的那样，未来表面活性剂将肩负着减少 VOC 以及保护环境的重任，让我们的未来更加健康。

非离子表面活性剂还可以被磺酸化、磷酸化、硫酸化而加工成阴离子表面活性剂，可以更加耐酸耐碱耐硬水，应用可以更加广泛。

表面活性剂实在是一种很奇妙的东西，它具有乳化、润湿、渗透、起泡、消泡、增溶、清洗等功能，广泛用于涂料、纺织、清洗、日化、造纸、农药、水处理、油田、润滑油等行业，贴近国计民生，简直是一种万能添加剂。有人说："如果没有表面活性剂，90% 的化学工程师都要失业！"对于表面活性剂的研究已经成为一门学科，未来的发展潜力非常巨大。

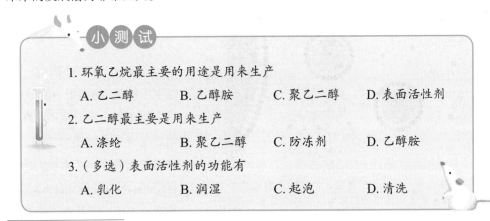

小测试

1. 环氧乙烷最主要的用途是用来生产

    A. 乙二醇   B. 乙醇胺   C. 聚乙二醇   D. 表面活性剂

2. 乙二醇最主要是用来生产

    A. 涤纶   B. 聚乙二醇   C. 防冻剂   D. 乙醇胺

3. （多选）表面活性剂的功能有

    A. 乳化   B. 润湿   C. 起泡   D. 清洗

【参考答案】 1. A   2. A   3. ABCD

🧪 17. 有机物中的明星（七）：合成橡胶和苯乙烯

在上一节中，我们曾一笔带过表面活性剂的一个用途是"乳化"，"乳化"究竟是什么意思呢？我们在第一章中提到，很多有用的化学品是不溶于水的，为了减少有害的有机溶剂使用量，我们需要借助于表面活性剂来帮助这些化学品分散在水中。

一般来说，最后的混合液是白色混浊的液体，和牛奶很相似，比如装修时用的乳胶漆，所以化学工程师们把这种混合液形象地称为"乳液"，把这个过程叫作"乳化"，把起到这种作用的表面活性剂叫作"乳化剂"。在我们身边,化妆品里的"乳液"其实也是"乳化"之后的混合物，另外诸如卸妆油、洗发水也是乳液的形态，其中都有表面活性剂的功劳。

一般来说，我们首先得到需要的成分，然后加入水和乳化剂，再进行高速搅拌，就可以得到乳液了。这对于一些相对分子质量低的物质是比较简单的，但是对于一些高分子物质,它们的黏度过大，乳化起来会不太方便。此外,我们在上一节中提过，在聚合之后得到的高分子一般都是一系列混合物，相对分子质量差别巨大的一系列分子性质相差巨大，也会导致乳液不稳定。

有聪明人开始想了，高分子都是用低分子单体聚合而成的，要做成乳液还需要一道物理搅拌工艺进行乳化。机械物理相对于化学来说永远是低效的，那么能不能首先让这些单体通过表面活性剂的作用分散在水里，然后直接在水里聚合呢？对了，这就是乳液聚合！

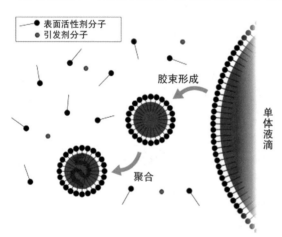

图示为乳液聚合示意图。右边的大颗粒是单体液滴，在分成小的胶束后，单体在胶束中聚合成高分子。这种直接在乳液状态下聚合成的高分子分布更加均匀，乳液更加稳定。

20世纪初的德国是一个结束了纷争、刚刚统一的国家，这个国家的一部分精英们在思索着怎样挑战世界旧秩序，建立世界新秩序，扩大他们的生存空间。当时的各种新式武器、战车、军舰、飞机都需要战略资源——橡胶，但是橡胶产地是有限的，而且都已经被英国、法国占领了。为了打破垄断，德国人只有进行科技创新，研发出新型的合成橡胶。德国拜耳公司的科研人员们在思索：天然橡胶也是在室温下产出的，橡树的内环境充满了一种胶体聚合物，可以理解为一些小分子在这种环境下聚合成了橡胶，那么按照仿生学，有没有可能让化学家们也模仿这个环境，用一些小分子把高分子的橡胶制造出来呢？拜耳的科研人员尝试将明胶、淀粉、蛋清等混合在一起，模拟橡树的内环境，从现在的观点看，这还不是乳液聚合，而只是分散体聚合。

20世纪20年代，随着施陶丁格高分子理论的诞生，化学家们开始对乳液聚合理论进行研究，并成功地将异戊二烯用乳液聚合的方法合成了橡胶，橡胶仿生终于成功了！今天，各种各样的橡胶制品充斥在我们生活的方方面面，轮胎、按键、奶嘴、玩具等等。没有合成橡胶，我们简直不知道生活会是什么样。

一战结束，德国被迫签署了《凡尔赛和约》，军舰、坦克、飞机数量都受到限制，德国成为一个被解除武装的赤裸国家。然而，这个民族不会因此而消沉下去，哲学思想是他们的盾牌，科学技术是他们的武器，他们必将在20年后再次挑战世界秩序。

20世纪30年代，德国人用丁二烯合成了一种丁钠橡胶，然后又发现，将丁二烯和苯乙烯共聚，生成一种丁苯橡胶，这种橡胶的性质和天然橡胶非常接近。在这种方法发明出来以后，德国人再也不用担心自己因为没有海外殖民地而无法得到天然橡胶了。有了合成橡胶这种战略资源，德军才有可能建立自己的坦克集群，古德里安、曼斯坦因们才有能力去发明钳式进攻，希特勒才有资本去发动一次又一次闪电战。

1943年，库尔斯克会战是人类历史上最大规模的坦克大会战。人们往往会将坦克集群喻为钢铁洪流，殊不知，如果没有丁苯橡胶，这些庞然大物只是一堆堆废铁。

稍晚一点，苏联人也发明了同样的方法，就这样，苏德坦克大战才成为可能。在规模最大的库尔斯克会战中，德国参战约3 000辆坦克，战损约600辆，苏联参战约5 000辆坦克，战损约3 000辆。这些数字的背后，不仅代表着这两个国家的军事、工业能力，更代表着两个国家科研水平的比拼，当然，还有无数鲜活生命的凋零。

$$\require{mhchem}\left[CH_2-CH=CH-CH_2\right]_x\left[CH_2-CH\right]_y\left[CH_2-CH\right]_z$$

$$\begin{matrix} | \\ CH \\ \| \\ CH_2 \end{matrix}$$

图片为丁苯橡胶的基本结构。引入苯环使其特性与天然橡胶更加接近，而且耐磨耐热耐候性能更好。

二战以后，更多种类的合成橡胶被发明出来，合成橡胶也开始在各个方面得到应用，历经 70 多年，丁苯橡胶仍然保持着合成橡胶中"霸主"的地位，而其中超过 3/4 的丁苯橡胶是采用乳液聚合法生产出来的。

苯乙烯这种单体将苯环引入高分子化学品中，让高分子化学品具有了特别的性质，丁苯橡胶只是一个开始，化学家们进行了更多的尝试。在丁苯胶乳中引入羧基，赋予丁苯胶乳更好的黏结性和结膜强度。这种羧基丁苯胶乳被广泛用于造纸、地毯、纺织品等的涂层中，不仅提高强度，还可以降低成本，提高生产效率。

将苯乙烯和丙烯酸酯共聚，得到苯丙乳液，这种乳液被广泛用于外墙涂料，它的耐水性、耐碱性、耐擦洗性和耐候性都非常好。最近十几年是我国房地产建设的高峰期，这种绿色环保的水性涂料迅速发展起来。

将苯乙烯与丙烯腈、丁二烯共聚，可以生产出 ABS 塑料，其中 A 代表丙烯腈、B 代表丁二烯、S 代表苯乙烯。这种 ABS 塑料具有三种组分的综合性能：A 可以提高其耐油性、耐化学腐蚀性，使其具有一定的表面硬度；B 使 ABS 塑料呈现橡胶态

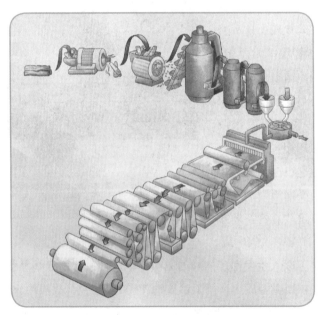

造纸的最后一步是纸张涂布，将羧基丁苯胶乳涂在纸张或者纸板上，让纸张更加平滑、美观大方。

的韧性，提高了抗冲击韧性；S 使 ABS 塑料呈现出较好的流动性，使之具有热塑性塑料成型加工的良好性能。

由于 ABS 塑料具有如此优异的性能，它被广泛用于汽车内饰、电子电器和建筑材料中，要不是因为它的成本稍微高一点，聚乙烯、聚氯乙烯等通用塑料简直无生存空间了。

ABS 塑料还搭上了 3D 打印技术的顺风车，成为 3D 打印最早使用的塑料材料之一。相对于其他塑料材料，它的强度更好，也更加美观，可以被打印成各种轻巧耐用、耐冲撞的小饰品。

当然现在它也受到了一些质疑：它在高温下容易翘曲，另外还会挥发出令人不快的烟雾，虽然没有任何危害。也许在不远的将来，科学家们会研发出更加适合 3D 打印技术的材料，但是大家不要忘了，在新技术的婴儿期，ABS 塑料如同一个"奶瓶"，陪着我们长大。

说了这么多节有机物仍然意犹未尽，因为有机物家族实在太大了，我还想跟大家说说甲醛、醋酸、乳酸甚至美女最讨厌的脂肪，但那就喧宾夺主了，毕竟我写的是"元素家族"而不是"有机物家谱"。不过经过前面几节，大家应该能感受到碳元素的魅力，正是碳元素的这种性质，撑起了有机物的骨架，让我们的生命更加丰富多彩。

 小 测 试

1.（多选）很多化学合成要采用乳液聚合的原因是

    A. 本体聚合不能满足所有的要求

    B. 通过乳液聚合出的高分子化学品分布更加均匀

    C. 通过乳液聚合出的乳液更加稳定

    D. 以水代替溶剂是乳液聚合发展的方向

2. 人类历史上最大规模的坦克大会战是

    A. 莫斯科保卫战　　　　　B. 伏尔加格勒保卫战

    C. 库尔斯克会战　　　　　D. 滑铁卢之战

3.（多选）苯乙烯可用来合成的物质有

    A. 丁苯橡胶　　　　　　　B. 苯丙乳液

    C. 羧基丁苯胶乳　　　　　D.ABS 塑料

【参考答案】　1. ABCD　2. C　3. ABCD

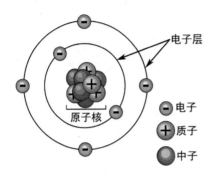

电子层

原子核

电子
质子
中子

图片为碳原子结构示意图，实际上原子核比这要小得多。电子围绕原子核运行没有固定的轨迹，而呈电子云一样的分布。

通过前几节的介绍，我们已经了解碳元素的化学性质来源于它外层电子的分布，现在让我们进入碳元素的原子核，看看碳原子核会赋予碳什么样的性质，我们能如何利用它。

碳比较稳定的同位素有三种，即碳 12、碳 13 和碳 14。前面提到，碳 12 是由三个氦原子在恒星内部聚合而成的，也是自然界中存在最多的同位素，所以一般提到碳的相对原子质量，都会认为是 12。然而当我们打开元素周期表，翻阅其中碳的相对原子质量的时候，为什么会清清楚楚白纸黑字写着碳的相对原子质量是 12.01？其实这个数字是碳元素各种同位素相对原子质量的加权平均值。

历史上，科学家们也曾经为了这个问题而伤脑筋过，最早假定氢原子的质量是单位 1，但是问题在于氢元素也有几种同位素，不信你去看看现在的元素周期表，氢的相对原子质量是不是 1.008。

有人会说，这还不简单，就用氢 1 原子的质量作为基本单位不就行了吗？其实没那么简单，我们知道原子是由原子核和核外电子组成的，原子核里有质子和中子。电子的质量只是质子质量的 1/1 836，可以忽略不计，但是质子质量和中子质量也有很小的区别，一个是电子质量的 1 836 倍，一个是电子质量的 1 839 倍。如果氢 1 原子核的质量是 1，那氘原子核的质量就要比 2 略大一点点了。所以严格来说，高级元素（比如碳、氧甚至金）的相对原子质量并不是氢 1 原子质量的整数倍。

更何况，还有一个问题，氘原

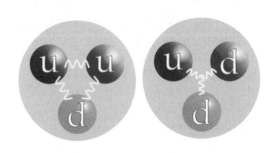

质子和中子虽然是一对"双胞胎"，质量却有微小的差别。

子核是由 1 个质子和 1 个中子组成的，那么当然氘原子核的质量应该等于 1 个质子和 1 个中子的质量之和，然而事实并非如此，氘原子核的质量比后者要轻 1/1 000 左右。这是怎么回事？难道质量守恒定律在原子核内失效了？

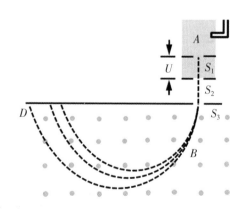

氢弹的核反应，反应前的氘核和氚核质量加起来大于反应后的氦核和中子的质量之和，这中间的差值就转换成了核反应带给我们的巨大能量。

其实很简单，爱因斯坦的质能方程告诉我们，质量能转换成能量，这 1/1 000 的质量差别叫"质量亏损"，质量并不是少了，而是转化成能量，或者说质量以能量的方式表现出来。爱因斯坦的相对论超越了能量守恒定律，$E=mc^2$ 体现了在更高层次上的质能守恒定律。

那为什么在日常的化学反应中，我们没有发现过这种质量亏损呢？原来，化学能相对于核能实在是微不足道的，1 个碳原子和 4 个氢原子化合成甲烷，其中的质量亏损只有 0.000 031%，实在是很难察觉的，或者大家可以想象一枚普通的炸弹跟原子弹的对比情况。因此在前面，我提到研究氢能源的价值远远小于低温核聚变，从化学能到核能，这是人类在能量利用层级上的区别。

1959 年，国际纯粹与应用化学联合会提出以碳的同位素碳 12 作为相对原子质量的标准，即以碳 12 原子质量的 1/12 作为标准，并得到国际纯粹与应用物理联合会的同意，于 1961 年 8 月正式决定采用碳的同位素碳 12 作为相对原子质量的新标准，同年发布了新的国际相对原子质量表。

之所以选择碳 12，是基于很多方面考虑的。最直接的原因就是我们在前面几节里讨论的——碳元素是有机物的骨架，而各种各样的高分子是最主要的研

学过高中物理的人都能明白质谱仪的原理，经电场加速的带电粒子在匀强磁场中的偏转半径可以告诉我们粒子的荷质比，帮助我们推导出粒子的质量。

究对象。一个有机物分子可能会有几十、几百甚至几千个碳原子，如果我们先把碳原子的相对原子质量确定，在计算时就会方便很多。另外碳元素在自然界分布广泛，丰度也很稳定，其他同位素碳 13 和碳 14 等丰度都太低，干扰较小。此外，碳原子的质量比较容易测定：碳和氢的化合物比较容易被加热到离子状态，有助于我们通过质谱仪较容易地测出碳原子精确的质量。

总之，碳 12 就这样很光荣地担当了相对原子质量标准的角色，一直到现在。

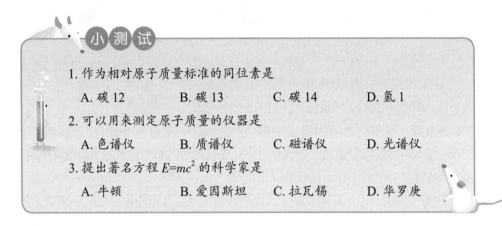

小 测 试

1. 作为相对原子质量标准的同位素是
   A. 碳 12 　　　　 B. 碳 13 　　　　 C. 碳 14 　　　　 D. 氢 1
2. 可以用来测定原子质量的仪器是
   A. 色谱仪 　　　　 B. 质谱仪 　　　　 C. 磁谱仪 　　　　 D. 光谱仪
3. 提出著名方程 $E=mc^2$ 的科学家是
   A. 牛顿 　　　　 B. 爱因斯坦 　　　　 C. 拉瓦锡 　　　　 D. 华罗庚

19. 年代测定神器——碳 14

碳 14 在自然界中很少，最主要由宇宙射线中的中子撞击到氮 14 原子核而产生。它是一种放射性同位素，会自发地进行 β 衰变，变成氮 14。它的半衰期大约为 5 730 年，也就是说，如果有很大数量的碳 14 原子在一起，其中一半在 5 730 年后将衰变成氮原子，但不代表说你身体里某处有 8 个碳 14 原子核，它们中的 4 个会在

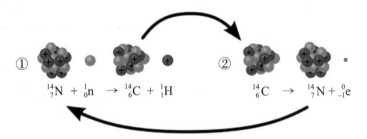

$$^{14}_{7}\text{N} + ^{1}_{0}\text{n} \rightarrow ^{14}_{6}\text{C} + ^{1}_{1}\text{H} \qquad\qquad ^{14}_{6}\text{C} \rightarrow ^{14}_{7}\text{N} + ^{0}_{-1}\text{e}$$

①碳 14 由宇宙射线中的中子流击中氮核而来。②碳 14 会自发衰变成氮 14，半衰期是 5 730 年。这两个核反应在地球上形成了一个平衡。

【参考答案】 1. A　2. B　3. B

5 730年后衰变，而是这8个碳14核中的每一个都有
50%的概率在5 730年后衰变。这个半衰期的概念一
定要搞清楚，否则你在玩牌类、麻将类的游戏中会心
态失衡。

1960年诺贝尔化学奖得主利比

碳14得到应用要归功于美国科学家利比。二战
中，利比参与了研制原子弹的曼哈顿计划。战后利比
参与到研制放射性武器和放射性防护的军工研发中。
他得知另一位科学家科尔夫发现了宇宙射线会产生碳
14，他立刻理解到，活的生物通过光合作用和细胞呼
吸与环境交换碳元素，体内碳14和碳12的比例同大
气一样，但是当生物死后，没有新的碳14补充进来，
而残留在体内的碳14会不断衰变。那么对比活的生物体内碳14的含量和死的生物
化石中碳14的含量，就可以推算出生物化石的年龄。1960年利比因此贡献获得了
诺贝尔化学奖。

之前考古学家面对各种各样的废墟、遗迹、化石一筹莫展，只能根据一些残存
的史料加以猜测推断。终于，化学家们交给了历史学家一把宝贵的"历史刻度尺"，
从此考古学家拥有了科学的武器！

中国号称有5 000年文明史，但是西方学者定义古代文明的要素有青铜器、城
市、文字等。商朝的青铜器虽晚，但是其精美程度堪称青铜史上的极致，商朝也出
土了很多甲骨文，但是关于夏朝的考古，到现在为止还缺乏有说服力的发现。因此
国际上只承认商朝是中国有记载历史的开始，这样的话，中国有记载的历史只能算
3 000多年。

在这个背景下，一方面是为了要搞清楚中国历史的源头，另一方面也是为了树
立民族的自信心，1996年我国启动了"夏商周断代工程"。这个工程最主要的目的
是确定共和元年（公元前841年）之前的年表，寻找夏朝的存在证据也是很重要的
任务。主要的方法：一是利用现代天文学对史料中的天文现象和历法记录进行推算，
二是对典型的墓葬、遗址中出土的物体进行碳14年代测定。

夏商周断代工程引起了很多争议，某些国外人士认为这个工程是彻头彻尾的"政
治指导考古"，是中国政府在搞"民族主义"，其结论根本不值一提。面对这种尖锐
的质疑，亦有人提出西方所谓"国际学术界"向来喜欢搞双重标准，总是对中国的
考古成果在鸡蛋里挑骨头。有人甚至调侃：既然西方能够把《荷马史诗》和特洛伊

战争当成信史，为何中国用科学方法进行断代竟然受到质疑。更有人提出，西方的这种欺骗行径不止一次了，"耶稣裹尸布"就是一例。

历史上，世界各地有 40 多条"耶稣裹尸布"，最有名的是"都灵裹尸布"，它之所以出名，是因为它的上面印有耶稣身体和面容的轮廓。据记载它于 14 世纪在法国的一个小镇被发现，一直到现在还有很多人相信这是真的耶稣裹尸布。

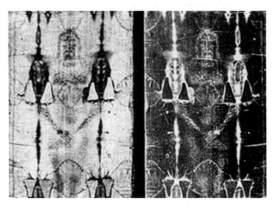

"都灵裹尸布"是最有名的"耶稣裹尸布"。

1988 年，美国、英国、瑞士三国的科学家对这块儿裹尸布上剪切下的样本进行了碳 14 分析，三国的结论是基本一致的，这块裹尸布的年代在 1260 年到 1390 年间，显然不可能是耶稣生活的年代。科学证明，这块儿最有名的裹尸布也是骗局！

后来人们对这块儿裹尸布的年代更加感兴趣，有好事者经过研究甚至提供证据，说这块儿裹尸布是达·芬奇伪造的。他们的论据是不光经碳 14 分析得出的年代和达·芬奇生活的年代接近，就连裹尸布上的"圣像"也和达·芬奇本人的自画像无比接近。这个"发现"还被拍成了一部纪录片《揭秘达·芬奇裹尸布》。

事情并没有结束，人们可能是出于对基督教的虔诚，对于 1988 年科研结果的质疑一直没有停止过。最严厉的质疑竟然来自对碳 14 年代测定方法的质疑，前面我们提到科学的结论是在 1260 年到 1390 年间，而不是一个准确的数字，这是为什么呢？

其原因在于利比当时提出碳 14 年代测定方法的时候，发现这一方法存在 3% 的误差，这表示碳 14 年代测定方法虽然不能给出具体的年份，但还能让人接受。但是人们又很快发现，碳 14 的样品很容易被污染，比如一丁点儿没有被注意的植物或者微生

裹尸布上的"圣像"很像达·芬奇吗？

物就会导致检测结果有非常大的错误。在对 1988 年科研结果的质疑中，就有人提出在裹尸布的送检样品里检测出香草醛（亚麻中的木质素高温下分解成的物质，它并不是中世纪亚麻布该有的物质），而裹尸布其他部位则未检测出香草醛，这可能是由于送检样品是 16 世纪教堂失火后修补裹尸布的一块补丁。

2013 年，意大利科学家用红外检测证明裹尸布来自 2 000 年前，说明这就是耶稣的裹尸布。这没有能够盖棺论定，而是延续了关于这个话题的争议。如果你对这个话题感兴趣，可以看看《耶稣裹尸布之谜》这本书。

虽然碳 14 年代测定方法已经受到一些质疑，但是它还是科学界最常使用的方法。科学家们相信，只要他们用精确的实验方法，按照科学的原理，就可以得到令人信服的结论。至于非科学的声音，就由它们去吧。

更要注意，碳 14 年代测定方法是有局限性的。由于碳 14 的半衰期约 5 730 年，它一般用于 6 万年以内的年代测定，所以用来测定人类历史是可以的，但是如果对于类似元谋猿人这种 170 万年尺度的测定，碳 14 就不准了，需要用钾 – 氩测定法，这个我们后面再说。

懂了吗？千万不要出去煞有介事地跟别人海吹，说某某恐龙的年代测定是用碳 14 做的，碳 14 没那么神。

小测试

1. 下面可以用来测定年代的同位素是

    A. 碳 12   B. 碳 13   C. 碳 14   D. 氢 1

2. 碳 14 最有可能用来测定_____的年代

    A. 恐龙化石   B. 三叶虫化石   C. 元谋猿人   D. 山顶洞人

3. 在人体中，碳占整个身体质量的 18%。生物体的每克碳内含有大约 500 亿个碳 14 原子，其中每分钟大约有 10 个碳 14 原子衰变。请根据这些数据估计，我们身体中 1 s 内衰变的碳原子的个数是多少？

【参考答案】 1. C　2. D　3. 设某同学身体质量为 5×10^4 g，该同学体内含碳质量为 $5 \times 10^4 \times 18\%$=9 000（g），该同学身体中 1 s 内衰变的碳原子的个数为 $9 000 \times \dfrac{10}{60}$=1 500（个）。

第七章

氮

元 素 特 写

　　我存在于你的呼吸之间、遗传物质之中，可为何你想到的总是我炸药的名声？

元 素 档 案

姓名：氮（N）。

排行：第 7 位。

性格：不活泼，喜欢做小环境的保护气，避免被氧气打扰。

形象：常以淡然的气态形象示人，偶尔也会点燃 TNT 怒放一下。

居所：是空气中含量最多的元素，也广泛存在于生物体的蛋白质、DNA 等物质中。

第七章 氮（N）

氮（N）：位于元素周期表第 7 位，是空气中含量最多的元素，最重要的矿物是硝酸盐。氮气无色无味，化学性质非常不活泼，不支持大部分易燃物质的燃烧，可用作保护气。液氮是一种常用的冷冻剂。氮在生物体中堪称"营养元素"，是氨基酸、核苷酸等物质的基本组成元素之一。

1. 宇宙和地球上的氮元素

氮元素在宇宙中的丰度排名第七，正如同它的原子序数。和其他很多更重或者更轻的元素一样，它来源于恒星内部的核聚变。

很抱歉，尽管我们已经进入氮的篇章，却还逃离不了碳的"阴影"，我们在说到氮的时候还得请出碳来。因为氮元素来源于恒星内部的碳氮氧循环：碳 12 原子核与一个质子（氢原子核）碰撞生成氮 13 原子核，这是一种很不稳定的同位素，它很快发生 β 衰变，生成碳 13 原子核，碳 13 原子核再与一个质子碰撞生成氮 14 原子核，这就是氮元素的主要由来。但是在碳氮氧循环中，氮 14 原子核还会继续反应下去，和一个质子碰撞生成氧 15 原子核，氧 15 原子核也很快发生 β 衰变，生成氮 15 原子核，氮 15 原子核再跟一个质子碰撞，这次生成一个碳 12 原子核和一个 α 粒子（氦 4 原子核）。

碳氮氧循环是由美国的汉斯·贝特

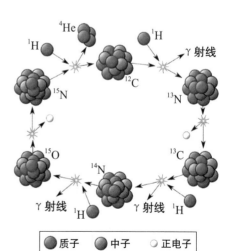

转了一圈，碳 12 还是碳 12，这个循环相当于把 4 个氢 1 原子核变成了一个 α 粒子（氦 4 原子核）。碳、氮、氧原子核相当于这个循环的"催化剂"。

和德国的魏茨泽克分别发现的。20世纪以前，科学家们一直为恒星的伟力所惊叹，究竟是什么样的能源才能够让太阳辐射出如此巨大的能量，照射到我们地球，温暖人间。一直到1926年，爱丁顿提出太阳的能量来自氢核的聚变，但是很快问题又来了，根据理论推算，即使太阳的中心温度达到 4×10^7 ℃，氢核在这个温度下也很难聚变成氦核。一直到碳氮氧循环提出，科学家们才终于意识到原来存在这么一种催化路径，帮助恒星燃烧。

汉斯·贝特和魏茨泽克几乎同时提出碳氮氧循环，但是当时的诺贝尔奖还没有将奖项分给几个人的惯例，加上后来汉斯·贝特又独立提出了质子–质子链反应，丰富了恒星理论，因此他独立获得了1967年诺贝尔物理学奖。

1967年诺贝尔物理学奖获得者汉斯·贝特，参与过曼哈顿计划，还探索过太阳能源之谜。

众所周知，地球上的氮元素在空气里以氮气的形式存在，氮气是空气中含量最多的成分，占据78%的体积。你可不要小看这一点，氮气的这种存在对地球上的生命而言必不可少，如果没有氮气填充，而空气中氧气过多，化学反应会过于激烈，有可能使得生命难以长期存在。如果仅仅留下目前大气层中的氧气，把氮气赶走，那么现存所有的生命将无法适应如此低的气压。也就是说，每天围绕在我们四面八方的气体中都有氮气的身影，它们和春风一起抚摸我们的面庞，它们随着呼吸进入我们的体内，但它们只是过客，"悄悄的我走了，正如我悄悄的来；我挥一挥衣袖，不带走一片云彩"说的就是氮气吧。

氮元素的发现者丹尼尔·卢瑟福

这一切都是因为氮气的化学性质太不活泼了，木炭也好，蜡烛也好，都无法在其中燃烧，动物在纯氮气中也会窒息而死。当1772年英国化学家丹尼尔·卢瑟福从空气中分离出氮气的时候，由于该气体无法支持燃烧，他将其命名为"毒气"，并把它跟同样不能助燃的二氧化碳混淆了。后来经过拉瓦锡的研究，才发现这是一种新元素，他们的故事我们在"氧"的篇章里再细谈。氮源自"淡气"，我国清末化学家徐寿在翻译的时候之所以把"淡"

啤酒生产过程中的氮气保护，和往啤酒中充氮气是两回事，后者纯粹是噱头，至少我喝不出来特殊的风味。

字的偏旁塞进"气"中起这么个名字，是因为他认为它"冲淡"了空气。

氮气的这种不活泼性让它能够在多种情况下用作保护气，而且氮气在空气中就有，因此它绝对是最便宜、最经济的保护气，在工业、电子、医疗、化工领域被广泛应用，在我们身边，快要被淘汰的白炽灯泡里面填充的就是氮气。

由于啤酒在生产过程中需要避免被氧化，所以采取了氮气保护措施。最近有人将氮气和二氧化碳混合在一起，充入啤酒内，据说这样的啤酒更加顺滑和令人陶醉，深得英国汉子的喜爱。

近年来，4S 店给土豪们提供一种充氮气服务，据称因为氮气更加稳定，所以充氮气会避免轮胎被氧化，使其使用寿命更长，另外由于轮胎中填充了氮气，在发生事故的时候人会更加安全。店员们还会给土豪们展示：你看，飞机、F1 赛车的轮胎都是填充氮气的！

其实，飞机、F1 赛车的轮胎之所以填充氮气，最大的原因是氮气比空气轻一点，但仅仅是一点点，一个标准的轿车轮胎如果填充氮气的话，只会轻 30 g。当然，对于飞机和 F1 赛车来说是能轻则轻，但是对于我们家用车来说实在是没必要。此外，因为氮气分子比氧气分子大一点，所以渗透率会低一些，也就是说漏气会更慢一点，其实对于我们家用车来说这一点的影响实在是微不足道的。想想也很容易理解，空气中其实已经含有 78% 体积的氮气了，为了消灭那 22% 而付出那么大的成本实在是不划算。当然我们这里是给草根百姓做的理性分析，立志将自己的豪车打造成 F1 赛车的土豪们请无视。

氮气虽然对于大多数物质呈惰性，但是与某一些物质还是能够发生化学反应的，比如锂、镁都能在氮气中燃烧得十分剧烈。

氮气只是氮元素存在于地

给自己的爱车充氮气是一种土豪行为，但家用车并不需要，学习科学，避免被宰。

球上的一种形式，更多的氮元素是以氮氧化物、硝酸盐类、铵盐类、有机胺类等化合物的形式存在，接下来的几节我们就一个一个来讨论下这些氮元素的化合物。

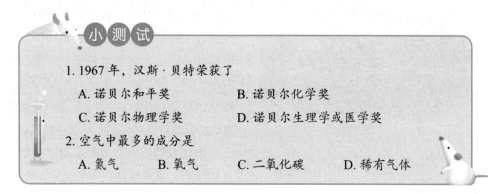

小测试

1. 1967年，汉斯·贝特荣获了

    A. 诺贝尔和平奖　　　　　B. 诺贝尔化学奖

    C. 诺贝尔物理学奖　　　　D. 诺贝尔生理学或医学奖

2. 空气中最多的成分是

    A. 氮气　　　　B. 氧气　　　　C. 二氧化碳　　　　D. 稀有气体

2. 液氮和人体冷冻技术

1784年，法国化学大神拉瓦锡大开了一次脑洞：假如地球突然进入寒冷的时期，空气将不再是气体，而变成液体在地上流淌。这听起来像是神话，但这个"神话"却激励了众多科学家一步一步去实现它！

19世纪早期，英国大牛法拉第公布了他的一些研究成果，原来，他已经成功用压缩和降温的方法将很多种气体变成了液体，比如二氧化硫、硫化氢、二氧化碳、一氧化二氮、氨、氯化氢等。但他发现，无论施加多大的压力，有一些气体仍然无法液化，比如氮气、氧气、甲烷、一氧化碳、一氧化氮、氢气等。看起来，这几种气体"骨头太硬"，承受"千钧"的压力仍岿然不动，科学界将它们称为"永久气体"。

在19世纪，对气体开展研究的主要是热力学家们，他们总是用各种容器、活塞改变气体的体积、温度和压力，焦耳和汤姆逊（开尔文勋爵）就是其中两个佼佼者。

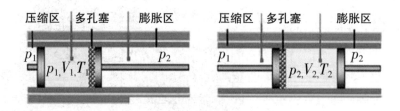

焦耳－汤姆逊效应示意图

【参考答案】　1. C　2. A

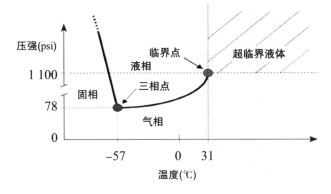

◀学习了热力学以后我们有了更先进的工具——三相图，临界温度的物理意义在三相图上很明显。

1852 年，他们发现了焦耳 – 汤姆逊效应，气体在绝热（等熵）的环境下通过节流膨胀而达到温度的改变，可以上升也可以下降。这给了后世物理学家一个启示：可以通过节流膨胀后温度的下降产生制冷效应。1869 年，热力学家发现了可液化的气体存在一个"临界温度"，比这个温度高时，无论如何施加压力，气体都不会液化。那么会不会是这些"永久气体"的临界温度太低，我们暂时还达不到呢？如果我们有能力达到更低的温度，是不是"永久气体"也会液化，那么拉瓦锡的神预言就会成真？

没有理论的支撑，一切只是猜想，不能解决任何问题，只有建立更细致的物理模型，才能探究物质的本质。1873 年，36 岁的荷兰人范德华发表了他的博士论文《论气态和液态的连续性》，其中引入了当时最新的分子动理论，第一次考虑到了分子间的作用力，并给出了著名的范德华方程。相对于我们高中课本上的理想气体状态方程，范德华方程考虑了分子体积，更加贴近实际，跟实验结果更加吻合，从这个方程可以直接计算出临界温度。

如果说范德华方程提供了物理图像和理论工具，那么焦耳 – 汤姆逊效应就为物理学家们提供了技术手段，两者珠联璧合，"永久气体"液化大业可成。1877 年，法国人卡耶特受到启发，先将纯氧压缩到 300 个标准大气压，将盛有压缩纯氧的玻璃管置于 –29 ℃的二氧化硫蒸气中，再将压强突降，产生制冷效应，果然在管壁上观察到了薄雾状的小液滴。人类第一次观测到了"永久气体"的液体状态，"永久气体"不再"永久"！这座堡垒终于被攻克了！拉瓦锡的神预言终于成真了。

蓝色的液氧是第一种被液化的"永久气体"。

1883 年，波兰物理学家符卢勃列夫斯基和奥尔谢夫斯基用类似的方法液化了

不要怕，莱顿弗罗斯特效应会保护你的手！

氮气，紧接着是氢气，直到最后的氦气，撕碎了"永久气体"的假标签，人类终于踏入了低温世界的大门。"液氦"在氦的篇章里已经讲过，今天的主角则是"液氮"。

氮气在空气中的含量最多，这真是上天赐给我们的免费资源，作为空气中第二多的氧气液化之后容易爆炸，极不安全，多被用来做炸药或助燃剂。因此液氮真是太经济的冷却剂，各大实验室都在用。一个标准大气压下，液氮的沸点为 –196 ℃，似乎是一个难以想象的数字，但实际上，它并不危险，甚至你把手伸进液氮，几秒之内拿出来，你的手并不会冻成一根"冰棍"。这是由于你手的皮肤相对于液氮是一个高温的表面，寒冷的液氮遇到炙热的皮肤，不会润湿表面，而是形成一个蒸气层，阻隔了液氮吸热，这就是"莱顿弗罗斯特效应"！

在很多科普活动中，能经常看到液氮的身影，我们的科普工作者会用液氮来演示各种低温的效果，比如云雾缭绕，比如将各种物体冻成坚硬易碎的状态，甚至你会有机会将手伸进液氮，利用莱顿弗罗斯特效应近距离感受拉瓦锡魂牵梦萦的液体空气中的一部分。但你千万不要因此就对液氮放松警惕，它毕竟不是常温的物质，长时间接触液氮会产生严重的冻伤。现在还有一种"液氮鸡尾酒"，加入液氮制造云雾缭绕的"仙气"。据报道，2012 年英国一名女孩在自己生日会上饮用了一杯液氮鸡尾酒，最终导致部分胃被切除。

液氮营造的云雾效果

添加了液氮的鸡尾酒

人这种娇贵的生物还是太脆弱了，有人曾经尝试过将活鱼在液氮中冷冻，然后取出放置在温水里，奇迹出现了，冷冻的鱼竟然逐渐复苏。人们自然会继续幻想，

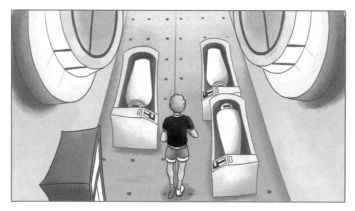

常现身于科幻片的人体冷冻技术

鱼可以冷冻再复苏，那么人呢？从古至今，长生不老一直是无数人的梦想，如果不能无限延长寿命，退而求其次，把自己的肉体封存起来，等待后世解封，目睹未来那更精彩的世界，倒也是一个美妙的梦想。更何况目前人类还面临很多不治之症的威胁，如果我们将患者冷冻，等到科技昌明的未来再将他们解冻，那时他们将不再受病痛的折磨。

人类始终相信自己一定会飞向广阔无垠的太空，在那空旷的太空里，人的生命极其脆弱，也过于短暂，人类终其一生也耗不起漫长的太空航行。因此，太空科幻作品里如果没有超光速，大多数都会有人体冷冻的素材。20世纪60年代拍摄的《2001太空漫游》在科幻电影史上具有里程碑式的意义，影片中两位主人公和三位处于休眠状态的科学家飞向木星，却被人工智能计算机杀害。

实际上，人体冷冻技术一直是当今科技最尖端的超级难题，有人把它和曼哈顿计划、阿波罗计划、人类基因组计划并列，堪称科技奇迹。人体由细胞构成，细胞从 –5 ℃开始冻结，在 0 ℃到 –60 ℃这个区间，快速增长的冰晶会导致细胞膜损伤，产生不可逆的伤害。为解决这一问题，科学家一方面考虑使用低温抗冻液体取代人体内的水，另一方面则是将温度迅速降到 –120 ℃以下，这已经低于干冰的升华点，液氮当仁不让地成为人体冷冻技术中不可取代的冷却介质。

到目前为止，冷冻精子、卵子已经广泛应用于试管婴儿产业，皮肤、角膜等也可以冷冻后再恢复使用，但较大的器官还是非常"娇嫩"的，更不用说那充满着上亿神经元细胞的大脑了。在前面提到的冷冻鱼的实验里，鱼在液氮中待的时间毕竟不长，只冷冻了表层，如果放进去足够长的时间，内脏也被冷冻，那是绝对无法复活的。

我们只有期待，未来人类的智慧能够一步一步解决这一难题。我也希望能够将自已沉浸在液氮里,在时间之河中漂流到未来,等待苏醒的日子,那一定是更美妙的世界!

小测试

1. 下列气体不是"永久气体"的是

　　A. 氮气　　　　　B. 氧气　　　　　C. 二氧化碳　　　D. 一氧化碳

2. 一个标准大气压下,液氮的沸点是

　　A. –78.5 ℃　　　B. –183 ℃　　　C. –196 ℃　　　D. –273 ℃

3. 把手伸入液氮里并迅速抽离不会冻伤的原因是

　　A. 巴纳姆效应　　　　　　　　B. 霍布森选择效应

　　C. 瓦拉赫效应　　　　　　　　D. 莱顿弗罗斯特效应

3. 氮氧化物:养生助手 or 污染毒剂

NO　　NO₂　　N₂O　　N₂O₃

N₂O₄　　N₂O₅　　N(NO₂)₃

大气层堪称一个超级化学反应器,每天的雷电会让空气产生 1 000 多万吨一氧化氮。

氮是一种很奇妙的元素,它的神奇在于能以不同化合价的形式与其他元素化合。以氧化物为例,就有图示中这么多种,而就这几种氧化物,性质也各不相同。

围绕着我们的空气透明、无色、无味,平时我们根本意识不到它的存在,但如果将视野扩展,就会意识到大气层是一个超级化学反应器,最主要的反应物是占空气比例最大的氮气和第二大的氧气,这个反应的"火花塞"就是雷电。在雷电的作用下,氮气和氧气化合生成一氧化氮,这是一种无色的气体。

20 世纪 80 年代,医学家穆拉德

【参考答案】 1. C　2. C　3. D

博士发现硝酸甘油进入人体以后被转化为一氧化氮，正是其中的一氧化氮对于人体的肌肉等组织有刺激作用。他继续研究下去，发现生物体内原本就可以自己合成一氧化氮，这些一氧化氮在生物体内很多地方都扮演着信使的角色，比如神经传递。他的这些发现使一氧化氮成为1992年的"年度分子"，更让他与路易斯·伊格纳罗、罗伯特·弗奇戈特共同获得了1998年的诺贝尔生理学或医学奖。

　　如果上面的文字还不能让穆拉德博士的形象深入人心，那我们就说点儿能让大家眼前一亮的东西。话说美国辉瑞公司在他的理论支持下发明了"万艾可"，也就是我们常说的"伟哥"，其原理就是向男性下半身提供更多的一氧化氮来达到血管舒张增加血流量的目的。穆拉德博士因此被誉为"伟哥之父"。然而，穆拉德博士并不喜欢这个称谓，他更希望别人称呼他为"一氧化氮之父"。他在接下来的很多年中花了大量精力去研究一氧化氮与人类健康的关系，还写了一本书《神奇的一氧化氮》，书中探讨了一氧化氮对于人体各个部分的影响，从血管讲到脏器再讲到肿瘤，甚至提到一氧化氮对于白领女性、"三高"人群、长期饮酒者有想象不到的好处。老天，也许以后亚健康的我们不用吸氧了，而是吸一氧化氮的配方气体！

　　一氧化氮在空气中很容易被氧化成二氧化氮，后者是一种红棕色的气体。一般情况下它是一种混合物，其中混杂着很多四氧化二氮，两者可以互相转化。在温度低的时候四氧化二氮成分更多，温度高的时候反之。

　　二氧化氮易溶于水，生成硝酸和一氧化氮。空气中的氧气和氮气在雷电作用下变成一氧化氮，一氧化氮被氧气氧化成二氧化氮，二氧化氮碰到雨水，就变成了硝酸，这是酸雨的

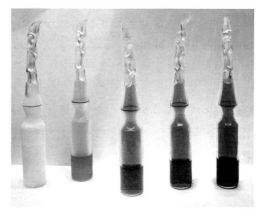

从左到右温度不断升高，瓶中的二氧化氮成分越多，气体颜色越红。

成因之一。更令人讨厌的是二氧化氮会和混入空气的其他很多烃类物质反应，生成一种叫过氧乙酰硝酸酯的东西，这种物质容易吸附在雾霾中，它对人的呼吸道伤害非常大，而且容易催泪，其催泪效果是甲醛的200多倍。它和二氧化氮等物质形成的烟雾就是臭名昭著的"光化学烟雾"。

　　在人类进入现代工业文明以后，很多大城市都经受过光化学烟雾的"洗礼"。1971年，日本东京发生了较严重的光化学烟雾事件，很多学生中毒昏迷。1997年，

20 世纪 40 年代初洛杉矶光化学烟雾照片

北京的清晨，能见度极低。

智利首都圣地亚哥也发生过类似事件，政府被迫宣布停课、停工，孩子、孕妇和老人被劝告不要出行，整个城市处于瘫痪状态。近年来，我国很多城市也出现了类似的情况。城市发展到一定阶段，汽车尾气、工厂废气排放量增多，这里面有很多的氮氧化物成分。我国从 20 世纪 90 年代末开始制定以房地产和汽车为支柱的发展策略，延续至今就造成了这样的局面，大中型城市居民中有几个人没有过敏性鼻炎或者其他呼吸系统慢性病？

接下来如何去治理呢？目前的思路有两种：思路 1，一边大力发展公共交通，一边绿化造林，加上发展新能源汽车，这是日本的方向；思路 2，大力发展美丽乡村，与其大家都窝在局促的城市里享受"繁荣"，不如把郊区、乡镇建设好，如果乡村配套设施齐全、交通便利，还有多少人愿意在城市里蜗居呢？这是美国的道路。

氮氧化物大家庭中有一位"活宝先生"——一氧化二氮，它还有一个名字叫"笑气"，因为它有淡淡的甜味，人一呼吸到这种气体，就会如同喝醉了酒一般处于麻醉状态，多半人还会哈哈大笑起来。这种气体最早是由普利斯特里神父发现的，后来大帅哥戴维用自己和好朋友来做实验（真是损友啊！），发现这种气体可以用作麻

直到现在，笑气还经常出现在牙医诊所里。

醉剂，然后他立刻将这种气体推荐给医院，以缓解动手术病人的痛苦，尤其可以帮助牙医们稳住患者的情绪。可爱的戴维，在各种地方总能看到他暖男般地出现，帮助我们解决各种疑难杂症。

喜欢玩游戏《极品飞车》的同学们应该会记得，游戏中有一个 NOS 按钮，按下以后，自己的爱车可以在瞬间加大马力，如同离弦之箭一般发射出去。这个 NOS 被翻译成"氮气加速系统"，其实是有点词不达意的，准确的翻译应该是"一氧化二氮加速系统"。它的原理就是用高压将笑气压缩成液体装在钢瓶中，在引擎中分解出氧气助燃，另外分解出的氮气还可以起到冷却降温的作用。

这种技术最早应用于二战中德军的飞机，战后被 F1 车手应用到公路赛上。这里我仅仅给大家介绍 NOS 的原理和历史，不提倡将这种技术应用到自己的爱车上，游戏是游戏，现实是现实，我不希望大家不理智地去飙车，制造出可怕的交通事故。

三氧化二氮为亚硝酸酐，可以发生可逆反应分解成一氧化氮和二氧化氮，低温下凝华成深蓝色固体。

五氧化二氮通常情况下为固体，它是硝酸的酸酐，溶于水以后可以生成硝酸，至于硝酸的故事，我们将在下一节中讨论。

硝酸中一般会混杂着二氧化氮，所以显棕黄色。

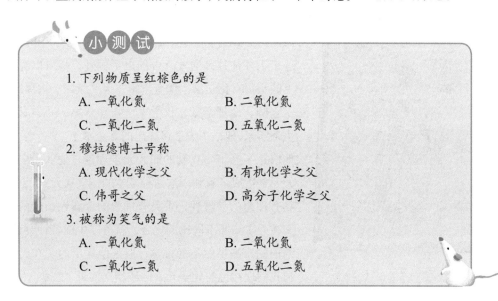

小测试

1. 下列物质呈红棕色的是
   A. 一氧化氮　　　　　　B. 二氧化氮
   C. 一氧化二氮　　　　　D. 五氧化二氮
2. 穆拉德博士号称
   A. 现代化学之父　　　　B. 有机化学之父
   C. 伟哥之父　　　　　　D. 高分子化学之父
3. 被称为笑气的是
   A. 一氧化氮　　　　　　B. 二氧化氮
   C. 一氧化二氮　　　　　D. 五氧化二氮

【参考答案】　1. B　2. C　3. C

🧪 4. N，来自硝石的元素

在很多以中世纪为背景的影片里，经常会出现这样一个场景：在一个阴暗潮湿的房间里，随处散发着烟雾，到处摆放着各种颜色的瓶罐、管路。这就是炼金术士的实验室。这些炼金术士们幻想着能从各种各样的材料中提取出黄金以及其他珍贵的东西，他们房间里那种随处可见的冒着烟的酸液就是本节的主角——硝酸。

8世纪，唐王朝正在由鼎盛走向末路，欧洲笼罩在中世纪的黑暗大幕之下，全世界文明最闪耀的地方位于阿拉伯帝国，他们占领了现今的叙利亚和埃及，得到了古希腊和古埃及文明留下的残卷，并把它们珍藏在自己的图书馆中翻译成阿拉伯文。就这样，古希腊和古埃及文明的火种得以保存，并终于在文艺复兴之后传到西欧。

阿拉伯文明中的很多科技明星不为人所知，我们本节要介绍的就是其中最耀眼的炼金术士，他的名字叫贾比尔·伊本·哈扬。他更广为流传的名字是"吉伯"，

吉伯在历史上太有名了，以至于后来很多人假借他的名义写了很多著作，在那个印刷术还没有发明的年代里，这是经常有的事情，所以很多成就是不是这个真吉伯的已经不可考了。

因此后面我们都用这个名字来称呼他。在那个时代，一个天才往往是通才，吉伯也不例外，他可以算得上的头衔有化学家、炼金学家、天文学家、占星家、工程师、地理学家、哲学家、物理学家、药学家和生理学家，他是历史上最杰出的炼金术士，没有之一。他修正了恩培多克勒的四大元素理论，他认为：四大元素生成了硫和汞这两种基本的"实在元素"，硫具有理想的易燃性，汞具有理想的金属性，这两种实在元素按照不同比例化合，就可以生成各种金属。吉伯的看法虽然不甚科学，但是他提出的实在元素和我们现在说的化学元素已经相当接近了。

吉伯还给我们留下了一大批化学书籍，比较著名的有《七十本书》《化学之书》《平衡书》，这些书中的很多化学术语都被后来的欧洲科学家们沿

天然硝石，主要成分是硝酸钾，可以用来制作火药，现在更多是用来提取硝酸盐，满足工业需求。

用，一直到现在，比如"碱"，当然也包括"硝酸"，硝酸是吉伯有一次在煅烧硝石、明矾和胆矾的混合物的时候得到的。到了17世纪，德国炼金术士格劳贝尔发现硝酸可以通过蒸馏硝酸钾和浓硫酸的反应得到，到了18世纪末，我们的老熟人宅男科学家卡文迪许发现可以用空气通过电火花得到硝酸。法国化学家夏普塔最终将氮元素命名为"Nitrogen"，意思就是"硝石中的元素"。原来，先是硝酸和硝酸盐上了化学的"家谱"，之后氮元素才跟着上了。

中国古代的四大发明之一是黑色火药，其配方很好记，即一硫二硝三木炭，其中的"硝"就是硝石。曾有人说中国发明了火药却用来做鞭炮，而西方得到了火药就用来做武器。这种说法是不严谨的，我们历来就是勇敢尚武的，否则华夏血脉绝对延续不到现在。历史事实是中国第一个发明了黑色火药，也最早将火药用于军事。

明朝，我们已经有了"神机营"这样的战斗编制，火枪火炮都已经武装到牙齿，但是由于中国古代弓弩的设计工艺非常精湛，当时的火枪火炮的精准

人逢喜事精神爽，放鞭炮作为我们的传统一直沿袭到现在，需要注意到鞭炮中的黑色火药会产生类似战火的硝烟，主要有害成分是二氧化硫。在乡村，人群密集度不高，一点有害气体的危害可控，但是到了城市，如果家家户户都燃放鞭炮，则会令本来就糟糕的城市空气质量雪上加霜。现在很多城市都禁鸣鞭炮并设置了鞭炮燃放点，实在是不得已。

度和射程都远远落后于弓弩，所以一直只在小范围内使用。后来西方的火器发展起来是因为发明了膛线，提高了射程和精准度。而这个时候，我们已经到了清朝，统治者更加关注自己的统治，而不是科学技术的发展，晚清时期"落后就要挨打"也就理所当然了。

记得我上高中时的一道化学题：写出"一硫二硝三木炭"的化学方程式。标准答案是 $S+2KNO_3+3C \xrightarrow{点燃} K_2S+N_2\uparrow+3CO_2\uparrow$。这道题目严格来说是纸上谈兵了！我们老祖先可没那么牛，连分子概念都有了，对他们来说，什么摩尔，什么阿伏加德罗常数都是浮云啊！其实"一硫二硝三木炭"这个配比是质量比而非摩尔比，反应产物也应该是氧化钾、氮气、二氧化碳和二氧化硫。

忆苦思甜，现在的我们和祖先们比真是幸福太多了，虽然夏天烈日炎炎，但我们还可以躲在空调房间避暑，而在科技昌明之前祖先们如何过夏呢？其实他们也没有那么惨，话说唐朝末年，随着武器和烟花爆竹对火药的需求激增，硝石也被大量开采出来，人们迅速发现，硝石溶于水以后大量吸热，甚至会让水变成冰，硝酸盐的这种特性让我们的老祖先们从此以后得到了避暑神器。

冰激凌的历史你现在搞清楚了吗？唐朝发明的火药、宋朝发达的商业、蒙古人的喝奶习惯、马可·波罗先生、欧洲人的包装加工，造就了今天的冰激凌。你吃下去的是甜柔滑爽，其背后凝聚的是厚重的历史。

后来到了宋代，中国的商业异常发达，很多商家用硝石做冰块，并向其中加一些糖，这样可以吸引更多顾客。到了元代，蒙古统治者们喜欢喝奶，而又非常不习惯南方的酷热天气，于是又向其中加入牛奶和果汁。马可·波罗来到中国，发现这东西太好吃了，就将它带回欧洲。欧洲人把它包装了一番又带回中国，它的新名字叫"冰激凌"。

1. 吉伯的国家是

　A.古印度　　B.拜占庭帝国　　C.阿拉伯帝国　　D.罗马帝国

2. 让我们梳理一下冰激凌的创造史

　A.蒙古人的喝奶习惯→宋朝发达的商业→唐朝发明的火药→欧洲
　　人的包装加工→马可·波罗先生

　B.马可·波罗先生→唐朝发明的火药→宋朝发达的商业→蒙古
　　人的喝奶习惯→欧洲人的包装加工

　C.唐朝发明的火药→宋朝发达的商业→马可·波罗先生→欧洲人
　　的包装加工→蒙古人的喝奶习惯

　D.唐朝发明的火药→宋朝发达的商业→蒙古人的喝奶习惯→马
　　可·波罗先生→欧洲人的包装加工

【参考答案】　1.C　2.D

现在，硝酸作为重要的"三酸"之一，用途是非常广泛的，最主要的用途是与氨水反应生成硝酸铵。在尿素大规模生产之前，硝酸铵一直是最常见的氮肥，但由于硝酸铵本身是一种易于爆炸的物质，所以现在有些国家只允许将硝酸铵和碳酸钙混合在一起用作肥料。

1938年，美国杜邦公司宣布世界上第一种合成纤维诞生了，他们把这种聚酰胺类的纤维称为"尼龙"。这种纤维是用己二酸和己二胺反应生成的，其中己二酸

就是用硝酸和环己醇反应生成的。第二年，杜邦展示了用尼龙做的丝袜，很快就被视为珍奇之物而抢购一空，当时很多底层妇女因为买不到尼龙长袜，就在自己的腿上用笔画出纹路，假装穿着丝袜。

二战中，尼龙在降落伞、军服、飞机制造中都发挥了很大作用。二战后，尼龙的用处遍及衣服、渔网、绳索等，直到现在，尼龙还是三大合成纤维之一，也因此很多硝酸都用在了这里。

新中国成立之后，1958年辽宁省锦州化工厂试制尼龙成功，拉开了中国合成纤维的序幕，由于它在国内诞生于锦州，所以被称为"锦纶"，这个名字你是不是很熟悉？

尼龙的诞生，让身着丝袜的女性有了更多的美丽和自信。

苯与浓硝酸和浓硫酸的混合物反应生成硝基苯，硝基苯在各种精细化工中发挥重大作用，它被还原后生成苯胺。苯胺是各种染料的原料，我们穿着的衣服能有各种各样的颜色，都是因为苯胺生产出来的各种颜色的合成染料。苯胺还是农药、医药、橡胶助剂的原料，实在是应用广泛。

浓硝酸和浓硫酸一起和甲苯反应生成三硝基甲苯，这就是我们常说的黄色火药或者TNT，很多人以为黄色火药是诺贝尔发明的，其实不然，它

合成染料是高能耗高污染行业，中国染料产量占世界总产量的60%以上，这是喜还是忧？

黄色火药是很厉害的哦，熊孩子们不要乱来。

是德国化学家威尔伯兰德在一次失败的实验中获得的。

每千克 TNT 炸药可产生约 420 万焦耳的能量，这个数字已经成为"爆炸当量"，用以衡量各种炸药甚至核武器爆炸产生的威力。你可能会以为这是一种化学性质特别猛烈的物质，其实不然，它在常温下性能稳定，即使是受到摩擦和震动，甚至受到枪击，都不会爆炸，只能通过雷管来引爆，实在是非常理想的炸药，因此被称为"炸药之王"。

将精制棉用浓硫酸和浓硝酸处理，得到硝化纤维，加上增塑剂就得到了赛璐珞，它号称塑料的"祖宗"，我们日常生活中的乒乓球就是用它做的。19 世纪的美国是一个很吸引人的地方，欧洲大陆战火纷飞，不仅仅是最初的流氓和犯人，就连一些平民甚至主流精英也开始离开欧洲故乡，投身于新大陆的开发。当时美国上层精英圈子里很流行斯诺克游戏，台球都是用象牙做的。象牙毕竟是一种非常稀缺的资源，随着需求越来越大，原料问题可愁坏了台球生产商，于是有人宣布谁能做出和象牙一样的材料，就可以得到一万美金的奖励，这在当时可真算一大笔收入了。

重赏之下必有勇夫，一个叫约翰·海厄特的印刷工人本身对台球就很感兴趣，他的职业也帮他很多忙。他发现将硝化纤维用酒精溶解之后，涂到物体上，很容易变成一层干燥而结实的膜，但这和象牙还有很大的差距，他开始将各种东西掺到硝化纤维中，终于有一天，他发现当把樟脑加入硝化纤维后，硝化纤维竟变成了一种

赛璐珞刚出现的时候被称为假象牙。象牙制品都是高端货，但是请大家珍爱生命，没有买卖，就没有杀害。

在这个数码的时代，电影胶片似乎已经被遗忘。但是我们化学人要记得，是赛璐珞帮助了电影事业的诞生。

柔韧性相当好的又硬又不脆的材料，在热压下可做成各种形状的制品，当真可以用来做台球。

约翰·海厄特最终没有去拿那一万美金的奖励，因为他已经看不上那区区一万美元了。他自己开办了工厂，专门生产赛璐珞，除了用来生产台球，还用来生产电影胶片和其他塑料制品，开创了塑料产业的先河。

结合之前碳元素那一章，你现在知道应该将活性炭放在新房的哪里了吧。

将硝化纤维和一些醇酸类型的树脂混合，就得到了我们所说的"硝基漆"，这种油漆广泛用于各种木器的涂装上，我们家装的时候，木质地板上、木门上、家具上大多会用到这种"硝基漆"。在第一章的"7. 水性化让我们的世界更加健康"中曾提到，乳胶漆是水性涂料，用水做溶剂，对人体无害，而"硝基漆"经过多年的改进，仍然需要借助一些有机溶剂才能达到效果，因此新房装修的时候，最大的VOC危害来自木质地板、木门和家具。

硝酸氧化性非常强，还经常被当作火箭的燃料之一。火箭采用液体燃料是比较常见的，氧化剂一般是液氧或者四氧化二氮，由于发烟硝酸中溶解了大量的二氧化氮，所以其是一种比较经济的氧化剂载体。

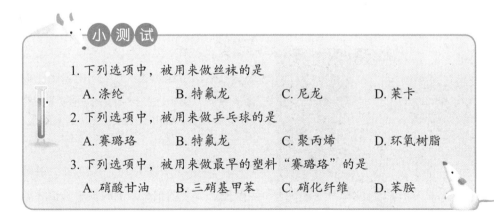

小 测 试

1. 下列选项中，被用来做丝袜的是

　　A. 涤纶　　　　B. 特氟龙　　　　C. 尼龙　　　　D. 莱卡

2. 下列选项中，被用来做乒乓球的是

　　A. 赛璐珞　　　B. 特氟龙　　　　C. 聚丙烯　　　D. 环氧树脂

3. 下列选项中，被用来做最早的塑料"赛璐珞"的是

　　A. 硝酸甘油　　B. 三硝基甲苯　　C. 硝化纤维　　D. 苯胺

【参考答案】　1. C　2. A　3. C

6. 哈伯，是福音天使还是罪恶魔鬼

氨是一种让人不舒服的气体，我们前面讲甲烷时曾提到，屁里面含有一些氢气和甲烷，但是这两种气体都是无味的。之所以人的固、液、气体排泄物让人感到不适，是因为其中含有微量的氨和硫化氢，我们本节的主题就是氨。

在历史上，我们的老熟人吉伯在他的书中提到的"阿摩尼亚盐"，其实就是氯化铵，直到现在，氨还被叫作"阿摩尼亚"。而真正发现氨就要等到我们的普利斯特里神父出现，那已经是 18 世纪了，他发现这种气体可以与酸中和成盐，因此将这种气体命名为"碱性空气"。1785 年，法国化学家贝托莱确定了氨的化学式 NH_3。

氨和盐酸（氯化氢）都易于挥发，放在一起就产生氯化铵白烟，这种方法可以用来检测氨有没有泄漏。

氨极易溶于水，1 体积水大约可以溶解 700 体积的氨，所以氨经常被配制成氨水使用。氨呈现碱性，能使酚酞溶液变红或使湿润的红色石蕊试纸变蓝，非常容易检测，如果要化验一份物质中有没有氨水的存在，只要加热它，在试管口放上石蕊试纸或酚酞试纸，就可以通过颜色的变化来判断。由于它的碱性非常微弱，所以经常用来调节 pH。

以上这些只是本节的前戏，在很长一段时间里，氨只是作为一种难闻的气体在化学家的实验室里存在。一直到本节的主人公——哈伯出现，氨才走上历史舞台，成为化工界的"明星"！然而他又是那么富有争议，一直到现在。

哈伯，是送给我们福音的天使还是带给我们灾难的魔鬼？

哈伯是一个犹太人，其祖辈一直做羊毛生意，到了哈伯父亲的时候，哈伯家族在当地已经小有名气了，涉足染料、医药等领域。小哈伯出生三周的时候母亲就去世了，六年以后，他的父亲二婚，又生了三个妹妹。他是家里的长子，从小接触父亲的产业，耳

霍夫曼，德国化学家，在有机化学史上留下英名，"霍夫曼反应"就是以他的名字命名的。

濡目染。哈伯的少年时代正是李比希刚刚去世的时期，和凯库勒一样，他也被李比希的魅力吸引，成为化学理论的粉丝。后来他成为著名化学工程师霍夫曼的学生，化学理论和化工实践双修，武装到牙齿。

在前文中，我们曾提到后起之秀德意志奋力挑战旧秩序的故事。其实当时德意志不仅受到橡胶资源的束缚，更大的束缚来自火药的短缺。制造火药的必备原材料是硝石，世界上最大的硝石供应地在智利，远在南美。要知道，就算德意志的技术再如何先进，没有火药，子弹射不出枪口，炮火也出不了炮膛。

这种情况下，德意志的精英们不仅开始研发合成橡胶，也开始思考如何利用现有的资源合成火药。虽然哈伯是犹太人，但是科学是无种族、无国界的，不论后来的独裁者如何定义，他一定是德意志精英中的一员。他开始思考，硝石是含氮物质，空气中有这么多氮气，既然都是一种元素，能不能用空气来制造硝石这样的含氮物质呢？

之前，卡文迪许已经发现用电火花可以让空气中的氧气和氮气化合成一氧化氮，但在那个只有直流电的时代里，这种电化学的投入与产出不成正比。1904年，哈伯在卡尔斯鲁厄大学任教，他开始研究氨的平衡。当时的化学理论已经发现了可逆反应，有了勒夏特列原理做指导，哈伯开始想，如果氨可以在高温下分解，那么氢气和氮气也应该可以在高温下生成氨，再通过高压将氨气压缩成液体，可逆反应的平衡点就会被打破，使得反应向着合成氨气的方向进行。

其实在20年前，勒夏特列、拉姆塞等已经做了实验，发现氨在800 ℃时都不会分解。哈伯没有畏难，因为他知道还有一种东西叫"催化剂"，正好他一直对铁的电化学性能非常有兴趣，所以他第一次就选择了铁

法国人勒夏特列，他曾经尝试合成氨，却遇到氧气泄漏，发生爆炸。高中化学涉及勒夏特列原理。

图片为位于德国路德维希港的BASF公司合成氨反应塔遗址。

作催化剂，并将体系加热到1 020 ℃。实在是太幸运了，哈伯的选择给我们带来了福音，第一次实验就实现了氨的平衡，但是氨的浓度实在太低，只有0.005%~0.012%。他不断调整催化剂的种类，1908年，他和助手设计了一种高压罐，将体系加压到200个标准大气压，并加热到550 ℃，用铀作催化剂，每小时可以生产几百毫升的液氨，这已经是一个小型工厂了。

1909年，德国最大的化学公司——巴斯夫（BASF）公司的波施博士来到卡尔斯鲁厄，参观了哈伯的"小型工厂"，他立马被这其中的商业价值打动了，3年后，一座合成氨工厂顺利投入运行，合成氨终于实现大规模工业化生产了，人类将空气中毫无生气的氮气变成了宝贵的火药资源，这就是人工固氮！

在和平年代里，人们发现合成氨还可以用来生产氮肥，直到现在，仍有80%以上的合成氨被用来生产氮肥。大家可以对比一下这两个数字：1900年世界人口为16.5亿，而2000年世界人口是60亿。可以说，没有合成氨，靠自然的肥料很难养活现在这么多人口。现在的我们能生存下来，不会为了有限的土地和粮食而争战，有了这么多年的和平，都得感谢哈伯的合成氨法。

1914年，第一次世界大战爆发，采用哈伯合成氨法制造的火药终于派上了用场。哈伯没想到自己领导的实验室竟然被深深卷入这场战争，成了为战事服务的主要科研机构。盲目的爱国热情让他迷失了方向，他简单地认为用先进的武器消灭对方就是最好的结束战争、缩短战争持续时间的手段，因此他开始研制战争毒气。1915年4月，德军发动伊普尔战役，在5分钟内德军释放了180

水稻缺氮植株矮小，僵化，叶片自下而上黄化、无光泽。

氮肥是一种基本的肥料，提供植物生长必需的氮元素，用于合成氨基酸进而形成蛋白质。现在使用最多的氮肥——尿素也是用氨和二氧化碳合成的。

吨氯气，约一人高的黄绿色毒气借着风势沿地面冲向英法阵地，进入战壕并滞留下来。这股毒浪使英法士兵的鼻腔、咽喉感到剧痛，然后窒息而死。据估计，这次战

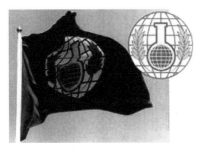

虽然《禁止化学武器公约》已经签署，但是在2013年的叙利亚争端中，又出现了氯气弹的身影，警钟仍需长鸣！

役中英法军队约有15 000人中毒，这是人类历史上第一次在战争中大规模使用化学武器。之后，交战双方都开始研究化学武器，更多的杀人化学品被研制出来，光气、芥子气等纷纷走上战争舞台。我们必须牢记，我们的土地被日本侵略者蹂躏的时候，他们也曾经对我们的同胞使用过化学武器。

1993年1月13日，在经过了20多年的谈判之后，《关于禁止发展、生产、储存和使用化学武器及销毁此种武器的公约》（简称《禁止化学武器公约》）在巴黎签署，2天之内130个国家参与签署了这项公约。这是第一部禁止一整类大规模毁灭性武器，并规定对销毁这类武器进行国际核查的多边条约。我们希望享受化学带给我们的进步，但是真心不希望再看到这种反人性的武器。

命运终究是残酷的，虽然一战中德国用上了由哈伯合成氨法制造的火药，但在1918年11月11日德国还是宣布战败。话说1916年和1917年的诺贝尔奖都因为第一次世界大战而没有颁发，然而1918年底的诺贝尔化学奖竟然颁发给了战败国的哈伯，当然不是因为他发明了化学武器，而是因为他发明了合成氨法。这在当时引起了极大的争议，美国、英国、法国甚至中国的科学家们都严厉谴责和反对这一奖项。

哈伯的悲剧还没有结束。一战之后，德国需要支付战胜国巨额赔款，哈伯异想天开地去研究如何从海水中提取金子，遗憾的是海水中金元素的含量比他想象的要少得多，他的努力只能付诸东流。

此后，他经过对战争的反省，将全部精力投入到科学研究中，在电化学、燃料电池、防腐、火焰等方面都取得了很多成果，他之前的那些行为也逐渐得到了整个科学界的谅解。可惜的是，他又碰到了希特勒。1933年希特勒成为国家元首，并开始推行"雅利安科学"，要消灭"犹太科学"，下令在科学界和教育界驱逐一切犹太人。哈伯这个伟大的化学家被迫改名"Jew Haber"（犹太人哈伯）。哈伯被迫离开他的祖国，前往英国剑桥大学，4个月以后，他接到了希夫研究所的邀请，在前往希夫研究所的路上，哈伯心脏病发作，于1934年在瑞士去世。哈伯去世一周年的时候，德国科学界和人民不顾纳粹当局的阻

哈伯的第一任妻子克拉拉·伊美娃，从始至终反对哈伯研发化学武器。

珍贵的老照片：两个尚未获奖的天才哈伯和爱因斯坦在1914年合影。

挠，纷纷组织集会，缅怀这位伟大的化学家。

这就是哈伯的一生，有功有过，充满了争议。支持者认为，哈伯发明的合成氨法不仅开辟了人工固氮的途径，更重要的是这一生产工艺的实现对整个化学工艺的发展产生了重大的影响。反对者则抓住发明化学武器这一不光彩的事情不放，认为他开启了化学武器这潘多拉的魔盒，给很多人带来了残疾和死亡。

总之，在哈伯身上体现了科学与人文之间的严重冲突，也许这个人的故事还将延续很多年，给我们和我们的后代更多的思考吧。

> **阅读链接**

哈伯之歌

是哈伯／发明了催化剂／得以利用空气中无穷的氮／他用铁屑固定氮气／使成吨的氨和各种化肥／从德国工厂源源涌出／恰在此后数月／通往智利的航道被切断／智利硝石和鸟粪的来源断绝／而那时／第一次世界大战阴云密布／德国正需储备军火

是哈伯／掌握了催化剂的功能／化学反应中的催化剂并非袖手旁观／它参与其中／或是削去阻隔反应的山峰／从而降低发生反应的临界点／或是暗掘通道／或是伸出分子的手臂拉近最难反应的对象／使它们之间成键或断键轻而易举／如愿以偿／那再生后的催化剂重振旗鼓／仍作红娘

是哈伯／精心装扮了一小把铁屑／让它造出百万吨的氮／这位威廉皇帝研究所的枢密顾问／自命为结束战争的催化剂／他的化学武器把胜利带到战壕／达姆弹、榴霰弹比不上烧伤与肺溃疡／在伊普尔／当士兵拧开氯气罐／让那黄绿色的气体遍布黎明的田野／他却在认真做笔记／全然忘记妻子那些悲伤的信

是哈伯／在战后的柏林／沉迷于水银和硫黄之中／金丹术士们的那一套既促进这世界也改变他们自己／哈伯异想天开／从每升水中提炼百万个金原子／把大海变成装满金条的仓库／去偿还德国的战争债务／而这个世界风云变幻／噢／在慕尼黑／人们已听到纳粹进军的皮靴声／人们为填饱肚子而忍气吞声

这位哈伯／要找的又一种催化剂／原来却是他自己／在莱茵河畔的异国小城巴塞尔／他催化了自己／昔日的新教徒、枢密顾问哈伯／变成了如今忍气吞声犹太人哈伯／在狡猾的金丹术士帕拉切尔苏斯之城／他走到了生命的终点

1. 哈伯是

    A.日耳曼人   B.盎格鲁-撒克逊人 C.犹太人 D.斯拉夫人

2. 第一个建立合成氨工厂的公司是

    A.巴斯夫   B.拜耳   C.陶氏   D.杜邦

3. 第一次大规模使用化学武器的战争是

    A.第一次世界大战   B.第二次世界大战

    C.英法百年战争   D.甲午中日战争

4. 1918年诺贝尔化学奖得主是

    A.亚伯   B.吉伯   C.哈伯   D.拉瓦锡

7. 侦探小说的必备"良药"——氰化物

在柯南动画片中经常有这样的场景：柯南来到凶杀案现场，看到死者尸体没有流血和器质性伤害，首先闻一下死者的嘴，苦杏仁味，然后脑子灵光一闪，大叫"马萨卡"（难道说），最后利用毛利小五郎的嘴告诉大家，这是利用氰化物来杀人。这样的场景在柯南系列中就出现不止十几次，在其他侦探小说中，氰化物也经常出现。氰化物已经被称为"毒药之王"，我们就来看看这种"居家旅行杀人灭口必备良药"究竟是何方神圣！

氰化物的发现要追溯到18世纪初，有人发现可以从染料"普鲁士蓝"中提取出两种物质，其中一种物质是铁，另一种物质一直到了18世纪末才被瑞典科学家卡尔·舍勒

氰化物号称毒药之王，在众多的侦探小说和影片中起着推动剧情的重要作用。

【参考答案】 1. C 2. A 3. A 4. C

瑞典化学家舍勒,草根化学家逆袭的励志代表,众多元素和有机物的发现者。

分离出来。

舍勒是一个药剂师,非常受老板赏识,因为他能将任何配药工作都完成得又快又好,只是有一点令老板十分头疼:他喜欢在完成工作之余,利用老板的器材和药品去做更多的实验,偶尔会出现意想不到的爆炸。这个可爱的药剂师就这样在他的工作之余做出了很多杰出的贡献,真是励志啊!后面的篇章里面,我们还会经常看到他的故事。

有一天,他把从普鲁士蓝中分离出来的东西提纯,并闻了一下,发现有些许苦杏仁味,然后他用舌头去尝了一下,口中一股激辣的味道。像这样的事情,现在没有一个爱惜性命的人愿意去做了,因为这苦杏仁味的东西,就是剧毒的氢氰酸。

舍勒对于化学研究总是这么有勇气,他可以为其做任何事情,但这样危险的事情不值得今天的我们去模仿。

由于这种苦杏仁味的物质是从普鲁士蓝中提取出来的,舍勒将它命名为蓝酸,但是当时更多的人叫它普鲁士酸,现在我们叫它氢氰酸。

现在我们知道,氰化物的剧毒是由于氰离子在人体内极易电离进入内环境,进而进入细胞并与线粒体中细胞色素氧化酶上的三价铁结合,阻止三价铁还原,阻碍细胞呼吸,造成细胞缺氧。人体出现呼吸肌麻痹、心跳停止等症状,迅速死亡。

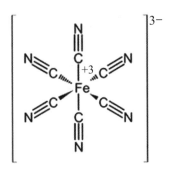

这就是氰化物剧毒的原理。

这里辟个谣,近年有人发现我们的食盐里存在一种添加剂"亚铁氰化钾",估计他是看到了"氰化钾",所以认定这是一种剧毒添加剂,于是在网上发帖大声呼吁:"欧美人自己不吃亚铁氰化钾,推荐其他国家的人吃,这是欧美施行的灭种计划!"

这个"阴谋论"有点无厘头了。亚铁氰化钾俗称"黄血盐",化学结构跟铁氰根离子类似,只是当中的三价铁离子换成了二价的亚铁离子。

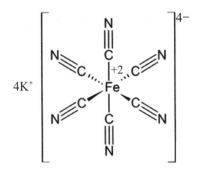

亚铁氰化钾(黄血盐)的化学结构,不能看它的名字里有"氰"就把它想象成毒药。

既然氰离子都已经和亚铁离子紧密结合了，那自然就不会出来毒害我们了。就好比氢气已经和氧气燃烧生成了水，水中的氢元素当然就不能再燃烧了。

之所以将这种物质添加在食盐里，是因为它可以防止食盐结块儿。这种添加剂不仅我国在用，欧美国家也不例外，更何况它在食盐里的添加比例小于 5 mg/kg。除此之外，欧美国家还将亚铁氰化钾用于红酒的制造中。所以，咱们还是得学习化学知识，不能在一知半解的情况下就乱下结论，传播出去就变成了谣言。

致死剂量的氰化钠和一个 1 欧分硬币做对比。

回到主题，氰化物毒性究竟有多大？2009 年第 4 版的《法医毒物分析》认为，氰化钾的致死剂量在 50 ~ 250 mg 之间，浮动来自个体差异。其实这个剂量和砒霜的致死剂量差不多，但是由于砒霜在水中比较难溶解，所以砒霜中毒的人一般要一个多小时以后才会出现症状，而达到致死剂量氰化物中毒的人一般在半小时左右就会死亡。也就是这个原因，让氰化物成为众多侦探小说中凶手们的王牌道具，一旦入口，绝无生还可能。

让我们来计算一下，这 50 mg 的量大致相当于 1/3 个胶囊，大家今后对于一些不明物质，最好不要品尝超过 1/3 个胶囊的量。如果有人恶意投毒，将氰化物投入一瓶 500 mL 的饮料中，要让受害者沾一滴（约 1 mL）就毒发身亡的话，至少需要投入 25 g 的氰化物粉末，这已经相当于半个鸡蛋了。所以氰化物并没有小说中描述的那么可怕，用一小点粉末就能让人死去，这实在是有一些艺术创作的成分在其中。

但氰化物毕竟是毒药，在历史上，氰化物确实也存在很多的"劣迹"！二战期间，德国当局就用氰化物屠杀过数万犹太人。美国的一些州曾经使用过氰化物来执行死刑。最经典的氰化物杀人事件莫过于美国 1982 年和 1986 年发生的两起"泰诺投毒案"了，1982 年的案件

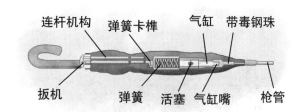

连杆机构　弹簧卡榫　气缸　带毒钢珠

扳机　弹簧　活塞　气缸嘴　枪管

1978 年，保加利亚作家马尔科夫被一把雨伞谋杀，这把"杀人伞"的构造如上图，其中的钢珠中仅有 0.4 μL 的空隙，当时都怀疑马尔科夫死于氰化物，但是这点空隙的量远远达不到氰化物的致死剂量。后查明，这只钢珠中藏的是更致命的毒剂"蓖麻毒素"。据说 2013 年，时任美国总统奥巴马收到一封信件，里面只有一堆白色粉末，化验后发现这正是传说中的"蓖麻毒素"。

共有 7 人死亡，一直到现在也未能破案。1986 年，一名叫丝蒂拉·尼克耐尔的女性为了 17.6 万美元的保险金额，将氰化物投入泰诺感冒药中，杀害了她的老公，后来她被判监禁 90 年。

其实在我们身边，也有很多地方会有氰化物的隐患呢，我们一定要好好注意。

▲每克苹果籽儿中的氰苷折算为氢氰酸后大约有几百微克，远低于中毒剂量。如果你还是担心，可以将苹果加热后食用。虽然如此，吃苹果最好也不要这样吃啊！

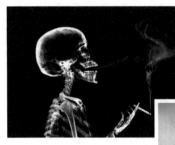

◄香烟烟雾中的剧毒和致癌物质太多，氰化物只是其中之一。

▶垃圾的回收和处理不能这么随意。含氮的塑料燃烧产生的烟雾中可能会有氰化物。

此外，一些昆虫和一些多足类动物（如蜈蚣）会排出一些氰化物，作为它们的保护机制。汽车尾气中也含有氰化物。

既然氰化物的毒性这么强大，为什么我们要容忍这些毒药存在于世界上，而且还大量生产出来呢？原来，氰离子络合金属离子的能力特别强，使得它在工业上的应用十分广泛。氰化钠主要用在黄金、白银的冶炼中，提炼黄金的方法主要有水银法和氰化钠法，很遗憾，这两种方法都会造成重度污染，其中氰化钠法的效率特别高，所以被大范围使用。没想到吧，这是现代真正的炼金术，却用的是这么破坏环境的

◄黄金的价值自不必说，我国已经超越南非，成为世界第一大黄金生产国。这不仅源于国民对财富的追求，更在于国家政策指向及经济安全的诉求，但是我们希望能够改进生产工艺，让我们的生活更加安全。

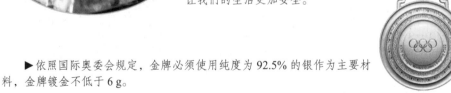

▶依照国际奥委会规定，金牌必须使用纯度为 92.5% 的银作为主要材料，金牌镀金不低于 6 g。

方法！氰化物还用于电镀，氰离子与锌、镉、铜、银、金等金属离子的络合能力特别强，到目前为止，在镀金和镀银工艺中氰化物还是不可取代的。

2015年8月12日，天津塘沽的危险品仓库发生大爆炸，遇难者达到165人。在这起重大事故的新闻报道中，大家吃惊地发现，在天津塘沽的危险品仓库中，竟然存放了700吨剧毒化学品氰化钠。一时间，舆论哗然，有好事者开始"人肉"这些氰化钠究竟是什么单位存放的，究竟是何居心！要知道，按照100 mg的平均致死量，这700吨氰化钠足够杀死70亿人！

其实，化学是没有罪过的，化学工业中比氰化物危险的物质有很多，但我们的化学工作者们必须要把它们研究和制造出来，目的是加深我们对大自然的认识，改善我们的生活，而且他们始终处于第一线，勇敢地面对这些剧毒、易燃、易爆、高辐射的危险化学品。

现在之所以还存放了这么多氰化钠，是因为工业生产中还没有找到更好的方法，只能使用氰化钠。我们真心希望化学工程师们能发明出更环保、更经济的炼金、电镀方法，减少危险化学品的使用，让我们的生活环境更加安全。当然也希望城市在进行扩建时，城市规划管理者们能够做好城市规划，将居民区和工业区划分得更合理。

最后一个问题，氰化物中毒有没有药物可以解救呢？当然有，从化学的角度来说，有毒药就一定有解药。比较简单的方法是服用一些硫代硫酸钠（大苏打），就可以化险为夷，前提是及时发现。

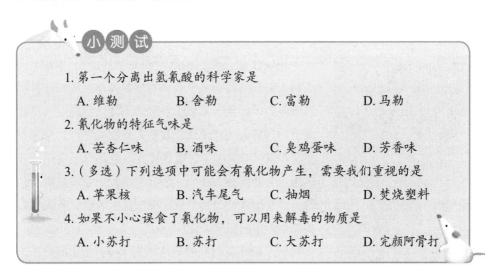

小 测 试

1. 第一个分离出氢氰酸的科学家是

    A. 维勒   B. 舍勒   C. 富勒   D. 马勒

2. 氰化物的特征气味是

    A. 苦杏仁味   B. 酒味   C. 臭鸡蛋味   D. 芳香味

3. （多选）下列选项中可能会有氰化物产生，需要我们重视的是

    A. 苹果核   B. 汽车尾气   C. 抽烟   D. 焚烧塑料

4. 如果不小心误食了氰化物，可以用来解毒的物质是

    A. 小苏打   B. 苏打   C. 大苏打   D. 完颜阿骨打

【参考答案】 1. B　2. A　3. ABCD　4. C

🧪 8. 我们身边的氨和氰

在进行本节的话题之前，我们先进行"汉语四六级考试"。请写出这些汉字的拼音：氨、铵、胺、腈。正确答案是氨（ān）、铵（ǎn）、胺（àn）、腈（jīng），你答对了几个？

氨的气味是恶臭的，有腐蚀性，氰是有剧毒的。二者似乎都是我们避之唯恐不及的事物，但化学工作者们神奇的思想和双手让它们变成了各种对我们有用的东西，而且正在我们身边发挥着很大的作用呢。

图示为丙烯腈的结构，这是一种重要的化学合成中间体。

将氨和丙烯、氧气一起反应，得到丙烯腈，这是一种无色有刺激性气味的液体，易爆炸并释放出有毒气体。其实这东西我们之前在讲 ABS 塑料时提过，它和丁二烯、苯乙烯一起聚合，就得到 ABS 塑料，丙烯腈为 ABS 树脂提供硬度、耐腐蚀等性质。

将丙烯腈聚合，做成聚丙烯腈，就是我们常说的"腈纶"。人们很快发现，这种聚合物的纤维和羊毛的性质非常非常相似，弹性很好，还很保暖，因此腈纶又号称"人造羊毛"。由丙烯腈和丁二烯聚合得到丁腈橡胶，相对于最常见的丁苯橡胶，丁腈橡胶的耐油性特别优异，因此在耐油性能需求特别高的地方被广泛使用，比如常用于汽车、机械甚至航天方面。

这种一次性手套也是用丁腈橡胶做的。

说完了氰，我们稍微跑题一下。据说 1946 年，一个叫卡斯坦的瑞士人发现拥有环氧基团的物质和有机胺类反应可以固化，形成很坚硬的固体。它的发现迅速被瑞士的汽巴公司发现商机并转入规模化生产，于是双酚 A 型环氧树脂诞生了，直到现在，它还是最常用的环氧树脂。与此同时，美国人格林利也发现了环氧树脂的特性，他所服务的公司后来被壳牌化工收购。环氧树脂在我们生活中的应用非常广泛。

最早的环氧树脂固化剂是乙撑胺，由乙醇胺加工而来。这是一个系列的产品，有乙二胺、二乙烯三胺、三乙烯四胺等等。它们和环氧树脂的反应过于激烈，因此后来有工程师用植物油酸将这类物质改进成聚酰胺类，还有工程师将其他类型的有机胺做成固化剂，比如脂环胺、芳香胺、酚醛胺等。

▶环氧树脂是一种很黏稠的液体，单独没什么用，必须搭配固化剂使用。环氧树脂和固化剂就是"哥儿俩好"。

◀环氧地坪的水性化是大势所趋，我们的化学工程师们正在努力开发出新型的水性环氧地坪。

就这样，有机胺和环氧树脂成了"好基友"，出现在我们生活的方方面面。可以说哪里有环氧树脂，哪里就会出现有机胺类固化剂的身影。

环氧树脂最常出现在各种地坪中，比如工厂、地下车库中光亮如镜的地面，用的就是环氧树脂；金属材料在接触到各种环境之后，总是容易受到腐蚀侵害，人们为了预防这些材料被腐蚀，一般都在其表面涂上防腐涂料，这其中最常用的就是环氧树脂；在电子元器件中，人们使用环氧树脂填充空隙，达到密封、导热的效果；风电叶片表面，那洁白的涂覆材料也是环氧树脂。

◀船舶与舰艇常年和水接触，其表面容易被腐蚀，环氧树脂在其中充当了优秀的防腐蚀涂料。

▲电子消费品诸如计算器、电脑、手机等，其中都有环氧树脂的身影。

▲风能是没有公害的能源，取之不尽，用之不竭。

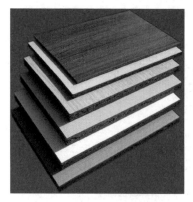

将这些木板胶合起来，借用了三聚氰胺树脂的力量。

说了这么多，我们看到了很多的氨类和氰类化合物为生产生活带来的便利。有没有哪一种物质同时具有氨和氰呢？有，这就是在国内臭名昭著的"三聚氰胺"。三聚氰胺本身是一种化工原料，由尿素制成，它与甲醛聚合成三聚氰胺树脂，可以用于涂料、塑料以及板材方面。

2008年，很多食用"三鹿奶粉"的婴儿被发现患有肾结石，随后在其食用的奶粉中发现了化工原料三聚氰胺。三聚氰胺本身微溶于水，服用过量会沉积在肾脏导致肾结石，这种化工原料怎么会出现在婴幼儿奶粉中呢？

原来，和众多食品一样，婴幼儿奶粉的主要有效成分是蛋白质、糖类等，为了确保婴幼儿奶粉的质量，相关部门需要检测它的蛋白质含量，使用的方法是"凯氏定氮法"。这种测氮含量的方法简单易用，但是有一个缺点，那就是如果检测物质是纯蛋白质的话，会很有效，如果里面混入一些非蛋白质的含氮物质，则会将这些物质也计入氮含量。蛋白质的平均氮含量为16%，而三聚氰胺的氮含量高达67%。一些"精明"的人迅速钻营起来，他们将三聚氰胺这种化工原料包装成一种叫"蛋白精"的神奇物质，推销给奶粉厂家，告诉他们只要添加这种"蛋白精"，就可以降低有效成分的添加量，而且能确保奶粉顺利通过检测。三聚氰胺就这样从化工界跨入奶粉界，臭名远扬。

在深入探讨三鹿奶粉事件后，我们会发现其中的很多事情值得反省。对于这些

在三鹿奶粉事件中，虽然最终有人承担责任，但是幕后的故事仍然值得我们深究。

投机钻营者来说，他们目前的生活可以说没有到吃不饱饭的地步，在自身的生存没有任何威胁的情况下，竟然为了一丁点利益牺牲另一群人的健康。这背后折射出的是教育的问题，还是文化的问题，还是社会体制的问题？对于监管者来说，要如何监管会与人体接触的化学品呢？这次是三聚氰胺，下次是不是还会有什

不解决科学与人文的问题，以后还会有类似事件发生，请原谅我的悲观。

么更"神奇"的化学物质掺到我们的食物里呢？究竟什么样的单位才有资格来生产食品，或者有资格接触对人体有伤害的化学品，值得大家深入思考。

记者们继续深挖之后，发现原来蛋白精甚至尿素早就被用在家畜饲料中，用以提高氮含量。它们被家畜吸收后残留在内脏和肌肉里，又被人吃下去，后果可想而知。

这又是一个科学与人文的问题，要知道，科学家们是会不断地创造新事物的，但是我们又不得不提防这个社会里总有那么一群人，他们心里只有自己眼前的欲求，丝毫不会顾及他人的死活。科学的发展在内心光明者手中是改变世界的武器，在心理阴暗者手中只会沦为毁灭人性的帮凶。难道我们只能等到灾难发生之后，才知道用法律这种终极审判来亡羊补牢吗？

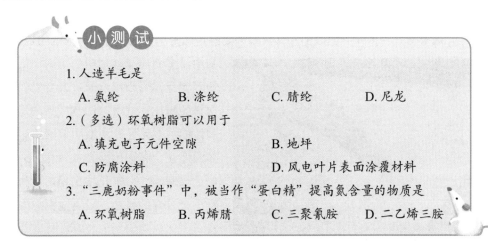

小 测 试

1. 人造羊毛是

   A. 氨纶   B. 涤纶   C. 腈纶   D. 尼龙

2. （多选）环氧树脂可以用于

   A. 填充电子元件空隙   B. 地坪

   C. 防腐涂料   D. 风电叶片表面涂覆材料

3. "三鹿奶粉事件"中，被当作"蛋白精"提高氮含量的物质是

   A. 环氧树脂   B. 丙烯腈   C. 三聚氰胺   D. 二乙烯三胺

【参考答案】 1. C   2. ABCD   3. C

9. 风靡全球的复合材料——聚氨酯

我们说到新材料、新科技、新发明、经常要提到德国，这次也不例外。

1937 年，德国人奥托·拜耳（跟德国拜耳公司没关系）制取了一种聚合物，他发现这种新材料和已发现的聚乙烯、聚酯等高分子材料相比，某些性能更加优异，比如它耐磨、耐酸碱、耐腐蚀，而且易于加工成各种各样的形态。由于这种聚合物中包含很多氨酯基，因此把它称为聚氨基甲酸酯，简称聚氨酯（PU）。这种材料一经问世，立马被美国联碳、德国拜耳公司（这次是真的拜耳公司）发现商机，从 20 世纪 60 年代开始大规模投入生产，之后它的应用被不断开发，一直到现在，这一领域还不断有新的发现，堪称最热门的复合材料之一！

二苯基甲烷二异氰酸酯（MDI）和乙二醇反应生成聚氨酯。

聚氨酯是由多元异氰酸酯和低聚物多元醇这两种单体通过缩聚反应而生成的，其中，多元异氰酸酯叫作黑料，低聚物多元醇称为白料。通过改变黑料和白料的配比，就可以调节产品的形态和性能。多元异氰酸酯和低聚物多元醇的反应会释放出很多二氧化碳，这似乎很麻烦，但是化学工程师认为这是一个很好的机会，只要他们想办法将二氧化碳均匀释放出来，从宏观上就会产生均匀的泡沫，使最终得到的材料密度降低，更加轻便耐用。

如何将聚氨酯的发泡控制得更加均匀，是一个很复杂的课题。

▲说起床垫，大家都会想到一个词"席梦思"，席梦思的原理是在床垫里安装弹簧，这是很初级的物理方法。化学工程师们将聚氨酯发泡用于生产海绵床垫，人睡在这种软软的蓬松的东西上面着实舒服。如果现在还有谁跟你说他家的床是席梦思，那你可以告诉他："你out啦！"

▲富豪辣妹们热衷于皮草皮包，简称"皮草包"。其实真皮是有限的，为了减少对珍稀动物的杀害，化学工程师们在合成革表面涂上一层聚氨酯涂层，使之和真皮的表观更加接近，而且外观可以做得更加精美。真心期望富豪们不要那么在意是不是真皮，没有买卖就没有杀害。

◄汽车的方向盘和仪表板都是用聚氨酯做的，轻便耐用。

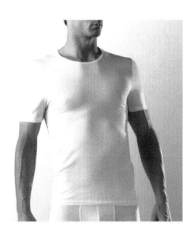

▶将聚氨酯做成纤维，号称"氨纶"，这种纤维的特点是弹性特别强，因此特别适用于做内衣和儿童衣服。这种纤维最早在20世纪50年代被美国的杜邦公司研究出来，起名"斯潘德克斯"，并注册商标"莱卡"，因此斯潘德克斯和莱卡都是氨纶的同义词，回家翻一下衣服商标看看你的衣服里面有百分之多少的氨纶。

◄澳大利亚游泳名将索普，号称"飞鱼"，多次打破世界纪录。伴随他一起成名的还有他的战衣"鲨鱼皮"，鲨鱼皮就是用氨纶做的，由于氨纶的弹性好，可以更加贴近皮肤，因此在水中的流体力学性能非常好，能够帮助运动员提高成绩。2009年，国际奥委会宣布禁止使用"鲨鱼皮"等高科技泳衣，"鲨鱼皮"也被称为"高科技兴奋剂"，这似乎有点无厘头，你认为呢？

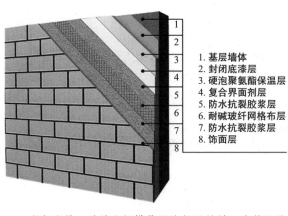

1. 基层墙体
2. 封闭底漆层
3. 硬泡聚氨酯保温层
4. 复合界面剂层
5. 防水抗裂胶浆层
6. 耐碱玻纤网格布层
7. 防水抗裂胶浆层
8. 饰面层

2009年2月9日晚，在建的中央电视台电视文化中心（又称央视新址北配楼）发生特大火灾。火灾造成直接经济损失1.6亿元，事故后70余人受到责任追究。2010年11月15日，上海余姚路胶州路附近一栋高层公寓起火。公寓内住着不少退休教师，至11月19日，大火已导致58人遇难。这两起重大事故的起因都是保温材料聚氨酯，聚氨

聚氨酯是一种被大规模使用的保温材料，冰箱里的隔热材料也是它。聚氨酯的保温性能优异，因此更多地用于外墙保温，聚氨酯、岩棉和酚醛并称为三大保温材料。

酯材料不耐高温，在高温下甚至会分解出氰类有害物质，就造成了更多的伤亡。

这是聚氨酯作为保温材料的弱点，当然现在研究人员正在研究更多的方案去解决这个问题，比如使用阻燃剂或者防火涂料，毕竟聚氨酯作为保温材料成本低是最大的优势。让我们拭目以待，看看化学工作者们如何利用聚氨酯为我们的生活提供更多、更安全的新应用。

小测试

1. 聚氨酯的黑料和白料是指

A. 黑铁和白铁　　　　　B. 多元异氰酸酯和低聚物多元醇

C. 黑白无常　　　　　　D. 异氰酸和聚醚多元醇

2.（多选）氨纶又称为

A. 莱卡　　　B. 斯潘德克斯　　　C. 杜邦　　　D. 索普

3. 黑料和白料的反应大量释放出的气体是

A. 氧气　　　B. 氮气　　　　C. 二氧化碳　　　D. 水蒸气

【参考答案】　1. B　2. AB　3. C

🔬 10. 组成生命的"砖瓦"：从氨基酸到蛋白质（上）

很久以前，人们就发现将肉类用水煮熟后，肉会从鲜红色变成灰白色，而且肉汤中会浮起一些絮状物。几乎所有人只是将这些絮状物喝下去，或者舀出来扔掉，没有人去探究这究竟是怎么回事。直到18世纪，法国化学家弗朗索瓦发现不光肉汤，连蛋清、血液在遇热或者遇酸以后，都会出现絮凝现象，他意识到它们都含有同一种物质。

法国化学家沃克兰，是很多元素的发现者，第一种氨基酸的发现者。

18世纪末、19世纪初的法国正经历着大革命，在这个异常混乱而又充满生机的世界里，有一位"卡文迪许式"的奇怪化学家沃克兰，他喜欢研究各种岩石和陨石中的物质，前面我们提过他发现了铍元素。他还喜欢在人体、动植物体中找各种物质加以研究，比如果胶、植物纤维、头发、精液、关节液、大脑等，他的故事很完整地被大文豪巴尔扎克的《赛查·皮罗多盛衰记》记录下来。1806年，沃克兰在芦笋中发现了一种物质，后来这种物质被命名为天冬酰胺，拥有众多研究成果的沃克兰可能只是把这个发现当成其中之一，然而这是人类历史上第一次获得氨基酸的记录。

几年以后，胱氨酸也被发现了，接下来，甘氨酸、亮氨酸等一个又一个氨基酸被发现了，1935年，最后一个常见的氨基酸——苏氨酸也被发现了。这些物质之所以被称为氨基酸，是因为其中含有氨基和羧基这两种基团，氨基显碱性，羧基显酸性，酸碱性存在于分子两端，这似乎有点类似太极中的阴阳。哲学的思维应用到科学上可以开阔思路，丰富谈资，但是你要说我们中国的老祖先N年前就预言了氨基酸的存在，我只能呵呵了。

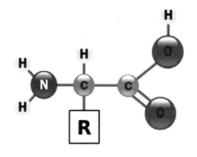

氨基酸的结构，左边的—NH_2是氨基，右边的—COOH是羧基。

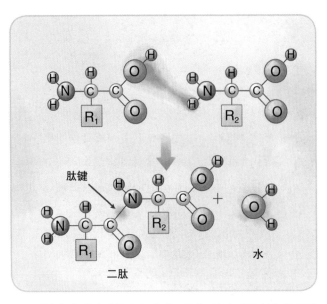

两个氨基酸分子缩合生成"二肽"，这个"肽链"还可以不断延长。

1838年，荷兰化学家马尔德了解到法国人弗朗索瓦的研究，马尔德想研究这种物质的化学式，结果得到了这个 $C_{400}H_{620}N_{100}O_{120}P_1S_1$，当时所有人都理解不了为什么会有这么大的分子，所以他们都认为，这是由很多小分子组成的混合物。当时的瑞典大牛贝采里乌斯给它起名蛋白质。马尔德继续研究，发现在蛋白质降解后可以得到亮氨酸，他就认为蛋白质是氨基酸等小分子组成的混合物。这种见解从现在的角度来看是错误的。

一直到了19世纪末，德国科学家费舍尔才解开了这个谜团，他发现由于氨基酸分子中同时存在酸碱基团，所以它们之间容易脱水缩合，一个氨基酸分子的羧基与另一个氨基酸分子的氨基发生反应，生成含有"肽键"（—NH—CO—）的化合物"肽"。由于碳氮键很强，所以这个肽分子的结构是很稳定的。费舍尔还发现，肽分子中剩余的氨基和羧基还可以继续和其他氨基酸发生反应，生成拥有更高相对分子质量的"肽"。于是，由两个氨基酸脱水形成的化合物叫"二肽"，由多个氨基酸脱水形成的含有多个肽键的化合物叫"多肽"。

到了1901年，费舍尔用两个甘氨酸分子合成了双甘氨肽，还发表了他研究酪蛋白水解的论文，从正反两方面说明了氨基酸是组成蛋白质的基本单元，蛋白质是超大高分子。费舍尔在实验室中

德国化学家费舍尔，1902年因为糖和嘌呤的合成获得了诺贝尔化学奖。但是他最重要的贡献应该是揭示了蛋白质和氨基酸的关系。

制得很多天然的氨基酸，还合成了很多在自然界中找不到的氨基酸，然后他用这些氨基酸按照他的想法做出各种各样的肽，甚至制得了"十八肽"，生物学界和化学界都被他的发现震惊了，人类终于理解了蛋白质和氨基酸的关系。氨基酸可以算是单体，多肽是链状的，几条多肽链结合在一起就形成了蛋白质。蛋白质是一个超级大分子，而不是一群氨基酸小分子简单混合在一起的混合物。

1965 年，我国科学家团队合成了人工牛胰岛素，这是人类历史上首次人工合成蛋白质。科学家团队的代表钮经义被推荐为诺贝尔化学奖 1979 年度候选人，但是最终 1979 年度诺贝尔化学奖的得主为美国人布朗和德国人维提希，这是 20 世纪中国本土科学家最接近诺贝尔奖的一次。

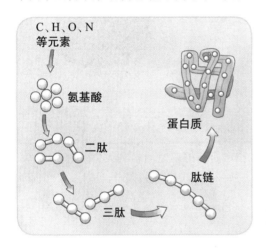

◀图示为氨基酸形成蛋白质的过程。我国人工合成牛胰岛素这一研究成果最终没有获得诺贝尔奖，原因绝非网上有人说的集体主义作祟或者涉及意识形态、阶级斗争等因素，没有获奖是因为这是一件烦琐的工作而非创新的发现或发明，不符合诺奖的基调。

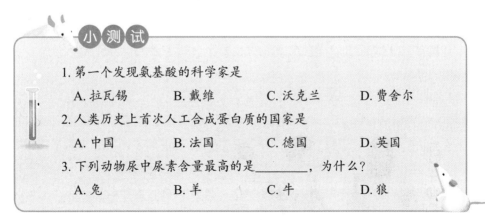

小 测 试

1. 第一个发现氨基酸的科学家是
   A. 拉瓦锡　　　B. 戴维　　　C. 沃克兰　　　D. 费舍尔
2. 人类历史上首次人工合成蛋白质的国家是
   A. 中国　　　B. 法国　　　C. 德国　　　D. 英国
3. 下列动物尿中尿素含量最高的是_____，为什么？
   A. 兔　　　B. 羊　　　C. 牛　　　D. 狼

【参考答案】 1. C　2. A　3. D　狼是食肉动物，食物中蛋白质含量高，蛋白质被消化分解成氨基酸，一部分氨基酸通过脱氨基作用生成尿素，经肾脏排出体外。

11. 组成生命的"砖瓦"：从氨基酸到蛋白质（下）

让我们从中国人错失诺奖的惋惜中回到 19 世纪末，两位科学家托马斯·奥斯本和拉法叶·孟德尔一起养了 200 只老鼠，他们用各种食物去饲养这些幸福而又可怜的老鼠，最后他们根据"木桶原理"得出结论：氨基酸是生物体内必需的营养物质，并且有一些氨基酸是生物体内无法合成的，必须从外界摄取，这就是"必需氨基酸理论"。现在我们知道有九种必需氨基酸：赖氨酸、色氨酸、苯丙氨酸、甲硫氨酸、苏氨酸、异亮氨酸、亮氨酸、缬氨酸、组氨酸（婴儿）。

必需氨基酸人体无法合成，必须从外界摄取。"木桶原理"提醒我们营养要均衡。

蛋白质就是人体的"砖瓦"，组成了人体的各个部分，比如毛发、肌肉、骨骼、内脏、大脑、血液等。之前提到人体约 60% 是水，除去水以外，一半左右是蛋白质，所以人必须每天从食物中补充蛋白质。大家千万不要以为补充蛋白质，就是要多吃鸡蛋。确实，鸡蛋中蛋白质的含量很高，100 克鸡蛋中约有 14 克蛋白质，但是和 100 克鸡肉中约有 23.3 克蛋白质、100 克黄豆中约有 36.3 克蛋白质相比还是弱爆了，所以孕妇、病人都要多喝老母鸡汤，大家也不要怕多放屁就拒绝黄豆啊。其实，海鲜中的蛋白质含量更高，比如干海参，100 克中竟然有 76.5 克蛋白质！但是吃的时候也要注意不要过量，高蛋白的东西吃多了可是要得痛风的哦。

肥胖不仅是面子问题，更是"里子"问题！

现代社会里，很难见到营养不良的现象了，相反，营养过剩却是普遍存在的现象。有人说，我不吃肥肉啊，为什么也会长胖呢？这是因为，蛋白质摄入过量，就会转化成脂肪，而且氨基酸中的含氮部分会转化成尿素通过尿排出体外，加重肾脏负担，加速人体老化。某些蛋白质中含硫的氨基酸比较多，还会分解钙质，导致骨质疏松。所以，肥胖绝对不是小问题哦。

顺应这个背景，"减肥"成为越来越火热的话题，有人通过节食来减肥，这在某种程度上是有道理的，因为减少蛋白质、糖类和脂肪的外界供应，当然就会消耗人体内的这三种物质。如果做得极端些，整天不吃不喝，身体就会出问题。由于糖类是最容易消耗的，然后是蛋白质和脂肪，所以只通过节食来减肥的人经常会出现面黄肌瘦的现象，而身体上关键部位的赘肉却不能消除。

而通过运动来减肥也是得有讲究的，如果要真正有效地消耗脂肪，就一定要大负荷运动，达到"无氧运动"的效果，也就是身体开始"发酸"的效果。不要害怕"腿粗""长肌肉"这些词汇，肌肉主要是蛋白质，而肥肉是脂肪。相同质量下，脂肪的体积是肌肉的3倍，相比较一下，你是要1倍体积的蛋白质还是要3倍体积的脂肪？正确的减肥方法应该是全面改善自己的生活方式，做到运动和节食相结合。你出现肥胖是因为你的生活习惯出问题了，你身体各个部分的胖瘦表现出你的生活习惯。

好了，我们现在知道氨基酸、蛋白质对我们来说有多么重要。费舍尔很牛，但也不过是用现成的蛋白质水解出氨基酸，然后用手头的氨基酸合成多肽。那么第一个氨基酸是从哪里来的呢？难道氨基酸就是贝采里乌斯的"生命力物质"，是上帝创造出来的吗？

带着这个更深层次的问题——生命从哪儿来，1953年，美国芝加哥大学的研究生米勒做了这么一个实验：他假设早期地球上有甲烷、氢气、氨、水蒸气，他对这些气体进行足够长时间的放电，结果得到了20种有机物，其中含有11种氨基酸，这些氨基酸中有4种在生物的蛋白质中能找得到。这个著名的实验证明：从无机小分子得到氨基酸是完全有可能的。

之前我们提过，土卫六上有甲烷湖泊，其实土卫六平流层中98.44%都是氮气，是太阳系中除了地球外唯一的富氮星体，再加上少量的水蒸气

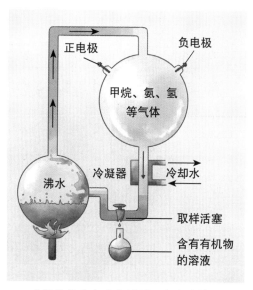

米勒设计的实验装置图，这意味着生命可能起源于这些"原始汤"中，当然不一定是地球上的"原始汤"。

图片为土卫六（右）与地球（左）的对比图，其实土卫六比月亮还大好多。人类有可能去加速土卫六上生命的诞生吗？

和氨，这简直就是 40 亿年前的地球。因此有人设想，土卫六是太阳系内最类似地球的星体，是最有可能产生生命的星体之一。

2008 年，NASA 的科学家们在坠落至苏丹北部地区的超高温陨石碎片内部，意外发现了生命的基础物质——氨基酸。科学家们认为这是一个十分惊人的发现，因为这意味着生命可能不是起源于地球上，而是起源于太空。也有反对者认为在陨石内发现的氨基酸可能并非陨石本身带有的，因为陨石在坠落到地球表面的过程中，要经过大气层和近地空间，太容易被外来物质污染了。有的陨石在太空中经过多次碰撞，原本附着在外表面的物质也可能被撞到内部去。

氨基酸和蛋白质的话题我们先告一段落，相信大家都已经能理解蛋白质是组成人体的砖瓦了。但是，是不是有了一堆砖瓦，就会自然地形成这么复杂而有灵性的人体呢？显然不行！那么一定有一位智慧的"建筑师"藏在幕后，运筹帷幄。这位神秘的"建筑师"究竟是谁呢？我们下节再说。

小 测 试

1. 人体中除了水以外，最多的物质是

　　A. 蛋白质　　B. 糖类　　C. 矿物质　　D. 维生素

2. 下列关于蛋白质含量的说法，正确的是

　　A. 鸡蛋＞黄豆＞鸡肉＞海参　　　　B. 海参＞黄豆＞鸡肉＞鸡蛋

　　C. 鸡蛋＞鸡肉＞黄豆＞海参　　　　D. 海参＞鸡蛋＞鸡肉＞黄豆

3. 下列说法，正确的是

　　A. 米勒实验说明了氨基酸来自地球

　　B. 米勒实验说明了氨基酸可以由无机小分子合成

　　C. 由于运动减肥会长"大粗腿"，所以节食减肥最合理

　　D. 肥胖只是面子问题

【参考答案】　1. A　2. B　3. B

12. 我们从哪里来（上）

让我们暂时先从略显艰深的化学中逃离出来，轻松一下，讲讲神话传说。

父母们总是不知如何回答孩子们提出这样的问题：我从哪里来？其实，同样的问题我们也会问自己，父母生娃，谁生父母呢？当然，父母还有父母，然后就会有人深究第一对父母、第一个人从哪里来。也就是说：人类从哪里来？在历史上，这个问题的答案大多数时候会用神话传说来解释，而且都很精彩。

女娲造人的故事反映出早期人类处于母系社会的发展阶段，后来进入阶级社会，这一神话故事又经过人们的改编，有了不同的造人方法导致不同等级人类的出现，这成为统治阶级合法性的基础。

中国的神话传说中，盘古开天辟地，死后身体变成日月星辰、山川河流、花草树木，但是很长时间里世界上并没有人类的身影，人类是由后来的女娲创造的。传说女娲是一个人面蛇身的神仙，跟伏羲是兄妹，也是夫妻。她用黄土按照自己的模样创造了人类，起初的时候她是一个一个用手抟出来的，后来累了，就举起沾了泥点子的绳子甩，泥浆落到地上就变成一个个的人。后人说，女娲亲手造出的人是富贵的、等级高的人，甩出的人是贫贱的、等级低的人。

古希腊的神话说得比较复杂，第二代天神克洛诺斯造出第一批人类黄金一代，这批人类和神没有任何不同，后来被命运之神审判而消失，成为保护神。后来神祇又创造出第二批人类白银一代，这一代人类娇生惯养，童年长达百年，精神上极为不成熟，自私自利，亵渎神祇。宙斯将他们变成魔鬼，然后创造出第三批人类青铜一代，这一代人只知道战争厮杀，最终也被宙斯降入冥府。宙斯继续创造出第四批人类英雄一代，这些人类基本都是半神的英雄，他们大多数都是古希腊神话中的主人公，比如海伦、帕里斯、忒修斯等，最终他们在灾难和战争中结束了地上的生活，宙斯将他们送入极乐世界。我们现在的人类属于第五批人类，是由普罗米修斯用泥土按照自己的模样创造出来的，智慧女神雅典娜朝这些泥人吹了一口仙气，赋予了人类灵性。但是在一次人类的献祭仪式上普罗米修斯亵渎了宙斯，宙斯迁怒于人类，创造出潘多拉，将灾难带给人类。我们人类会经常面临仇恨、嫉妒、疾病、怨气、欺诈、痛苦、绝望，都源于潘多拉。

图片为宙斯神像想象图。传说其身体用象牙制造，衣服的材料是黄金，可惜这一大奇观已经毁于战火。宙斯是古希腊神话中的主神，传说他创造了一批又一批人类，还拥有并履行了对人类的主宰权。

相对于其他民族的神话传说，古希腊神话中的神仙个性鲜明，和普通人没什么两样，也有七情六欲，故事情节更加复杂深刻，矛盾尖锐，往往以悲剧结尾，探讨了深刻的人性。

图为维也纳的贝多芬广场，贝多芬雕像的侧面是普罗米修斯的青铜像。伟大的普罗米修斯不仅是我们这一批人类的创造者，还为了解救人类而盗取天火，自己却被囚禁在悬崖上，每天被恶鹰啄食肝脏。

圣经故事中，上帝花了七天时间创造了世界，然后按照自己的模样创造出第一个人亚当。上帝觉得亚当在伊甸园中太孤独，趁亚当酣睡的时候从亚当的身体中取下一根肋骨，变出第一个女人夏娃。这两个人类始祖过于单纯，被撒旦蛊惑，吃下智慧之果，成为有思想的新人类，也因此被上帝赶出伊甸园，过上了新人类的艰苦生活。《圣经》中的神话故事，反映出人类进入父系社会后，男人开始凌驾于女人之上。西方文化承认人是有罪的，这一点在西方历史和现在的方方面面都得到了体现。

相对来说，北欧神话比较冷僻，却也绝对精彩。传说世界起初只有一头奶牛，因舔舐冰岩上的盐粒而生，有一天它竟然

"舔"出一个"神仙始祖"布里。而同时，"北欧盘古"伊米尔吮吸着这头奶牛的乳汁而发育壮大，伊米尔成年以后，两臂间产下了很多巨人，最聪明的叫密密尔，密密尔的姐姐嫁给了布里的儿子博尔，生下三兄弟：奥丁、威利和维。这三兄弟一腔热血要创造世界新秩序，杀死了伊米尔，伊米尔的尸体变成了精灵和矮人。

虽然亚里士多德的观点在现代教科书上多次作为反面例子，但是他在生物学方面的很多认识一直到现在也可以说是近似正确的。他为五百多种不同的动植物进行了分类，至少对五十多种动物进行了解剖研究，指出鲸鱼是胎生的，还考察了小鸡胚胎的发育过程，这种务实的态度很值得我们学习。

三兄弟认为应该创造出一些更加漂亮的生物，就将桉树雕刻成男人，榆树雕刻成女人。首先奥丁把人形木握在手中，赐给了他们生命与呼吸，接着威利赐给了他们灵魂与智慧，最后维赐给了他们体温和五官的感觉，人类就这样诞生了。之后奥丁和他的子孙们又有很多故事，最终一同结束于"诸神的黄昏"这一神话中最大的末日战争之中。北欧神话中的神仙们也不能逃脱宿命的无奈，悲壮而又凄美，带有庄严的悲剧感。

这些神话故事都很精彩，正因为它们太精彩了，所以只会出现在电影里，没几个人会相信这是真实发生的历史。追求真理的智者不会满足于电影特效，人类历史上第一个"全才先知"亚里士多德提出：这个世界是一个完整而连续的整体，它一刻也不停顿地创造出动物、植物和其他的一切种类。他认为生命的演化应该是这样渐进的途径——非生命→植物→动物，这被后人称为"伟大的存在之链"。

拉马克在我们的教科书上也是反面人物，他可以说是"成也长颈鹿，败也长颈鹿"，现在生物学界开始重新审视他的观点。

亚里士多德之后，西方长时间受到基督教的禁锢，主流认同《圣经·创世纪》的"特创论"观点：上帝创造一切，一切都不会变化，因为它们都是由上帝创造的。亚里士多德的"渐变论"被选择性地无视了。一直到了18世纪末，生物学界受到康德"天体论"的影响，开始提出"活力论"，就是说生物自身有一股动力驱动自己去变化。这其中最有名的就是法国人拉马克提出的"用进废退"理论：生物在环境变化的压力之下会有内在驱动力去改变自己，适应环境。比如长颈鹿的脖子本来没有那么长，后来环境恶化了，植物资源减少，长颈鹿被迫伸长自己的脖子才能够吃到高处的叶子，就这样，长颈鹿的脖子由于使用较多，就越来越长，于是就成了现在的样子。

小 测 试

1. 按照古希腊神话的说法，我们现在的人类是
   A. 第二批人类　　B. 第三批人类　　C. 第四批人类　　D. 第五批人类
2. "诸神的黄昏"的说法来自
   A. 中国神话　　　B. 希腊神话　　　C. 圣经故事　　　D. 北欧神话
3. "用进废退"理论的提出者是
   A. 拉马克　　　　B. 达尔文　　　　C. 希尔顿　　　　D. 亚里士多德

🧪 13. 我们从哪里来（下）

19世纪初，一个16岁的小伙子被父亲送到了爱丁堡大学学医，可是这个小伙子对医学没有丝毫兴趣，整天游山玩水，在野外采集各种各样的动植物标本，在这个小伙子心中，再没有什么比大自然的神奇更能让他感兴趣的了。父亲一怒之下，又将他送到剑桥大学学习神学，希望他以后能成为一个"尊贵的牧师"。这个父亲绝对没有想到，他的儿子几十年后出版的几本著作会成为宗教神创论的最大挑战。

没错，这个小伙子就是达尔文！

1831年，达尔文从剑桥大学毕业，他接受了

达尔文并不总是教科书上胡子拉碴的形象，人家年轻时也是"小鲜肉"好不？

【参考答案】 1. D　2. D　3. A

导师的推荐，登上考察船"贝格尔号"，随队参加了环球航行。在这次环球航行中，他看到了各种各样奇妙的动植物，比如他研究了胚芽鞘的向光性，在太平洋的一个海岛上见到了各种各样类型的鸟。这些都成为他后来写作的素材，更给了他无穷的思考课题。1859 年，达尔文的著作《物种起源》出版了，其中提出了"自然选择"学说，举世震惊。12 年后，达尔文又出版了《人类的由来》，其中直接指出，人类由古猿演变而来。

既然都是"进化"，达尔文的"自然选择"理论和拉马克的"用进废退"理论有什么不一样呢？

"用进废退"理论比较容易理解，比如我们每个人都希望自己健壮而不希望自己孱弱，锻炼四肢可以让肌肉更加强健。但是达尔文指出，父辈的强健不一定会遗传给孩子。

有人会说："拉马克对长颈鹿的解读很妙啊！"

达尔文会阴沉着脸对你说："真实的情况是，有一部分的原始鹿发生了变异，大部分的变异不利于生物生存，但是偶然的一种变异让鹿的脖子变长，可以比一般的原始鹿获取更多的资源，更有可能生存下来成为现在的长颈鹿，而没有变异的原始鹿都饿死了。"

黑！真黑！

奇妙的大自然竟然是如此没有作为，只是创造了一个"竞技场"，然后坐观我们这些"角斗士"的表演，对造物主来说，一个个生命的凋零真是太稀松平常的事情，他不会流下半滴眼泪。

拉马克的"用进废退"理论：生物的变化来自自身的驱动。

达尔文的"自然选择"理论：物种过量繁殖，资源紧张，更适应环境的留存下来，繁殖后代，反之就只能死去，消逝在时间长河中。

这是不是让你想起《三体》中的黑暗森林法则？世界本身就是残酷的，生存是文明的第一要务，有能力活下来就是牛！宇宙更是如此，歌者的"藏好自己，做好清理"这句话说出来是那么轻松，却在谈笑间就可以让一个恒星系灰飞烟灭。其实，这都是经历了宇宙漫长的考验后生存下来的无奈，和我们平时看到的非洲大草原上狮子和水牛的争斗没什么两样。类似地，你也可以把进化论、黑暗森林法则推广到商界中公司与公司之间的竞争中去。

不管怎样，拉马克与达尔文的观点还是引发了争论。毕竟，在科学界，不是你的观点说得天花乱坠，大家就会相信你的，靠实验结果说话是最有力的武器。19世纪末，德国科学家魏斯曼做了一个跨度好几年的疯狂实验，他将一批老鼠的尾巴切掉，然后用这一批无尾老鼠交配，小老鼠一生出来就把它们的尾巴切掉，然后继续让它们交配，继续切掉下一代的尾巴。一直切了22代老鼠尾巴，他发现第23代老鼠还是有尾巴的。因此他得出结论，无尾老鼠的"无尾性状"无法遗传给下一代，拉马克输了。

继续切20代老鼠的尾巴

魏斯曼的恐怖实验，切了22代老鼠的尾巴，但子代老鼠仍然长出尾巴。这个实验宣布了达尔文的首胜。

但是，因为宗教思想太过于深入人心了，所以一时间很多人接受不了达尔文的观点，对达尔文进行了各种各样的侮辱和讥笑。

我们会选择性地忘掉那些没有科学根据的人身攻击，因为它们在科学事实面前过于无力，但是还是有一大批犹豫不决的生物学家质疑进化论，比如他们提出：缺少过渡型化石，地球的年龄问题，黑人和白人生下的孩子为什么是中间颜色，等等。

▶《人类的由来》出版后,社会上还出现过这样的讥讽:达尔文,你自己才是猴子变的吧?

更多理性的生物学家们相信,进化论的基本原理是正确的,只是还有一些深层次的问题我们没有搞清楚,导致还无法解释这些问题,这在科学史上可以说是常态。如果能在更加基本的层面上进行研究发现,那么这些问题将成为帮助人类认识进步的方向标。

帮助生物学家的,将是物理和化学!

1. 达尔文是

 A. 美国人 B. 德国人 C. 英国人 D. 法国人

2. 自然选择的基本逻辑是

 A. 过度繁衍—资源紧张—环境变化—适者生存

 B. 环境变化—过度繁衍—资源紧张—适者生存

 C. 过度繁衍—适者生存—资源紧张—环境变化

 D. 资源紧张—过度繁衍—环境变化—适者生存

3. 解决了达尔文和拉马克之争的著名实验是

 A. 迈克尔逊 – 莫雷实验   B. 魏斯曼切老鼠尾巴实验

 C. 伽利略斜塔自由落体实验 D. 孟德尔豌豆实验

🧪 14. 生命密码:DNA(上)

试问物理学史上最牛二人为谁,若有一人是爱因斯坦,另一人必为牛顿!

有两人对此不服,一人乃德国的莱布尼茨,他的追随者因为微积分是谁发明的和牛顿粉丝互撕了三四百年;另一人就是英国大咖胡克,他的粉丝们也是到处帮他击鼓鸣冤，跟牛顿粉丝讨要万有引力定律的发现权。

不过有一点是事实，胡克在历史上确实很牛，因为他比牛顿死得早，所以被牛顿的风头压制了很多年，导致名气不大，在我们的教科书上只留下了描述弹力大小的胡克定律。我们本节要说他1665年出版的一本书《显微制图》，其中包含了58张他根据显微镜的观测绘制的显微图。从光学角度来说，显微镜和望远镜原理类似，从伽利略开始，人们用望远镜看到了太

胡克时代的显微镜

空深处更多奇妙的星体，却没想到在我们身边也可以用显微镜看到微观世界的神奇。《显微制图》这本书中有一张图，记录了通过显微镜观察的一块儿软木薄片的结构，这些结构看上去像一个个小房间，胡克就将它们命名为"cell"。当然我们现在知道，这些只是植物死的细胞壁及其围成的腔隙，所以胡克并没有发现活细胞。

胡克的这本划时代的著作被同时代的荷兰匠人——列文虎克注意到，列文虎克改善了显微镜，使其最高放大倍率达到300倍，他利用这样的显微镜，看到了更多的微观生物，他将它们完整地画下来。原来，在我们身边随处都有这样的"小千世界"，这些"小人物"们也在为生存奔波、为繁衍忙碌。所以现在基本认为是列文虎克第

◀荷兰匠人列文虎克用自己神秘的方法做出显微镜，据说最小的镜片只有针头那么大。他的神奇发现火爆一时，他甚至因此得到了英国女王和彼得大帝的接见。他的名字跟胡克很接近，甚至一些教科书和科普书把他们搞混，但他俩绝对不是一个人！

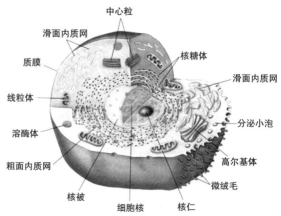

▶图片为一个动物细胞的基本结构。每个"零件"各司其职，帮助细胞完成新陈代谢。

中心粒
滑面内质网
核糖体
质膜
滑面内质网
线粒体
分泌小泡
溶酶体
高尔基体
粗面内质网
微绒毛
核被
细胞核
核仁

遗传学之父孟德尔

一个发现了微生物，也是他第一个发现了细胞。

19世纪中叶，德国人施旺和施莱登做了大量的工作，终于确认，细胞是组成生物体的基本单位，而后魏尔肖指出老的细胞分裂为更多新的细胞。他们最终还是想到了用罗伯特·胡克的"cell"来命名细胞，这一名称也一直保留至今。施旺继续他的研究，发现细胞内还有很多"零件"，它们各司其职，但是都围绕着正中央的细胞核，发挥不同的作用。

1857年，在奥地利的一所修道院里（现捷克境内），来了一位奇怪的大头胖子神父，他总是在闲暇时光，去打理他的一小块儿地，那里种植着他精挑细选的豌豆。周围的人理解不了他的工作，将他称为"怪人"，他自己却每天乐此不疲地摆弄豌豆架，驱赶蝴蝶、蜜蜂和甲虫。他酷爱自己的研究工作，经常向前来参观的客人指着豌豆十分自豪地说："这些都是我的儿女！"

这个"怪人"就是孟德尔，此时，他刚刚从维也纳大学毕业，来到这个城市，准备经过几年的努力，得到更加优良的豌豆种。忙碌中，孟德尔注意到达尔文的《物种起源》这部著作，他很快意识到，自己手中的豌豆可以自花受粉，这是很好的检验达尔文理论的材料。他花了8年时间去种植豌豆，终于得出了著名的孟德尔遗传定律。1865年，他宣读了自己的研究报告。这是人类历史上第一次将生物的整体切割为一个个性状，原来，生物遗传的不

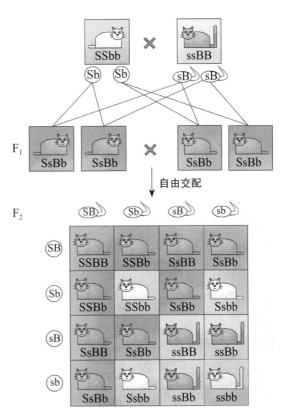

假设猫的毛色由B、b决定，尾巴的长短由S、s决定，两对性状独立遗传。这些猫的基因型的产生是有规律的，这两对性状的遗传遵循孟德尔遗传定律。

是全貌，而是一个个性状。植物也好，动物也好，甚至人体也好，都是由一个个性状堆积起来的。

可惜当时几乎没有人能理解孟德尔的理论，他的理论被埋没在历史中，但是他一直很有自信："看吧，我的时代来到了。"一直到35年以后的1900年，他的理论重新被3位科学家分别发现，他的预言才变成现实。1909年，丹麦遗传学家约翰逊第一次正式提出了"基因"的概念，基因就是控制生物性状遗传的基本单位。

这个遗传定律揭示了一个惊天的大秘密：相当一部分植物、大部分动物、人类，只要进行有性生殖，都是两个雌雄个体交配后生产出下一代，所以

米舍尔，医师和生物学家，是核酸的发现者。

下一代不是某一个上一代个体单独遗传的产物，而是一半遗传自父亲、一半遗传自母亲。所以我们会经常看到孩子有点像爸爸，也有几个地方像妈妈。正是这种遗传定律确保了种群内个体的多样化，下一代可以更大可能得到上一代的优秀基因，但是和上一代又不完全一样，总会有一部分下一代更加适应环境的变化，确保种群的繁衍，达到自然选择的效果。可以说，孟德尔遗传定律的确认，是对达尔文自然选择理论最好的支持！

1869年，瑞士生物学家米舍尔在研究人体伤口的脓液时，提取出一种富含磷元素的酸性物质，因为它是从细胞核中提取出来的，所以米舍尔把它称为"核质"，

染色体易被碱性染料染成深色，故而叫染色体。现在我们知道染色体主要是由 DNA 和蛋白质组成。

20年后这种物质被重新命名为"核酸"。当时所有人都把这种物质当成细胞核中的普通化学成分，没有人知道它的功能。

20世纪初，德国科学家科赛尔的团队弄清楚了核酸的基本结构：核酸由很多核苷酸组成，每一个核苷酸由碱基、五碳糖和磷酸组成。其中碱基有四种，即腺嘌呤（A）、鸟嘌呤（G）、胸腺嘧啶（T）和胞嘧啶（C），这四种碱基都是含氮元素的。五碳糖有两种，即核糖、脱氧核糖，根据五碳糖的不同，核酸分为核糖核酸（RNA）和脱氧核糖核酸（DNA）。因为他们急

于发表研究成果，所以错误地认为四种碱基是理所当然地平均分布在核酸中，提出了"四核苷酸假说"。这个错误的假说，对认识复杂的核酸结构起了相当大的阻碍作用，也在一定程度上影响了人们对核酸功能的认识。人们想当然地认为，核酸的结构太简单，很难设想它能在遗传过程中起什么作用。在蛋白质那一节中我们提到，费舍尔提出氨基酸能结合成多肽，并最终形成蛋白质的理论，还合成了十八肽，大家认为蛋白质是更加复杂的物质，更有可能是遗传物质。

19世纪末，几位科学家发现了染色体。20世纪初萨顿和鲍维里提出基因位于染色体上的假说，这个假说被摩尔根通过果蝇杂交实验证实，摩尔根因此获得诺贝尔生理学或医学奖。似乎情况已经明朗，但是科学家是需要打破砂锅问到底的，这个时候，大家心里仍然存疑，这神秘的遗传物质究竟是什么结构的物质？

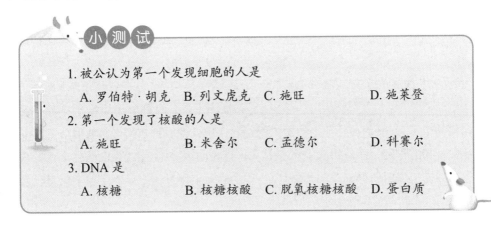

小 测 试

1. 被公认为第一个发现细胞的人是
   A. 罗伯特·胡克　　B. 列文虎克　　C. 施旺　　　　D. 施莱登
2. 第一个发现了核酸的人是
   A. 施旺　　　　　B. 米舍尔　　　C. 孟德尔　　　D. 科赛尔
3. DNA 是
   A. 核糖　　　　　B. 核糖核酸　　C. 脱氧核糖核酸　D. 蛋白质

15. 生命密码：DNA（中）

1944年，正是第二次世界大战进行得如火如荼的时候，欧洲人民对战火的忍耐快到极限了，量子力学一代宗师薛定谔也被迫从维也纳转移到爱尔兰进行研究。在这暴风雨下的宁静港湾，薛定谔写出了一部小册子《生命是什么》，篇幅不长，却可以说是一部伟大的科学经典著作。在这本书中，薛定谔提出生物学和物理学遵守的是相同的法则。他试图用量子力学、热力学和化学来解释生命的本性，他第一次提出，生物为了避免向热力学平衡衰退，是不断地吸收"负熵"来维持自身的有序度的，这个"负熵"的概念一下子让科学家们对生命的看法简化、清晰、深刻了很多。

【参考答案】　1. B　2. B　3. C

图片为在维也纳大学，笔者与薛定谔纪念碑的合影。薛定谔的贡献不仅仅是他的方程和他的猫，还有他在分子生物学上的成就。

对于生命的遗传物质，他引用达林顿的说法：一个基因的体积可能会相当于边长为 300 埃（30 纳米）的一个立方体。

薛定谔的《生命是什么》问世之后意义非凡，恰逢 1945 年美国投下两颗原子弹结束了二战，核武器的能量震惊了科学界，很多科学工作者、学生都展开对于物理学的反思，一大批热血青年受到薛定谔这本书的感召，转而投身到了生物学的研究中。大家按照薛定谔的思路，既然生物学和物理学遵守的是相同的法则，那么我们只要研究得更加精细，就一定会得到更加正确的结论，比如研究到分子层面。

"分子生物学"就在这种背景下诞生了！《生命是什么》堪称分子生物学中的《汤姆叔叔的小屋》，前者在分子生物学中所起的作用就像后者在美国解放黑奴的南北战争中所起的作用一样。20 世纪的科学史可以说是以 1944 年《生命是什么》的出版作为一道"华丽的分割线"，之前为物理学的黄金岁月，之后为生物学的蓬勃发展时期，这个转向的"扳道工"就是薛定谔！

薛定谔受制于当时的认知，书中还假设蛋白质是遗传物质。其实在他出版著作的同时，美国人艾弗里已经提出，DNA 才是真正的遗传物质，但当时大部分人都笃信"四核苷酸假说"，没有把艾弗里的观点当回事。

真理很多时候就是掌握在少数人手里，20世纪 50 年代初，三个团队开展对 DNA 结构的研究，如果把它的结构搞清楚，那么它的性质将不言自明。这三个团队既互相竞争，又互相合作，成就了科学史上的一段佳话。

第一个团队是美国加州理工大学的鲍林团队，在此之前，鲍林已提出了蛋白质中的肽链

伟大的化学家鲍林在这场争夺战中最早出击，却没有收获荣誉。

在空间中呈螺旋形排列，这就是最早的 α 螺旋结构模型。鲍林被认为是 20 世纪对化学界影响最大的人之一，他所撰写的《化学键的本质》被认为是化学史上最重要的著作之一。他在建构分子模型方面得心应手，因此迅速地走在了这场争夺战的前面。

第二个团队是英国伦敦国王学院的威尔金斯团队。威尔金斯是薛定谔的粉丝之一，在阅读了薛定谔的大作之后投身于核酸结构的测定之中。他认为研究微观世界不能单纯从经验出发建立分子模型，而是要借助更好的工具去认识分子，他决定使用 X 射线衍射的方法去观察

威尔金斯和富兰克林，后者是位美女。

核酸晶体。他的女同事富兰克林在 1951 年底拍摄到一张特别清晰的 DNA 的 X 射线衍射照片，他们意识到核酸应该是一种螺旋形结构。

第三个团队可以说是一个非正式团体，两个年轻的热血青年英国人克里克、美国人沃森同时受到了薛定谔的感召，来到了剑桥大学卡文迪许实验室。当时克里克 35 岁，只是一个研究生，正在写博士论文，而沃森才 23 岁，已经拿到了博士学位。之前克里克对 DNA 所知不多，并未觉得它在遗传上比蛋白质更重要，只是认为 DNA 作为与核蛋白结合的物质，值得研究，但是克里克在 X 射线晶体衍射学方面很有造诣，这正是研究遗传学多年的沃森所需要的。相对而言，沃森在到剑桥之前就笃信 DNA 是遗传物质，而且他是这三个团队中唯一的一个遗传学家。这两个人每天互相学习、互相批评以及互相激发出对方的灵感。

克里克、沃森团队和威尔金斯团队都在英国，这是他们的优势。在鲍林发表他的 α 螺旋结构模型之后，沃森与威尔金斯、富兰克林等讨论了鲍林的模型。当威尔金斯出示了富兰克林在一年前拍下的 DNA 的 X 射线衍射照片后，沃森看出 DNA 的内部是一种螺旋形结构，他立即产生了一种新想法——DNA 不是三链结构而应该是双链结构。早在 1950 年，美国生物学家查戈夫就发现，在 DNA 的 4 种含氮碱基中，A 和 T 的含量

克里克（右）、沃森（左）和他们搭建的 DNA 模型

总是相等，G 和 C 的含量也相等。之前，这一重大发现令人意外地同时被三个团队无视了，一直到克里克、沃森重新审视这个"查戈夫法则"后，才想到这会让他们的工作简化很多，于是他们马上在实验室中联手搭建 DNA 双螺旋模型。从 1953 年 2 月 22 日起奋战，他们夜以继日，废寝忘食，将一个原子又一个原子安放到他们的构架上，终于在 3 月 7 日，将他们想象中的美丽无比的 DNA 模型搭建成功。

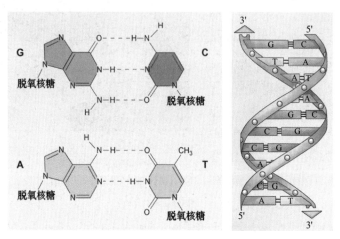

DNA 中含氮碱基的结合方式

原来，生命的遗传物质 DNA 的结构很简单，由两条很长的链构成骨架，这两条链通过含氮碱基对结合在一起，就像梯子一样。整个分子环绕自身中轴形成一个双螺旋。四种含氮碱基中，腺嘌呤（A）总是和胸腺嘧啶（T）通过氢键结合在一起，鸟嘌呤（G）总是和胞嘧啶（C）结合，至此，查戈夫法则不言自明了。克里克和沃森将他们构建的 DNA 双螺旋结构模型交给威尔金斯和富兰克林，请他们用 X 射线衍射来证明一下，不到两天工夫，他们就证实了 DNA 分子的双螺旋结构是合理的！

克里克、沃森的 DNA 双螺旋结构模型提出之后，揭开了生命科学的新篇章，开创了科学技术的新时代。接下来的几十年，生物学超越了传统的物理学和化学，成为科学中最耀眼的明星，更多的年轻人投身到生物学领域，一批又一批的新发现不断出现在论文中、杂志中，不断更新人类对于世界与自身的认识。开句玩笑，不知道有多少生物学家因为 DNA 而有了就业岗位。

克里克、沃森和威尔金斯因为他们的杰出发现获得了 1962 年诺贝尔生理学或医学奖，很巧合的是，这三位都是薛定谔的粉丝。美女科学家富兰克林在 DNA 结构的研究中也扮演了重要角色，可是因为英年早逝而错失奖项。如同数学界的希尔伯特，薛定谔就是分子生物学界的伟人！

1. 写出了《生命是什么》的大神是

　　A. 海森堡　　　　B. 薛定谔　　　　C. 狄拉克　　　　D. 鲍林

2. 下面的科学家没有拿到 1962 年诺贝尔生理学或医学奖的是

　　A. 沃森　　　　　B. 克里克　　　　C. 富兰克林　　　D. 威尔金斯

16. 生命密码：DNA（下）

　　斯塔夫里阿诺斯在《全球通史》中提到了地球历史上的三个转折点：他认为地球历史上第一个转折点是从非生命物质中产生生命物质，从此以后生物需要适应环境，以基因突变和自然选择的方式进化；第二个转折点是从普通生物进化出人类，人类文明开始改变环境而适应自身的基因；而第三个转折点就是当下，因为人类已经认识到自己的基因，下一步既可以改变环境，又可以改变自己的基因。可以说，这第三个转折点的起始就是 1953 年 DNA 双螺旋结构的发现！在提出 DNA 双螺旋结构之后不久，克里克提出了两个学说，奠定了分子遗传学的理论基础。

　　第一个学说是"序列假说"。它认为一段核酸的特殊性完全由它的碱基序列所决定，可以用碱基序列编码一个特定蛋白质的氨基酸序列。我们已经知道组成蛋白质的氨基酸约有 20 种，而 DNA 的碱基只有 4 种，显然，不可能由一个碱基编码一个

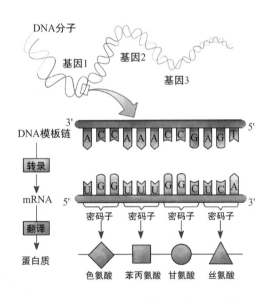

　　如图所示，一个 DNA 分子中可能会有很多基因片段。首先 DNA 上的基因片段转录为 mRNA（信使 RNA），其碱基与 DNA 模板链上的碱基互补，然后 mRNA 翻译出蛋白质。mRNA 上 3 个相邻的碱基决定 1 个氨基酸，这 3 个碱基比如 "UGG" 或者 "UCA"，就代表着 1 个密码子。

氨基酸。如果由 2 个碱基编码 1 个氨基酸，则只有 16 种（4² 种）组合，也还不够。因此，至少由 3 个碱基编码 1 个氨基酸，这样共有 64 种组合，才能满足需要。

1961 年，克里克等人证明了蛋白质中一个氨基酸是由三个碱基编码，这三个碱基称为一个密码子。同年，两位美国分子遗传学家破解了第一个密码子。到 1966 年，全部 64 个密码子被鉴定出来，人类从此有了一张破解遗传奥秘的密码子表。几乎所有生物共用一套密码子，成为所有生物来自同一个祖先的证据之一。

第二个学说是"中心法则"，"中心法则"说明了 DNA 如何发挥其遗传物质的作用。它作为遗传物质，既可以传递遗传信息，也可以通过蛋白质表达遗传信息。因为有了 DNA 复制，细胞才会更新换代，生命才会从小到大，种族才会繁衍生息。因此在蛋白质章节中留下的问题终于有答案了，蛋白质、氨基酸是组成人体的"砖瓦"，背后的"设计师"就是 DNA 和 RNA！

好了，现在我们知道了你之所以是单眼皮或是双眼皮，并不取决于你的父母有没有去过韩国，而取决于他们遗传给你的 DNA；你虽然无比热爱篮球，却始终无法长到姚明那么高，也不取决于你有没有穿增高鞋；你比正常人更有可能得某些病，都写在你的 DNA "密码"里。甚至我们可以引申一下，我们人类之所以长成这样，和其他动物长得不一样，也是由我们的 DNA 决定的。动物、植物甚至细菌、病毒，之所以长成现在的样子，也是由它们不同的遗传物质决定的。总之一句话：你之所以是你，乃是因为你的 DNA。

克隆羊"多利"的面世掀起了生物工程技术的一个新高潮，之后的余波触及伦理底线，科学和人文发生了史上最尖锐的冲突！

那么，如果制造一个跟你 DNA 一样的人，那会是什么情况？会创造出另一个你吗？这就是克隆。

1997 年 2 月 27 日《自然》杂志公布了爱丁堡罗斯林研究所威尔莫特等人的研究成果：经过 247 次失败之后，他们在 1996 年 7 月利用体细胞核移植技术得到了一只名为"多利"的克隆羊。之后的几年里，猴子、猪和牛等动物被一个又一

电影《侏罗纪公园》也是一例，科学家们从恐龙蛋中得到了恐龙的 DNA，并用转基因技术培育出了"转基因恐龙"。只不过，他们玩大了。

个克隆出来。2001 年 11 月，美国先进细胞技术公司宣布该公司首次用克隆技术培育出人体胚胎细胞。虽然该公司称他们的目的不是克隆人，而是利用克隆技术治疗疾病，但还是遭到了众多批评，主流舆论认为：科学研究不应超过伦理界限，有必要加强立法。

如同足球场上的因扎吉，科幻作家永远游走在科学边界的"越位线"上，"克隆"使他们找到了绝好的话题。一部又一部关于"克隆"的科幻小说、电影出现在观众面前，不需要宏大的高科技场面，不需要五花八门的科幻情节，却可以挖掘更深层次的人性、伦理、感情、生命，让观众过足了幻想瘾。比较有名的电影推荐几个吧：《云图》《星球大战》《第六日》《月球》《生化危机》。小说就更多了，推荐一下刘慈欣的《魔鬼积木》。

再深入一步，如果我们了解了人类基因的每一个细节，那么我们就可以更加明确自己为何长成这副模样，我们人类个体与个体之间的差异是什么，我们人类和其他物种之间还有哪些差异，我们是怎样从一个受精卵变成一个可爱的小宝宝又一天一天长大成人的，为什么必须经历生老病死。以上每一个问题都是从人类文明起始之日就存在于哲人脑海里的，人类拿到了 DNA 密码之后，发现离科学解释这些问题之日越来越近了。

1985 年，美国能源部的一次会议上提出了测定人类基因组全序列的提议，1990 年，美国、英国、法国、德国、日本和我国科学家们共同参与了这一预算达 30 亿美元的"人类基因组计划"。按照这个计划的设想，

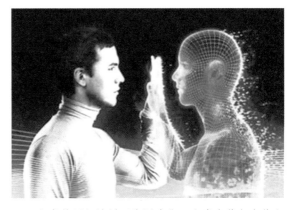

人类基因组计划还告诉我们，人类个体与个体之间的遗传信息差异只有千分之一左右，这些差异决定了每个人的相貌不一，以及他是否更容易患某些病症。

在 2005 年要把人体内基因的密码全部破译，同时绘制出人类基因组的图谱。人类基因组计划被誉为生命科学的"登月计划"，其与曼哈顿原子弹计划和阿波罗登月计划并称为 20 世纪三大科学计划。

2000 年 6 月 26 日，参加人类基因组工程项目的六国科学家共同宣布，人类基因组草图的绘制工作已经完成。分析得知：人类基因组约有 31.6 亿个碱基对、39 000 多个基因，数量只是线虫、果蝇的两倍左右，远远低于之前预计的 14 万个基因。原来，号称"万物之灵"的人类的基因并没有那么复杂。基因组上大约有 1/4 的区域没有基因片段，在所有的 DNA 中，只有 1%~1.5% 的 DNA 能编码蛋白质，在人类基因组中 98% 以上的序列都是所说的"无用 DNA"。我们相信，这些重复的"无用"序列，绝不是无用的，它一定蕴含着人类基因的新奥秘，只是我们现在还不知道。

老鼠背上长出人的耳朵不是幻想，以后还不知道会出现什么样的"人造新生物"。

对基因的认识让很多生物学家不再仅仅满足于探索、揭示生物遗传的秘密，而是跃跃欲试，设想在分子的水平上去干预生物的遗传特性。如果我们可以将一种生物 DNA 中的某个遗传密码片段连接到另外一种生物的 DNA 链上，将 DNA 重新排列组合一下，就可以按照人类的愿望，设计出新的遗传物质并创造出新的生物类型。比如，人们希望培育出产量更高的作物，或者有没有可能改善人类的奔跑能力，让"新人类"的奔跑速度远超博尔特，甚至制造出"三头六臂"的新生物。这与过去培育生物新品种的传统做法完全不同，这就是"基因工程"！

基因工程在很多方面进展太快，远远超出了人们的想象，和克隆技术一样，在某些点上也开始挑战社会的伦理与道德底线，比如"转基因"。2008 年 6 月 2 日，湖南省衡南县江口镇中心小学 25 名儿童每人食用了 60 克"黄金大米米饭"。据了解，这些"黄金大米米饭"由美国塔夫茨大学的汤光文在美国进行烹调后，未按规定向国内相关机构申

黄金大米（左）与非转基因大米（右）

报，于 2008 年 5 月 29 日携带入境，违反了国务院农业转基因生物安全管理的有关规定，存在学术不端行为。中国疾控中心、浙江省医科院和湖南省疾控中心对此次事件造成的不良影响深表歉意，称将以此为戒，进一步加强科研项目过程监管，完善内部规章制度，加强法律法规、科研诚信、职业道德和医学伦理教育，3 名当事人被处分！

"黄金大米"事件只是一个例子，近年来，由于民众缺乏科学知识，更有民族主义者的激情热血掺杂其中，所以转基因技术的安全性备受关注。

我们知道，早在 2012 年世界人口已经超过 70 亿，据预测，2040 年世界人口将突破 80 亿。随着人类文明的发展，越来越多的可耕种土地被城市、道路、各种设施甚至荒漠覆盖，这就出现了"粮食危机"。为了养活更多的人，科学家们必须研究如何提高粮食产量。袁隆平的杂交水稻就是其中一例，从某种意义上说，杂交水稻也是"轻度"转基因的，只不过用的还是"杂交"这种传统的育种方法，而现代的转基因技术定向改变作物的基因，从中挑选表现更为优良的品种，效率无疑更高，所以袁隆平老先生对"转基因"的态度是"这不能一概而论"。转基因技术从分子角度去定向改变作物的基因当然是效率更高的方式，可以代表技术的方向和未来。

看过了氨基酸、蛋白质、DNA 的篇章，大家应该能明白，基因本身需要转录、翻译成蛋白质来控制生物体的性状。因此，转基因食物 = 传统食物 + 新蛋白质，只要新蛋白质无害，转基因作物就是无害的。目前，转基因食物中的新蛋白质都是自然界已有的，而且蛋白质在进入胃和小肠以后被分解成氨基酸，最后

不光中国，国外也有同样的对转基因的质疑。

被人体吸收的还是那 20 种氨基酸，因此转基因食物有害的可能性不大。

如果要回答民族主义者"进口的转基因食品是不怀好意的"这样的问题，那我觉得我们国家更应该加大对转基因的研究力度，研究对手的基因缺陷。如果有"基因武器"这种神器，我们没必要逃避，认识它、掌握它、合理应用它才是更好的选择。

小测试

1. 关于中心法则的说法正确的是
   A. DNA → RNA → 蛋白质
   B. DNA → 蛋白质 → RNA
   C. 蛋白质 → RNA → DNA
   D. RNA → DNA → 蛋白质

2. 下列工程中，不属于20世纪的三大科学计划的是
   A. 人类基因组计划
   B. 曼哈顿原子弹计划
   C. 阿波罗登月计划
   D. 巴巴罗萨计划

3. 对于转基因，你的态度是
   A. 大力推广
   B. 谨慎实行
   C. 严禁开展
   D. 我是打酱油的

【参考答案】 1. A   2. D   3. 略

第八章

氧

元素档案

姓名：氧（O）。

排行：第8位。

性格：虽有较强的得电子法力，但性情较氟元素更"温婉"，颇受人欢迎。

形象：可单独存在，也可友善地与其他元素结伴，掌管水与火两大重要的"法器"。

居所：氧气在空气中的含量仅次于氮气，在地壳中的含量排在首位。

第八章 氧（O）

氧（O）：位于元素周期表第 8 位，是宇宙丰度排名第 3、地壳丰度排名第 1 的非金属元素，也是人体中含量最丰富的元素。氧的非金属性和电负性仅次于氟，可以和绝大多数的元素发生反应。地球上，氧元素主要以氧气、水以及各种元素的氧化物等形式存在。地球上大部分生命（除厌氧生物）都依赖氧气存活，氧气堪称"生命气息"。

1. 初探火焰的秘密：燃素理论

火，是那么炽烈和疯狂，它会带来无尽的灾难，让人们感到恐惧，火红的颜色本身就有警示的意义。它又是那么不可或缺，让我们得到了温暖和光明，中国人一直以红色为尊贵和喜庆的颜色，也说明了火对人类进步的意义。中国古代的神话中，第一个掌握火的人叫燧人氏。燧人氏是三皇五帝之一，是"天皇""地皇""人皇"中的"天皇"，他发明了"钻木取火"，这可以说是人类历史上第一次利用化学能。即使是现代人类，到了荒岛，在没有打火机、火柴、放大镜的情况下，仍然得采用钻木取火这种土方法来获得火。

在古希腊神话中，火神名叫赫菲斯托斯，他相貌丑陋，却技艺高超，开发矿山，冶炼金属，打造精良的器具。而盗取天火给人类带来光明的是普罗米修斯，他的行为让宙斯震怒，

图片是罗浮宫中赫菲斯托斯的雕像。其实他在感情上是一位悲情的神仙，他的老婆就是"万人迷"阿芙洛狄特，可是大美女经常背着他和战神阿瑞斯鬼混。

命赫菲斯托斯将普罗米修斯囚禁在高加索山上，赫菲斯托斯一边不得不执行父亲的命令，另一边同情并安慰普罗米修斯，赫菲斯托斯被称为"最具人情味儿的神仙"。在这位火神身上，体现了力量与勇气的完美结合，他还拥有超群的智慧和毅力，这些都堪称"火"的伟力。

贝歇尔认为：树木燃烧后剩下的灰烬就是"石土"和"汞土"，"油土"都随着火焰进入了空气。

人们在惊叹火的伟力的同时，也希望了解火究竟是什么。

一开始人们发现有些东西很容易燃烧，比如干柴、油、煤炭等，而有些东西却怎么也烧不着，比如石头、黏土等，就算你把它们放到炽热的炭火里面，它最多变红变热，而绝对不会蹿出凶猛的火焰。到了达·芬奇的时代，他发现燃烧要能继续下去，必须要有空气的存在。

17 世纪，约钦姆·贝歇尔摒弃了传统的四元素说，他认为各种物质都是由三种基本"土质"组成的：："石土""油土"和"汞土"。其中，"石土"是指存在于一切固体物质中的一种"固定性土"，"油土"是指存在于一切可燃物质中的一种"可燃性土"，"汞土"是一种"流动性土"。一切物质都是由这三种基本土质组成的，只是组成比例不同。贝歇尔认为物质在燃烧时，放出其中可燃的"油土"部分，剩下"石土"或"汞土"的成分。

1703 年，德国人斯塔尔进一步发展了贝歇尔的说法，系统地提出了著名的"燃素理论"，他认为火是由无数细小而活泼的微粒组成的物质，这种微粒就是燃素。燃素可以单独存在于空气中，也可以与其他物质化合，易燃物质就是燃素和其他物质的化合物。燃烧就是易燃物质中的燃素释放出来的过程，火焰就是大量的燃素微粒的聚集体，燃素弥散到空气中后，给我们带来了热量。

燃素理论提出之后，很长一段时间内被大部分化学家认同，因为它不仅很直观，也确实解释了很多现象。比如，煤燃烧时，化学家说："煤中的燃素，都跑到空气里了，只剩下了煤灰。"磷燃烧时发出明亮的火焰，留下干的磷酸酐，化学家说："磷分解成了燃素和磷酸酐，燃素进入了空气，磷酸酐留下来了。"金属燃烧以后，原

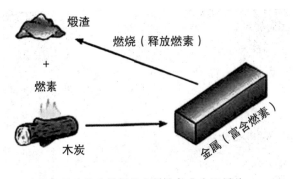

煅渣

燃烧（释放燃素）

＋

燃素

木炭

金属（富含燃素）

燃素理论是这样解释金属的氧化和还原的。

本发亮的金属变成了锈迹斑斑的煅渣，化学家说："燃素跑了，发亮的金属不见了，只剩下锈和煅渣。"将煅渣和木炭共热，又得到了发亮的金属，化学家说："煅渣吸收了木炭中的燃素，重回金属本来的面目。本来嘛，金属就是由煅渣和燃素组成的。"

确实，17 世纪到 18 世纪的化学家们利用燃素理论，把许多种似乎无法解释的自然现象和工业技术现象，解释得并不坏。在燃素理论出现之前，不管是古希腊的亚里士多德，还是阿拉伯世界的吉伯、意大利的达·芬奇、英国的培根，都无法做到只用一个基本的假设就能解释上述这些现象。可以说，对于火焰的研究导致了燃素理论的出现，终结了炼金术，将人类对世界的理解带入化学时代。

科学理论本身就是人们认识自然、改造自然的工具，因为燃素理论可以帮助化学家从事研究，所以越来越多的化学家就深信它是对的。但很快，燃素理论就遇到了很多质疑，最主要的质疑有：既然燃素看不见摸不着，你为什么要我相信这个假设？燃素有多重？你能否搞个纯净的燃素出来给我看看？这时候需要有杰出的人出现，打破成见，重建新理论。在接下来的故事里，我们就看看世界各地会出现多少有才能的人，一步一步去打破燃素理论！

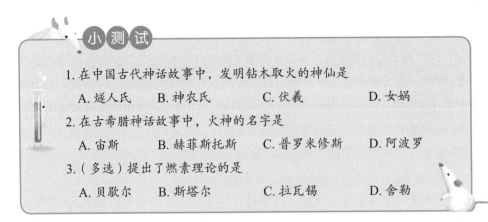

小 测 试

1. 在中国古代神话故事中，发明钻木取火的神仙是

　　A. 燧人氏　　　B. 神农氏　　　　C. 伏羲　　　　D. 女娲

2. 在古希腊神话故事中，火神的名字是

　　A. 宙斯　　　　B. 赫菲斯托斯　　C. 普罗米修斯　　D. 阿波罗

3.（多选）提出了燃素理论的是

　　A. 贝歇尔　　　B. 斯塔尔　　　　C. 拉瓦锡　　　　D. 舍勒

【参考答案】 1. A　2. B　3. AB

💧 2. 推翻燃素理论：氧气发现史（上）

17世纪末18世纪初，在东方神土和乌克兰大平原上，出现了两位杰出的帝王，一位是圣祖爷康熙大帝，另一位就是俄国的彼得大帝，这两位杰出的君主带领两个帝国走上了不同的道路。圣祖爷自不必说，他和他的子孙开启了传说中的"康乾盛世"，进一步发展了中央集权；而彼得大帝则从我做起，亲自前往西欧世界留学，

彼得大帝（左）和康熙爷（右），这两人还真打过一仗，就是"雅克萨之战"，导致了中俄《尼布楚条约》的签订。

几乎以一人之力带动整个俄罗斯民族从愚昧无知走向现代文明，从落后奔向进步。

在彼得大帝的带动下，罗蒙诺索夫——一个富裕渔民的儿子，本可以过上衣食无忧的生活，却选择了只身前往莫斯科学习拉丁文和希腊文，这时候他已经20岁了。他的父亲对此颇不理解，甚至断了他的生活费，他就这样在半饥半饱的状态下用5年时间学完了8年的课程，然后又前往德国，学习物理学、化学、冶金和矿物学，

罗蒙诺索夫，俄国科学界的奠基人！他还是一位文学家、工程师，并预测了焰色反应跟不同的元素有关。

他学会了法语和德语，开阔了眼界，跟上了西欧文明的步伐。

在罗蒙诺索夫的心里，落后的俄国更需要他，他回国以后，按照自己的要求建立了俄国第一个化学实验室，在电力学、热力学、化学等领域都有很多杰出的发现。尤其是，经过他的研究，他旗帜鲜明地反对燃素理论。

1748年2月16日，罗蒙诺索夫在写给著名数学家列昂纳德·欧拉的信中写道："自然界所发生的一切变化，都是这样的：一种东西失去多少，另一种东西就获得多少。因此，如果某个物体增加了若干物质，另一物体必然有若干物质消失……因为这是一条具有

舍勒在实验室里充满好奇地工作，他的老板谨慎地
看着他。

普遍意义的规律，所以它也应推广到适应运动的诸法则中：一个物体如果靠本身的动力，引起另一物体产生运动，那么前者由于推动而失去的动量，必然等于后者受推动时获得的动量。"

这已经是"物质不灭定律"的雏形了！

罗蒙诺索夫的时代，俄国毕竟还是太落后了，他的看法没有在西欧的科学界引起太大的波澜。

让我们把目光移到瑞典，看看可爱的舍勒在做什么。年轻的舍勒没有上过大学，甚至连中学也没有进去过，可以说是一个十足的"民科"。他年轻的时候是一个药剂师，他的研究场所就是老板的药店，因为他工作勤奋，一个人干好几个人的活儿，总是又快又好地完成老板交代的任务，所以他的老板总是很喜欢他，如果他不弄出爆炸声的话。

舍勒当然不是那种享受爆炸乐趣的无知小孩，他希望能研究火焰的性质，因为在各种各样的化学实验中，不用加热的是很少的。他牢牢地抓住一点：火焰必须在空气充足的地方燃烧才会更加明亮、更加剧烈，那么是不是可以说明火焰和空气的性质有很大关系呢？舍勒想："假如空气在燃烧中会发生什么变化，那么在密闭的容器内，这种变化应该会很容易查出来。"

一天夜里，药店已经是死一般地寂静，舍勒用小刀切下一小块儿黄磷，投进空烧瓶，盖上瓶塞，然后加热这个烧瓶。黄磷立即熔化，沿着瓶底摊开，不到一秒钟，就爆发出一阵明亮的火焰，烧瓶中浓雾弥漫，没多久，这浓雾就沉积在瓶壁上，如同下了一层霜。

这个实验对舍勒来说已经是稀松平常了，但这次有点不同，他要验证自己的想法——空

卡尔·舍勒，一个十足的"民科"，
却在化学领域做出了重大贡献。

气中会不会少了点什么？等烧瓶刚凉，舍勒就将瓶颈朝下，没入一盆水中，然后拔去瓶塞，这时候发生了一件怪事——盆里的水从下而上涌进瓶中。舍勒用手比画了一下，水填充了约 1/5 的烧瓶体积。

"真奇怪，这 1/5 的气体去哪里了？剩下 4/5 的气体为什么不能燃烧呢？瓶里明明还有没燃烧完的磷呢。"

就在烧瓶缓缓冷却的时候，舍勒已经安排好另一场实验。和卡文迪许一样，他也知道金属溶解在酸液中，会产生一种易燃的气体，只是还不知道这是氢气。

他这次决定在密闭的容器中燃烧这种易燃气体，看看跟黄磷燃烧相比有没有不同。舍勒为这个实验制造了一个略显复杂的装置（如图所示），因为这种气体的"脾气"可是非常猛烈的，稍有不慎就会爆炸，舍勒没少为这事儿挨老板的骂。

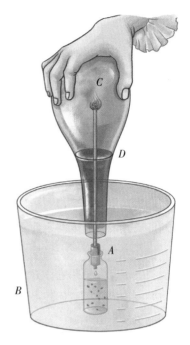

舍勒做氢气燃烧实验的示意图，A 中的氢气通过细管在倒扣的烧瓶里燃烧，熄灭以后 B 水槽中的水升到 D 点。实验者一定要注意必须等细管中的氢气充满了以后才能点燃，氢气的爆炸极限范围很宽，稍有不慎就会引起爆炸。

舍勒等到气体充满了细管，点燃了气体，形成一个尖细的火舌，然后他用一只空烧瓶罩在火舌上，插进一个盛水很深的玻璃水缸，玻璃缸里的水立刻自下而上往烧瓶里涌。水越升越高，火焰却越来越暗，最后，火焰完全熄灭了。这时候，涌入瓶中的水又约占烧瓶体积的 1/5。

铁屑还在咝咝作响，酸液还在沸腾，可是烧瓶里的火焰竟然熄灭了。舍勒拿掉烧瓶，在环境通畅的地方把气体点着，气体又重新燃烧了。"但它们在剩下的空气中为什么就不能燃烧呢？"舍勒满脑疑问。这时已经是深夜，他明天一早还得继续为老板工作。不管舍勒心中有多少疑惑，然后又有了多少新的方案，他只能恋恋不舍地吹熄蜡烛，离开实验室，回到住处，继续思索第二天的实验方案，想着想着就进入了梦乡。

第二天，舍勒用最快的速度配完药，就满怀热情地检验自己的新想法。他首先将目光放在了剩下的"无用空气"，确实，这种空气似乎是死的，完全无用的，无论什么东西都不愿意在这种空气中燃烧。蜡烛放进去会灭，好像里面有一个隐身人把它吹灭了。烧红的炭放进去，也逐渐熄灭冷却。即使是那么活泼易燃的黄磷，在这种空气中竟然也如此乖巧。有几只老鼠，被舍勒关到这种装满死空气的罐子里，没多久就窒息而死了。然而这种"无用空气"确实也是无色、无味、透明的，和普通空气没什么两样。

舍勒用加热硝石的方法得到"火焰空气"的现代还原图

现在舍勒终于明白，原来四面八方围绕着我们的空气绝对不是什么元素，而是由两种截然不同的成分混合而成的东西。其中，一种成分能助燃，燃烧完以后就消失了，舍勒叫它"火焰空气"；另一种成分虽然比较多，却跟火一点儿也不对路子，就是前面说的"无用空气"。

舍勒突然联想到，每次配制黑火药，当硝石熔化的时候，烟炱飞过坩埚的上空，会出人意料地突然着火。是不是因为从硝石中冒出的气体，正是"火焰空气"呢？他立马开始进行各种有关硝石的实验。他的老板一边跟客户介绍他的药剂师是多么优秀，另一边不停地斜着眼看他忙碌："这小子不会哪天让我这间铺面和他一起飞到空中吧？要知道，硝石就是火药的一部分啊！"

一天，舍勒从实验室冲出来，摇着一只空瓶子，大喊道："火焰空气！火焰空气！"

"天哪，出了什么事情？"老板也惊叫起来。

"火焰空气！"舍勒抛下平日里的冷静，沉浸在发现的喜悦中。他把惊奇的老板和顾客一道拉进实验室，将炉子里几块儿快要熄灭的煤炭放进他手中的空瓶子里，那几块儿煤炭立即迸发出耀眼的火焰来。

"这是什么魔术啊？"老板和顾客几乎不相信自己的眼睛，"瓶子里面不是空的吗？"

舍勒解释道："瓶里有一种'火焰空气'，是从加热硝石来的，这种气体占我们周围普通空气体积的1/5。"

顾客还在发呆，老板庄

干燥空气的主要成分

重地说："原谅我，舍勒，你似乎在完全瞎扯。谁相信空气里面除了空气本身以外，还有什么别的东西吗？"确实，人们已经形成了习惯，把空气当成四大元素之一，要让他们一下子改变信念是很难的。

　　在接下来的一段时间里，舍勒继续做了好多实验，他发现并不是只有一种办法可以制得"火焰空气"，除了加热硝石，还可以用加热氧化汞、加热高锰酸钾、加热碳酸银和碳酸汞的混合物这些不同的方法来获得。他又将一份"火焰空气"和四份"无用空气"混合在一起，配制成了"人工空气"，蜡烛在这里不太耀眼地燃烧，老鼠也平静地呼吸，就和待在围绕我们的空气里一样。这样，舍勒再也不会怀疑空气是由两部分组成的。

　　他又继续试探"火焰空气"的性质，将黄磷放在"火焰空气"中燃烧，这时候爆发的火焰，简直亮得刺眼。烧瓶冷却以后，舍勒打算把它放到水里，却听到一声巨响，烧瓶炸得粉碎。原来，所有的"火焰空气"燃烧后，烧瓶中形成了真空，外面的大气压力就像铁钳夹核桃一样把烧瓶压碎了。

　　舍勒不死心，重新换了一个瓶壁很厚的烧瓶来做这个实验，他再次将瓶口浸入水里，想观察瓶里的"火焰空气"还剩多少，但瓶塞怎样也拔不出来。这么惊人的大气压力，任何人都没有这样的伟力能撼动它。可是舍勒是一个有智慧的人，他想既然无法拔出，就把瓶塞往里推。塞子刚被推入烧瓶，盆里的水就自下而上涌入瓶中，将整个瓶子填满。他终于证实"火焰空气"会在燃烧中完全消失。

　　舍勒每次制得什么样的新物质，都是要先品尝一下的，前面我们提到过，这哥们儿可是连氢氰酸都要品尝一下的！这次他试图闻一下"火焰空气"的味道，发现没有任何特别的感觉，除了感觉自己似乎更加轻松了。现在我们知道，让病人和脑力劳动过度的人吸入这种气体，可以帮助他们放松，只是现在我们不把这种气体叫"火焰空气"了，它的名称是"氧气"。

2015年，"棋圣"聂卫平（左）再胜武宫正树（右）。20世纪80年代，聂卫平依靠吸氧力克日本对手，实现中日围棋擂台赛的连霸。这不仅让中国的围棋爱好者人数大幅增加，更加增强了我们的民族自尊心、自信心、自豪感！

小测试

1. 俄国科学界的奠基人是

　　A. 罗蒙诺索夫　　B. 舍勒　　　C. 普利斯特里　　　D. 拉瓦锡

2. 青年舍勒的职业是

　　A. 炼金术士　　　B. 药剂师　　C. 教师　　　　　　D. 神父

3. 新中国第一个号称"棋圣"的是

　　A.AlphaGo　　　 B. 李世石　　C. 聂卫平　　　　　D. 柯洁

3. 推翻燃素理论：氧气发现史（中）

舍勒完成大发现了吗？他达到自己的目的了吗？似乎是，似乎又不是。火焰的秘密，对他来说仍然是个谜。这完全是燃素学说的罪过，因为舍勒是一个燃素学说的笃信者，他每一次实验之后，总要尽量思考燃素发生了什么样的变化。

他发现了"火焰空气"之后，是这样解释的："火焰空气"对燃素有着极大的兴趣，它时刻准备着夺取任何一种易燃物质中的燃素，这些易燃物都那么乐意且迅速在"火焰空气"中燃烧，就是这个道理。而"无用空气"呢？舍勒认为，它不喜欢和燃素结合，因此无论什么火，到这种空气中都要熄灭。

这似乎合乎情理，但是仍然存在一个巨大的谜团。舍勒曾经多次在实验中观察到，燃烧后"火焰空气"会从密闭的容器中消失。那么它到底去哪儿了？

舍勒只好这样解释：燃素和"火焰空气"化合以后，形成了一种看不见的化合物，这种物质可以悄悄渗过玻璃，就像水透过筛子一样。

可惜，舍勒竟然会有这么荒诞的想法，童话中的幽灵竟然出现在化学界！就这样，舍勒在"火焰空气"的发现中达到了他人生的巅峰，却无法攀登更高的山峰。

舍勒发现"火焰空气"在1772年，他将他的实验结果写成一本书《论空气与火》，于1777年出版。我们的老熟人普利斯特里神父在1774年也发现了氧气，并很快发表了他的发现，原来他用加热氧化汞的方法制得了氧气。所以我们认为他们两人是各自独立发现氧气的。我们可爱的普利斯特里神父在氢元素和氧元素的发现中都留下了英名，却也没有攀上最高峰，和舍勒一样，牵绊他的也是燃素理论。

【参考答案】　1. A　2. B　3. C

1774 年 10 月，普利斯特里访问巴黎，他和法国科学家拉瓦锡见了面，在为时不长的会面中，他向拉瓦锡提到了他的发现：加热氧化汞之后得到一种气体，蜡烛在该气体中燃烧得很剧烈。拉瓦锡回到实验室，根据这么点模糊的提示，重复了普利斯特里的实验，并有了更大的发现。

普利斯特里研究氧气的仪器

　　拉瓦锡之所以能够更进一步，是因为他不是一个人在战斗，他在工作中有一个重要的"盟友"。舍勒和普利斯特里也有这样的"盟友"，可是他们既不经常请教它，也不重视它的劝告。拉瓦锡的"盟友"就是天平！

　　在每次实验前，拉瓦锡都要把将要进行化学反应的物质，全部仔细称一称，实验终了以后，再称一称。和舍勒一样，拉瓦锡也在密闭的烧瓶中燃烧黄磷，也曾遇到同样的谜：那 1/5 的空气在燃烧中消失到哪儿去了？舍勒选择了幽灵，而拉瓦锡跟随了天平。他在磷块儿燃烧之前称过一次，磷烧完了，又把烧瓶中剩下的物质称了一次。那么问题来了，哪一个更重呢？

　　舍勒和普利斯特里都不看天平，异口同声地说："当然是磷块儿重，因为磷在燃烧中失去了燃素。退一万步来说，就算燃素没有质量吧，磷块儿也应该和剩下的物质一样重。"可是事实不是这样的，天平告诉我们，燃烧后沉积在瓶壁上的白霜比燃烧前的磷块儿更重。

　　拉瓦锡没有跟随幽灵，而是坚定不移地相信他的"盟友"，这才是科学精神。科学的实验可以在任何地方重复，不管你是男是女，也不管你是富豪还是穷光蛋，也不管你是在热带雨林还是在撒哈拉沙漠，只要初始条件相同，你们的实验结果都是一样的，绝不会出现神话传说、宗教故事里面偏袒一方的事情。

　　拉瓦锡说："燃烧产物的多余重量就是来源于空气，大家认为烧瓶中失踪了的那一部分空气，其实并没有逃出瓶外，它只是在燃烧中和磷化合了，沉积在瓶壁上的白霜就是这一化合过程的产物。"

　　"火焰空气"神秘失踪的原因就这样毫不费事地讲明白了！其他"神秘事件"的揭示也就不成问题了。拉瓦锡用锡做过类似的实验，锡末燃烧之后变成了酥松的锈粉，他事先称了容器里的锡和空气的质量，燃烧后又称了锈粉和剩下空气的质量，果然，锈粉增加的质量恰恰等于空气失去的质量。

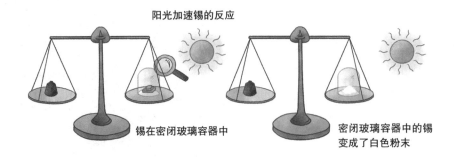

阳光加速锡的反应

锡在密闭玻璃容器中　　　密闭玻璃容器中的锡
　　　　　　　　　　　变成了白色粉末

拉瓦锡又在密闭容器中燃烧了纯净的木炭，木炭燃烧完，容器中似乎没剩下什么，可是天平精准地告诉他，容器里的空气变重了，而且空气增加的质量正好等于烧掉的木炭的质量。所以，木炭并不是消失了，而是跟"火焰空气"一起生成了一种新的物质。

的确，我们必须相信，物质不会凭空出现，也不会凭空消失，这就是伟大的"物质不灭定律"，它从罗蒙诺索夫那里生根，在拉瓦锡的天平上发芽了！

当拉瓦锡一开始提出自己的想法时，几乎所有的化学家都批评他："燃素去哪里了？"这里面包括百万富翁卡文迪许、普利斯特里神父，甚至还包括我们可爱的舍勒。

"对不起，我不需要这个假设，"拉瓦锡回答，"我从来没有见过它，我的天平也从来没有告诉我燃素存在过。易燃物质跟'火焰空气'化合就如同2+2=4一样清楚，至于燃素，真不知道和这里头有什么关系，不提它倒很清楚，一提起它，反倒没有头绪了。"

这对化学界来说真是一场暴风雨。近百年来，化学家们已经习惯于燃素这个幽灵的存在了，现在突然宣布它不存在了，他们怎么也不能接受这个180度的拐弯。几乎所有人从小就熟悉火焰，它总是在毁灭任何物质，磷也好，木炭也好，蜡烛也好，你早已习惯了它们在火焰中毁灭，现在突然告诉你火焰不

拉瓦锡在实验室

是在毁灭物质，而是让易燃物质和"火焰空气"化合，你能一下子接受吗？

可是，事实终究还是事实，基于拉瓦锡的解释，一个又一个新的实验出现了，反驳了燃素学说，支持了拉瓦锡的观点。就这样，到了18世纪末，兴盛了一个世纪的燃素学说被赶出了化学的大门，一去不复返。

拉瓦锡发现非金属在"火焰空气"中燃烧以后，总是变成酸，比如，碳的氧化物可变成碳酸，硫的氧化物可变成硫酸，磷的氧化物可变成磷酸，所以他猜想，"火焰空气"是一种形成酸的元素，于是他将其命名为"酸素"。当然现在我们知道这是错误的，无氧酸就不含氧元素，但是"酸素"这个词一直延续到现在。

虽然不是拉瓦锡首先发现氧气，但恩格斯还是称他为"真正发现氧气的人"，而舍勒和普利斯特里被恩格斯称为"当真理碰到鼻尖上的时候还是没有得到真理的人"。

普利斯特里（左）、拉瓦锡（中）和舍勒（右）都很优秀，但是拉瓦锡笑到了最后，因为他将定量分析引入了化学！

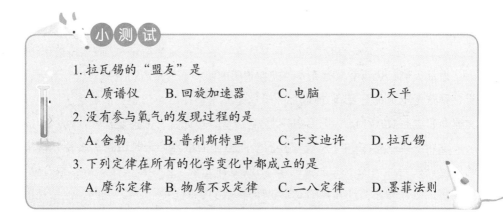

小测试

1. 拉瓦锡的"盟友"是

　　A. 质谱仪　　　B. 回旋加速器　　　C. 电脑　　　D. 天平

2. 没有参与氧气的发现过程的是

　　A. 舍勒　　　B. 普利斯特里　　　C. 卡文迪许　　　D. 拉瓦锡

3. 下列定律在所有的化学变化中都成立的是

　　A. 摩尔定律　　B. 物质不灭定律　　C. 二八定律　　D. 墨菲法则

【参考答案】　1. D　2. C　3. B

4. 推翻燃素理论：氧气发现史（下）

	Noms nouveaux.	Noms anciens correspondans.
Substances simples qui appartiennent aux trois règnes, & qu'on peut regarder comme les élémens des corps.	Lumière......	Lumière.
	Calorique.......	Chaleur. Principe de la chaleur. Fluide igné. Feu. Matière du feu & de la chaleur.
	Oxygène........	Air déphlogistiqué. Air empiréal. Air vital. Base de l'air vital.
	Azote.........	Gaz phlogistiqué. Mofète. Base de la mofète.
	Hydrogène......	Gaz inflammable. Base du gaz inflammable.
Substances simples non métalliques oxidables & acidifiables.	Soufre.......	Soufre.
	Phosphore......	Phosphore.
	Carbone.......	Charbon pur.
	Radical muriatique...	Inconnu.
	Radical fluorique....	Inconnu.
	Radical boracique....	Inconnu.
Substances simples métalliques oxidables & acidifiables.	Antimoine......	Antimoine.
	Argent........	Argent.
	Arsenic.......	Arsenic.
	Bismuth.......	Bismuth.
	Cobalt........	Cobalt.
	Cuivre........	Cuivre.
	Etain.........	Etain.
	Fer..........	Fer.
	Manganèse.....	Manganèse.
	Mercure.......	Mercure.
	Molybdène.....	Molybdène.
	Nickel........	Nickel.
	Or..........	Or.
	Platine........	Platine.
	Plomb........	Plomb.
	Tungstène......	Tungstène.
	Zinc.........	Zinc.
Substances simples salifiables terreuses.	Chaux........	Terre calcaire, chaux.
	Magnésie......	Magnésie, base du sel d'epsom.
	Baryte........	Barote, terre pesante.
	Alumine.......	Argile, terre de l'alun, base de l'alun.
	Silice........	Terre siliceuse, terre vitrifiable.

拉瓦锡的第一张元素表

拉瓦锡的发现在化学史上堪称最重要的里程碑，没有之一，整个化学领域发生了翻天覆地的变化。这之前的四元素说也好，吉伯的硫汞"实在元素"也好，贝歇尔的三种基本"土质"也好，一下子都被丢到化学史的垃圾堆里。从拉瓦锡开始，新一代化学家们才有可能来认真研究一下，围绕着我们的全部世界究竟是由哪些元素组成的。这些元素都被认为不能再分解成更简单的物质，当时的化学家们对元素的理解和我们现在没有任何不同。

那么，哪些物质是更简单的呢？在拉瓦锡之前，所有的化学家都说："磷当然比磷酸酐更复杂，金属当然比锈粉更复杂，因为磷是由磷酸酐和燃素组成的，金属也包括锈粉和燃素。"然而现在必须承认磷是元素了，而磷酸酐是磷和氧的化合物。同理，碳是元素，而碳酸气（二氧化碳）是化合物。拉瓦锡又宣布所有的金属都是元素，而锈粉是化合物。

之前人们都认为空气是元素，现在很明朗了，空气中有"火焰空气"氧气，还有一种"无用空气"，我们现在都知道这是氮气。在第一章中我们提到了，经过卡文迪许和拉瓦锡的研究，水也被证明是化合物，里面含有两种元素氢和氧。

这个时候化学家们才发现，我们如此精彩的世界原来是由这么多种元素组成的！仅仅在拉瓦锡的手头上就列出了30多种元素：氢、碳、氮、氧、磷、硫等。拉瓦锡认为世界上不计其数的复杂物质都是由这30多种元素组成的，他更是很谦虚地提出："有些物质我们现在看起来像元素，但可能是因为我们没有找到合适的方法来分解它们。"他的这一观点成为接下来100多年化学界的一个努力方向，可

静脉血（右）和动脉血（左）的颜色不同，说明其中氧气、二氧化碳含量不同。拉瓦锡关于呼吸作用的发现可以说是生物化学的起始。

以说接下来的 100 多年里大多数关于化学的精彩故事都是围绕着新元素的发现展开的。

拉瓦锡还关注到普利斯特里关于血液在氧气中保持红色而在二氧化碳中变黑的描述，拉瓦锡认为动物的呼吸作用可能也是一种氧化过程。他和拉普拉斯共同进行研究，使用几内亚鼠进行实验，一方面通过分析冰盒中冰块的融化得出呼吸放出的热量，同时测定几内亚鼠呼出的二氧化碳量；另一方面他们燃烧可以生成等量二氧化碳的木炭，测定其放出的热量。当发现两者有一定对应关系时，拉瓦锡初步得出了动物的呼吸作用实质上是缓慢的氧化过程的结论。

拉瓦锡毫无疑问可以被称为化学史上的大英雄，他的感情生活也让大部分同行羡慕。话说 28 岁的拉瓦锡娶了他同事 13 岁的女儿玛丽，这放在现在肯定要被扣上"萝莉控"的帽子。可是这个小萝莉真不简单，她看自己的丈夫每天扑在事业上，自己也产生了浓厚的兴趣，她一边帮拉瓦锡做实验记录，一边还帮拉瓦锡翻译外语资料，有人发现，玛丽曾经帮拉瓦锡翻译过普利斯特里和舍勒的著作。

原来，拉瓦锡有这么大的成就，玛丽的帮助是不可或缺的。除此之外，小

图片为《拉瓦锡和夫人》。这幅图在很多地方都可以看到，是路易·大卫的名作。

玛丽的艺术功底也很了得，她的美术老师就是大名鼎鼎的路易·大卫——名画《马拉之死》的作者，当拉瓦锡出版著作的时候，玛丽还帮他绘制插图。

这对儿小夫妻的好景不长，拉瓦锡很不幸生在了乱世。1768 年拉瓦锡加入法国由国王直接管辖的税务机关挣点钱养家糊口，这样他才有财力去支持自己从事科学研究。1780 年马拉（法国大革命中雅各宾派领导人之一）发表了一篇证明火是元素的论文，希望借此可以进入法国科学院，但没有政治头脑的拉瓦锡对此论文的评价很低，两人由此结下了梁子。

1789 年，法国大革命爆发，整个法国陷入混乱和恐怖。1791 年，马拉写了一

本小册子抨击税务官，其中指责拉瓦锡试图在巴黎周围修建城墙来禁锢巴黎平民的自由，并向烟草上洒水增加重量，盘剥百姓。而实际上拉瓦锡为了防止走私才修建城墙，为了防止烟草干燥才要求洒水，并且在洒水之前要称重，所有交易以干重为标准。这部小册子的攻击使得民众对税务官的仇恨达到了顶峰，最终拉瓦锡被捕。他以前的研究伙伴虽然有的已经在政府里谋职，却人人自危，不敢发一言。1794年5月8日拉瓦锡被定罪，当天与其他27个税务官一起上了断头台。

有一种说法是，他的朋友希望法官看在拉瓦锡的科学贡献上饶他一命，法官回答："共和国不需要科学家，司法程序不容延误。"号称自由、平等、博爱的"德先生"就这样斩下了"赛先生"代表人物的头颅。

拉瓦锡死后，拉格朗日惋惜道："仅仅一瞬间，我们就砍下了他的头，但是再过一个世纪也未必再有如此的头脑出现。"所幸拿破仑当政后非常注重科学的研究，尊重科学家，支持建设巴黎综合理工学院，拉普拉斯、拉格朗日、贝托莱等人都得到了很好的研究条件，法国的科学研究才未停滞。

图片为法国大革命时期路易十六被推上断头台。传说拉瓦锡上了断头台还做了最后一个实验，他对刽子手说："从来没有人知道人被砍头了以后还有多久会有感觉，我被你砍下头颅以后，每一秒钟眨一次眼睛，你数一数我眨了多少次眼睛，然后告诉世人。"他死后至少眨了11次眼睛，这也算是一个用生命换来的实验记录了。每次读到这个故事，我都热泪盈眶。

氧气的发现史似乎可以告一段落了，可是一个小插曲又荡起了一些波澜，由于这朵浪花跟咱中国人很相关，所以这里多说两句。

19世纪初，德国东方语言学家朱利斯·克拉普罗特发表了一篇学术论文，其中提到一部中国唐代堪舆学著作《平龙认》，证实了中国人在8世纪的唐朝就发现了氧气！在论文中克拉普罗特声称，他1802年在一个法国朋友处见到《平龙认》抄本，抄本共68页，原著作者署名"马和"，中国人，写作时间是唐朝至德元年（756年）三月。

《平龙认》作者认为：有许多地方可以分开空气的成分，并可取出其中阴的一部分，我们最先可用阳的变化物提取之，如金属、硫黄及炭等；阴气是永不纯净的，但以火烧之，我们可以从青石、火硝中提取出来；水中亦有阴气，它和阳气紧密地混合在一起，很难分解。

这是多么接近现代科学的论述啊！我们的古人就拥有了这些观点：一是空气中有阴气，也就是"氧气"；二是阴气可与硫黄等易燃物起作用而燃烧；三是加热火硝（硝石）等物可制出阴气；四是水中也有阴气，水是由阳气（氢气）和阴气组成的。

《平龙认》在西方科学界被广泛承认，法国化学家莫瓦桑在《无机化学大全》中引用了《平龙认》的内容，并认为其是人类最早对氧气性质的观察和记载。德国化学家李普曼在他的著作《炼丹术的起源与发展》一书里，也摘录了克拉普罗特的论文原著。

相反，我国的汉学界对此书提出了全面的质疑。第一，马和这个人在任何信史上都没有出现过；第二，至德元年（当时称年为载）就是唐肃宗元年，也就是唐玄宗在位的最后一年天宝十五载。这一年的夏天，安禄山、史思明攻入长安，唐玄宗带上杨贵妃被迫逃往四川，史称"安史之乱"，所以至德元年是没有三月的，这一年的三月应该是天宝十五载三月。

我在氮元素一章中讲硝石时提到过，唐朝的时候开始大量开采硝石，甚至开始用硝石进行"土法制冰"，所以完全有可能有炼金术士从加热硝石的现象中认识到氧气。关于马和的身份，现在也有一种说法，说"马和"就是郑和。

这位伟大的航海家不仅将中华文明的恩泽带往西方，同时也带了一些中华文明的著作，《平龙认》就是其中之一，也许后来在传抄中署上了郑和的名字，因为郑和本来就姓"马"嘛。至于年份的问题，也许是西方人在传抄中出错了，毕竟这部著作被翻译成法语、波兰语、俄语，在这一系列的翻译中出现错译是很正常的事情。况且，这个信息中最重要的是氧气的发现，纠缠细枝末节实在没有必要。

不管怎样，目前《平龙认》得到了广泛的承认，也许这是一部和《天工开物》同等伟大的科学著作。令人遗憾的是原本还未找到，也许是在战火中玉石俱焚，期

桔槔

《天工开物》中记载了在井上汲水的桔槔。《天工开物》是世界上第一部关于农业和手工业生产的综合性著作，作者是明朝科学家宋应星。

待我们的历史学家、考古学家早日找到这本古代化学著作，解开这些谜团。

似乎一切都结束了，但是我要告诉你，人类对于火焰的秘密的认识还远远没有入门呢。易燃物质在氧化时为什么会发射出夺目的火焰？一直到了一二百年以后才被真正搞明白。原来，这早已脱离了化学研究的范围，要深入到原子的内部，才能得到这个问题的答案。

燃烧过程中，有一些原子得到了能量，原子中的电子进入激发态，在电子从激发态回到基态的时候，多出来的能量以光子的形式发射出来，这就是我们看到的火光。这已经是量子力学的范畴，我们就不多说了。

大家仔细观察火焰，会发现小小的火焰也存在着结构，内焰比较暗，外焰很亮，这是因为焰心从内到外存在一个氧气浓度梯度，内焰燃烧还不完全，而外焰燃烧完全，因此外焰温度最高，也最亮。火焰之所以向上呈泪珠状，是因为易燃物受热汽化，促使热气上升。我曾不止一次看到有人用打火机的内焰去点火，其实学过中学化学的人都不应该犯这样的错误。也曾有人表演这样的"魔术"，将手快速地伸进蜡烛火焰，夹一下焰心，而手竟然完好无损，其原理也是如此。

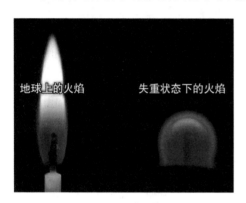

在太空中，没有引力存在，热气不是往上升，而是向四面八方平均扩散。

最后的最后，关于舍勒发现氧气的实验我们在家里也能做，用于向孩子们解释空气里面有什么。当然我们不要用会自燃的黄磷或者易于爆鸣的氢气，那太危险了，一根小蜡烛就可以了。点燃一根蜡烛，放在水盆底，用一个玻璃杯扣上，我们会看到火焰缓缓熄灭，水盆里的水进入玻璃杯并缓缓上升。

这个时候我们可以告诉孩子们，空气里面有氧气和氮气，氧气可以助燃，氮气不能助燃，随着蜡烛的燃烧，氧气被消耗殆尽，导致蜡烛熄灭。蜡烛燃烧时，杯子内的空气受热膨胀，蜡烛熄灭后，杯子里温度下降，气压降低，再加上蜡烛燃烧后产生的二氧化碳气体溶于水，也使得杯子中的气压降低。这时，杯子内的气压低于杯外气压，水盆里的水就会由于大气压的作用被压进杯子里。

这还可以说明蜡烛是由碳元素和氢元素组成的，碳元素燃烧变成二氧化碳，氢元素燃烧变成水，杯壁上的小液滴就是证明。需要注意的是，蜡烛的高度要适中，太矮的话，火焰会被二氧化碳熄灭，导致水涨得不够高。

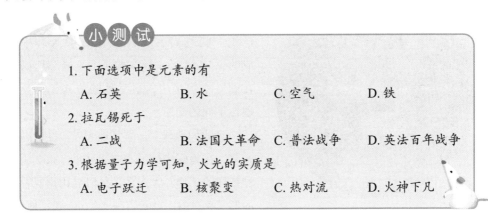

小测试

1. 下面选项中是元素的有
   A. 石英　　　B. 水　　　　C. 空气　　　D. 铁
2. 拉瓦锡死于
   A. 二战　　　B. 法国大革命　C. 普法战争　D. 英法百年战争
3. 根据量子力学可知，火光的实质是
   A. 电子跃迁　B. 核聚变　　　C. 热对流　　　D. 火神下凡

5. 用氧元素研究地球、恒星、宇宙的历史

氧在元素周期表上排行老八，这是一个很吉利的数字，也确实，氧元素虽然比锂、铍、硼、碳、氮这几种元素都要重，在宇宙中的含量却比它们都要多，是宇宙丰度排名第三的元素，仅次于氢元素和氦元素。

我们已经知道，在宇宙大爆炸中，直接产生的比较成规模的元素只有氢和氦这两种，和大部分元素一样，氧元素也是来源于恒星中的核聚变。氧元素在自然界中有三种稳定同位素——氧16、氧17和氧18，在前面碳的篇章中，我们提到三个 α 粒子形成一个碳核（碳12），其实这个反应还可以继续下去，

这是一个超大恒星的圈层示意图，这个恒星估计有 9 个太阳那么重，已经到了暮年，它可以分成若干个圈层，每个圈层主要由圈层内丰度较高的元素构成。其中 O 层中基本都是氧16，而氧17位于 H 层，氧18位于 He 层。

碳核（碳12）可以继续和一个 α 粒子生成氧核（氧16），另外氧16还会从氖元素的衰变中产生。因此，氧16的丰度是最高的，达到了99.762%。在前面氮的篇

【参考答案】　1. D　2. B　3. A

除了最深处的地核，在地壳和地幔中氧元素的含量都是最高的。

章中，我们已经提到恒星中存在一种 CNO 循环，这个循环除了生成氮元素外，还会产生一些氧 17。而氧 18 由 CNO 循环中生成的氮 14 结合一个 α 粒子而生成。就这样，在同一个恒星中，这三种同位素竟然会出现在不同的圈层。

在我们地球上，氧是地壳中丰度最高的元素，在地壳中的质量丰度约为 48.6%。各种各样的矿物，大多数都是以氧化物或者盐的形式存在着。就是再深入一点，到了地幔，氧的丰度仍然是最高的，可以说，氧把众多的元素固定在地球上。

在大气中，我们都知道氧气体积约占 21%，这些活跃的气体支持着生物的生长，氧气真是生命的气息。

至于在海洋中，氧元素就更多了，约占 85.7%。水是由氢元素和氧元素组成的，我们的地球上有足够多的氧气，将氢元素固定在海洋里，否则，原子量最小的氢原子将在太阳风的吹拂下散失到太空中，地球上也就无法有这么多水，更难以产生生命。

一般认为氧气不易溶于水，但是在化学的世界里，往往没有绝对的事情。实际上氧气微溶于水，在 20 ℃、1 个标准大气压下每 1 L 水约能溶解 30 mL 的氧气，水中的微生物、藻类、鱼类和其他海洋生物都是靠这么点氧气而活着。温度越低，氧气在水中的溶解度越高，这种性质对地球上的生物尤为重要。相对于热带，极地的寒冷海洋中拥有更高含量的氧气，因此在寒冷海洋中，生物的密度更高，这是不是有点改变你的三观？

在前面我们曾提过水体中存在大量的细菌和病毒等微生物，这是它们的小千世界。如果人类的活动排出的污水中含有的营养物质过多，比如含氮、磷等元素的化合物，就会让微生物迅速繁殖，这些微生物会迅速使水中的氧气消耗殆尽，这叫水体的"富营养化"。水中仅有的氧气都被微生物抢走了，而且大多数微生物是不能被鱼类食用的，鱼类等大型生物会因窒息和中毒而死。因此检测污水排放的一个关键数据就是化学需氧量（COD），这其中，还考虑到一些化学物质本身的降解也需要消耗氧气。显然，COD 的数值越大表明水体的污染情况越严重。

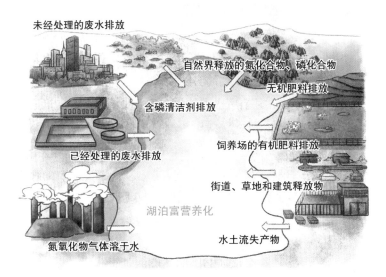

未经处理的废水排放

自然界释放的氮化合物、磷化合物

无机肥料排放

含磷清洁剂排放

已经处理的废水排放

饲养场的有机肥料排放

街道、草地和建筑释放物

湖泊富营养化

氮氧化物气体溶于水

水土流失产物

人类的活动在各方面影响了环境，湖泊的水体流动速度相对较慢，水体更新周期长，更容易"富营养化"，近年来，原本美丽的太湖、巢湖等淡水湖泊受到污染。

古气候学家对地球的历史很感兴趣，他们找到一个很好的方法，就是研究海洋中的氧元素。原来，含有氧16的水分子比含有氧18的水分子相对分子质量小，更容易蒸发，这种细微的差别可以被悠久的历史放大，我们能看到在海水中，氧18的含量会比雨水中的更多。在低温下，这种差别更加明显。所以，古气候学家会检查古生物化石中的氧原子，氧18的丰度和一般情况下的差别越大，就说明该年代的气候越冷。另外科考队去南极钻探，得到远古的冰芯，检测冰芯中氧18的丰度和一般情况下的差别，也是一种办法。

我们再将眼光从海洋投向更高远的太空。现代理论认为，太阳系形成于一团气体云，在引力的作用下，中心聚集成太阳，周边的气体聚集成一个圆盘，称为"原行星盘"，这个原行星盘内部由于引力的作用才形成了各个行星。行星地质学家根据古气候学家的思路，检测了地球、月亮、火星和陨石中氧16与氧18含量的比值，与太阳对比，结果发现太阳上这个比值比地球高，科学家们为这个检测结果产生了争议。

大家不要被前面提到的超大恒星误导，现有的理论认为，我们的太阳因为不够大，最多只能聚变出碳元素，氧元素绝不是在太阳的"低温"下聚变出来的。太阳上的氧元素也是来自原始星云，是前代更大的恒星爆发后留下的物质。那么按照道理来说，因为来源一样，太阳上氧16与氧18含量的比值应该和地球上的完全一样。

既然它们的观测结果不一样，就说明还有一些未解之谜。

有人提出是因为太阳内部还有一些未知的反应，但是恒星内部核反应已经被天体物理学家研究透了，那么多恒星都适用的定律为什么就在太阳上不适用呢？也有人提出是因为地球上有一些核反应可能会消耗氧16，可惜的是，地球上的核反应在其他星球上也会一直存在。还有一种可能性，那就是从原行星盘形成地球的过程中存在一个我们未知的过程，在这个过程中氧16会被损耗。

科学就是这样，从已知条件和理论去推导一些结论，如果这些结论与观测结果不符合，那么就可以说现有的理论存在一些问题。如果修正现有的理论可以符合观测结果，那么就修正；如果修正不了，那就需要提出新的假说，推翻现有的理论。在科学发展的历史上，不符合观测结果而带来的大发现比比皆是，也许氧元素的同位素的丰度问题会带来更大的发现。

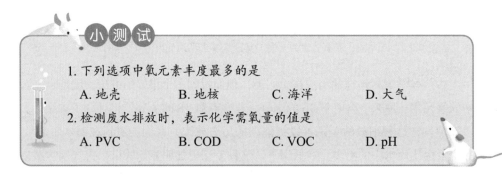

小测试

1. 下列选项中氧元素丰度最多的是
   A. 地壳　　　　　B. 地核　　　　　C. 海洋　　　　　D. 大气
2. 检测废水排放时，表示化学需氧量的值是
   A. PVC　　　　　B. COD　　　　　C. VOC　　　　　D. pH

6. 氧气：生命气息

▲潜水，享受海洋的乐趣。可惜的是人体没有鳃，不能在水中呼吸，因此必须随身携带氧气。

我们已经知道，氧气不仅能帮助火焰燃烧，更能支持大部分生命的运转，堪称"生命气息"。缺氧会导致人体组织的代谢功能和形态结构发生异常变化，严重的甚至会导致窒息。因此，在缺乏氧气的地方我们尤为需要它。

【参考答案】　1. C　　2. B

▲太空中
几乎空无一物，
在这近似真空
中人类无法生
存，宇航服中
必备低压纯氧。

▲潜艇，已经是战略型武器了。核动力潜艇携带核弹头，被称为弹道导弹核潜艇，是国家核力量三位一体中的一极。在水下环境中，潜艇不可能携带大量的氧气，一般会携带过氧化锂等易于制造氧气的物质。

氧气瓶就是生命线！▲在攀登世界高峰中，

◀图片为自然氧吧（上）和人为氧吧（下）。森林、草原、公园这些花草树木比较多的地方氧气含量稍高，被称为"自然氧吧"。如今，"城市病"被提起得越来越频繁，雾霾、拥挤困扰着城市里蜗居的市民。利用化学力量开设的"氧吧"已经在美国、加拿大、日本，甚至北京、上海出现了，多呼吸一点儿氧气似乎能帮助人们更 high。

◀工业上也随处可见氧气的身影，炼钢过程中，一般会用纯氧去除铁中的碳元素和其他杂物。焊接的时候，用乙炔和纯氧反应可以产生 3 000 ℃的高温。

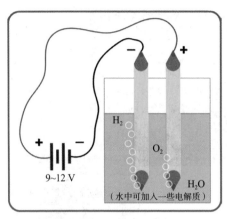

电解水的实验在家里就可以做，找几节干电池，取出两个电极作为正负极，再将几节电池串联作为电源，就可以电解水了。可以加入一些电解质加快反应速度，但千万不要用食盐或者其他盐酸盐，会电解出有毒的氯气。

然而我们千万不要忘记了，氧气之所以被称为"生命气息"，乃是因为它的强氧化性。所以吸氧不能过量，如果过量的话，会造成"氧中毒"。

说了氧气的好处和重要性，一般我们用什么办法来制取氧气呢？前面提过，舍勒像孔乙己一样告诉大家："氧气有四种制法，四种！"舍勒的时代已经过去了两百多年，如今我们只会在实验室里使用这些方法去制取少量的氧气，工业上大规模制取氧气，不可能用这么昂贵的药品。工业上一种常用的方法是电解法，记住一定要用直流电，这种方法可以得到更纯的氧气。其实在纯度要求不高的时候，我们可以利用周围的空气，从空气中得到氧气岂不是最容易的方法？是的，将空气冷却并压缩，可以得到液态空气，利用各组分气体沸点不同的原理，将液氧和液氮以及其他物质分开。通过这种方法可以得到纯度为90%~93%的液氧。

通过液化法生产液氧，相当于从空气中得到取之不尽、用之不竭的资源。其实液氧也有很奇特的性质，下一节我们就看看液氧究竟是什么样的。

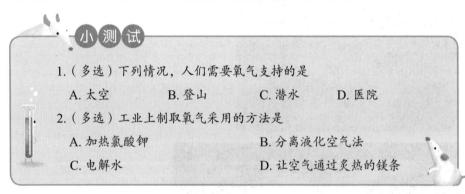

小测试

1.（多选）下列情况，人们需要氧气支持的是
　　A. 太空　　　　B. 登山　　　　C. 潜水　　　　D. 医院
2.（多选）工业上制取氧气采用的方法是
　　A. 加热氯酸钾　　　　　　　　B. 分离液化空气法
　　C. 电解水　　　　　　　　　　D. 让空气通过炙热的镁条

7. "蓝精灵"液氧和"变色龙"固氧

这是什么？蓝色，如同宽广的海洋，又如高远的天空。其实，这就是液氧。

上一节我们提到，氧气是一种氧化剂，而液氧中氧分子的密度要比气态时高得多，因此是强氧化剂。除了和氧气一样的一般用途以外，液氧最主要用作液体火箭推进剂。

和很多高精尖科技一样，火箭技术也是起源于军事应用——导弹。导弹发展史上的重要人物又是一个德国人：冯·布劳恩。

1925年的一个晚上，柏林使馆区宁静而祥和，突然，一阵尖锐的爆炸声打破了夜空的寂静。警察出动，抓住了一个用6根特大爆竹绑在自己的滑板车上，试图让自己飞速滑行的13岁小男孩。这个小男孩就是冯·布劳恩，他从小就对航天领域感兴趣，而且特别有实践精神。受奥伯特著名的《通向航天之路》一书的影响，冯·布劳恩从小就有了航天之梦。后来，冯·布劳恩在苏黎世高等技术学校就读时，参加了奥伯特创建的德国空间旅行学会，并很快成为其董事会成员。1930年，冯·布劳恩进入柏林大学，成为奥伯特的学生。

奥伯特，现代航天学的奠基人之一，他的《通向航天之路》不仅影响了冯·布劳恩，还点燃了"中国航天之父"钱学森先生的航天之梦。

1937年，冯·布劳恩进入佩内明德大型火箭试验基地，并任技术部主任，领导火箭的研制。当时，德国已经开始在欧洲左冲右突，发动了第二次世界大战，冯·布劳恩团队研制的火箭作为秘密武器，被视为重点项目。在冯·布劳恩的带领下，这个团队研制出了从A-1到A-5一系列的火箭。最终用酒精作为燃料，液氧作为推进剂的A-4火箭方案得到了认可，并于1942年正式研发成功并开始量产，后被戈培尔命名为V-2火箭，意为"复仇之神"。

1944年，二战已经进入收官阶段，困兽犹斗的德国终于使出了这一秘密武器，

"导弹之父"冯·布劳恩

从欧洲西岸隔海轰炸英国。从1944年6月到1945年3月的短短十个月期间，德军共发射了15 000枚V-1火箭和3 000枚V-2火箭，造成英国31 000人丧生。二战结束，德国战败，冯·布劳恩并没有作为战犯遭到审判，而是作为"头脑财富"被美国招安。

1956年他任美国陆军弹道导弹局发展处处长，在他的领导下多种火箭先后被成功研制。1958年，美国用他设计的"丘比特"C火箭成功发射了其第一颗人造地球卫星"探险者"1号。1969年7月，他领导设计的火箭"土星5号"第一次把人类送上了月球。这枚"土星5号"的发动机分为三级，第一级的燃料是高纯度煤油，第二级和第三级的燃料是液氢，但是每一级的推进剂都是液氧。

1955年，我国的伟大科学家钱学森归国，在此之后，他领导的团队给我们的祖国留下了两样神器——"长征"系列火箭和"东风"弹道导弹。前者成为我国空间探索的重要武器，后者则堪称我国的"护国之盾"！

核武器的威力毋庸置疑，其如果装载在各种制导武器上，则可以被投射到远处的敌国，进行战略打击。核武器配上洲际导弹，就是如虎添翼的"洲际弹道导弹"——ICBM，这是截至现在最牛的武器，没有之一。

最早的弹道导弹使用的推进剂是液氧加煤油，或液氧加液氢，我国的弹道导弹东风-1和东风-2的推进剂就是液氧加酒精。虽然无毒害，但其缺点也很明显，液氧必须在低温下保存，使用时灌装到导弹内，整个过程需要两小时左右，明显不符合战略核武器对反击速度的要求。

苏联与之后的俄罗斯选择了

我国的长征三号甲运载火箭的三子级以液氢、液氧为推进剂，自1994年首次发射至2016年，成功率为100%，2007年6月被中国航天科技集团公司授予"金牌火箭"称号。

偏二甲肼和四氧化二氮，这种类型的燃料可以在常温下保存和使用，但因其剧毒而被称为"毒弹"。美国则选择了固体燃料的路线，一并解决了剧毒和速度慢的问题。中国也快速跟进，从东风 –3 到东风 –5，都使用了偏二甲肼和四氧化二氮，而更新式的 ICBM 则开始采用固体燃料，液氧推进剂就这样退出了 ICBM 的历史舞台。

在磁场中倒下液氧，顺磁性的液氧竟然被磁极吸引。

说完了火箭和导弹，其实液氧还有一个很神奇的特征——磁性。

这是什么原因呢？原来物质的磁性主要来自电子的自旋，当分子里的电子都已经配对了，没有未成对的单电子时，这种物质就是反磁性物质。而分子里若有未成对的单电子，则在磁场中能顺着磁场方向产生磁矩，这种物质被称为顺磁性物质。

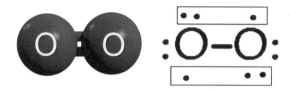

你以为的 O_2 分子是不是这样的（左图）？实际上是这样的（右图）。

氧原子中有 8 个电子，2 个在内层，6 个在外层（结构为 $2s^2 2p^4$）。2 个氧原子组成氧分子后，2 个 s 原子轨道形成 σs 成键轨道和 σs* 反键轨道 2 个分子轨道；2 个氧原子各有 3 个 p 原子轨道，故可以形成 6 个分子轨道，其中 3 个是成键轨道，3 个是反键轨道。电子填充结果存在 2 个单电子，所以氧分子存在顺磁性。

因为液氧带有磁性，所以1926 年路易斯曾经猜测液氧中

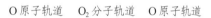

O 原子轨道　　O₂ 分子轨道　　O 原子轨道

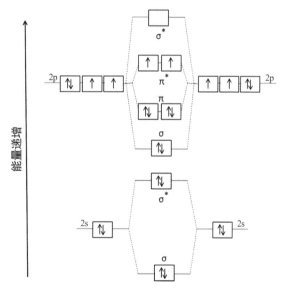

能量递增

分子轨道理论也对液氧的顺磁性给出了非常好的解释！

含有 O_4 分子。现在看起来他错了，但是又不是全错。原来液氧中 O_2 分子因为自旋的"方向"而分成两种，你可以认为一种正向，另一种反向。这两种 O_2 分子因为相反的自旋而喜欢成对地聚集在一起，形成了短暂的 O_4 分子。

图片为红氧分子模型，4 个 O_2 分子组成一个菱形的 O_8 分子簇。

在常压下，将温度冷却到 –183 ℃，氧气就液化成这种蓝色液体，继续冷却到 –219 ℃，就变成了淡蓝色的固体，而这仅仅是固态氧的一种。在室温下，将压力提升到 10 000 个标准大气压，氧气竟然会变成深红色，这就是"红氧"，科学家们推想可能红氧中含有 O_4 分子，后来的研究表明，红氧不是 O_4，而是 O_8。其实也不能算完全的 O_8 分子，而是由 4 个 O_2 分子组成的菱形的 O_8 分子簇。固态氧总共有 6 种形态，除了淡蓝色、红色，还有粉红色、暗蓝色、橙色，而且在 100 000 个标准大气压下，和金属氢一样，氧气就变成了金属态的氧。这些都不太常见，我们就不多说了。

以上的这些形态都是氧的同素异形体，我们还没讲到氧的最有名的一种同素异形体，大家一定想到了，就是臭氧，下一节我们继续！

1. 从美国归来，带领团队进行火箭和导弹的开发，被誉为"中国航天之父"的科学家是

    A. 钱伟长　　　B. 钱学森　　　C. 钱三强　　　　D. 杨振宁

2. 液氧有磁性的原因是

    A. O_2 分子有极性　　　　　　B. O_2 分子有未成对的电子

    C. 液氧中有 O_4 分子　　　　　D. 液氧中有磁单极子

3. 为德国和美国开发了一系列的火箭和导弹，并参与了阿波罗登月计划的科学家是

    A. 钱学森　　　B. 奥伯特　　　C. 冯·布劳恩　　D. 爱因斯坦

【参考答案】　1. B　2. B　3. C

8. 臭氧：清新 or 恶臭

古谚云："以鸟鸣春，以雷鸣夏，以虫鸣秋，以风鸣冬。"雷声，是大自然的夏之歌！夏日的雨后，清凉舒爽，大雨将空气中的灰尘洗净，这是物理变化；闪电将空气中的氧气变成了臭氧，这是化学变化。臭氧是氧气的"亲姐妹"。一个氧气分子含有两个氧原子，而一个臭氧分子则含有三个氧原子。

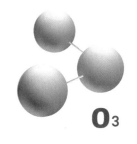

臭氧分子呈三角形结构。

在大气层里，臭氧是这样形成的：氧气受到紫外线的辐射，分裂成两个氧原子，如果这时附近发生了一些化学变化，产生了一个带有过多能量的原子团，而一个氧原子又恰好遇到了另一个氧分子，二者就会结合成臭氧分子。

这种反应还可见于我们身边的工厂里：在一些嘈杂的电动机附近，我们会经常闻到一股恶臭。这是由于电动机里的高电压激发周围的氧气变成了臭氧。这样就不难理解雷雨过后空气为何如此清新。本来，雷电就是一块儿带正电的云层和一块儿带负电的云层遇到一起而放电的现象啊！

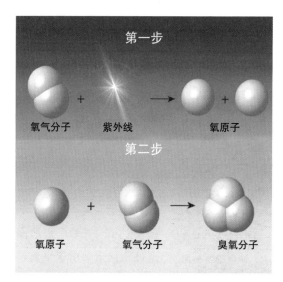

第一步

氧气分子 ＋ 紫外线 → 氧原子 ＋

第二步

氧原子 ＋ 氧气分子 → 臭氧分子

图片为臭氧的形成机理。雷电不光给我们带来氮肥，还给我们带来臭氧。

德国人 C.F. 舍拜恩发现在实验室中的闪电会导致一种恶臭的气体产生，1840 年，他成功地将这种气体分离出来，并将其命名为"Ozone"，希腊文意为"闻"。

一开始，大家都认为臭氧是一种健康的气体，确实，稀薄的臭氧一点儿也不臭，反而给人以清新的感觉。另外在松树林里，由于松树脂会释放臭氧，令人感觉格外放松，所以疗养院会经常设在松林里。现在我们知道过多的臭氧对人体是有害的。前面我们说过的氧中毒就是因为氧气是一种强氧化剂，而多了一个氧原子的臭氧则更是氧化剂中的"极品"，可以说是"遇神杀神，遇佛杀佛"。

除了金、铂、铱以外，几乎所有的金属都可以被臭氧氧化。铜在室温的空气中，只要保持干燥，被氧化得很慢，但是遇到了臭氧会被迅速氧化。银的化学性质相对稳定，但是也挡不住臭氧的攻击。氨会直接被氧化成硝酸铵，硝酸铵可是炸药啊！前面我们提到过一氧化氮、二氧化氮、五氧化二氮，但是你们听过三氧化氮吗？那是臭氧给我们造出来的。在水里，臭氧就更牛了，它的氧化电位仅次于氟，比氯和过氧化氢还要高，可以直接把硫化氢氧化成硫酸。有机物中的双键？直接切断，变成俩酮，该干啥干啥去。

臭氧之所以这么无敌，是因为它会自我降解成氧气，并释放出原子态氧。这种原子态氧的氧化性非常强，但它的威力也有哑火的时候，它对乙醇这种易于被氧化的物质竟然没有任何作用。

在大气中同时发生这两种反应，即臭氧合成和臭氧分解，这两个反应在宏观上处于动态平衡状态。大气层中的臭氧层大多分布在离地 20～50 km 高的空中，我们把这一层大气叫"臭氧层"。

这一层臭氧对人类甚至地球的意义非常重大。前面我们看到，臭氧的产生需要吸收紫外线，而紫外线本身是导致疾病和基因变异的重要原因。也就是说，臭氧层的存在可以过滤掉部分紫外线，在一定程度上保护了生物圈的稳定。

我们知道从地表往上，高度每上升 1 km，气温约下降 6 ℃，高处不胜寒啊！大气层的最底部是对流层，在这里，冷热空气对流，产生气流、云雨等气候现象，显然不是飞行的好场所。对流层再往上一层是平流层，在这里，随着高度的提升，温度反而会升高，这是因为臭氧层就在平流层的顶部，臭氧的分解会释放能量，臭氧层的平均温度达到 -3 ℃，和地面温度很接近。由于平流层温度上高下低，在这里空气平行运动比较显著，而

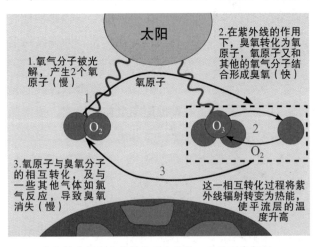

大气层中氧气和臭氧的动态平衡，造就了臭氧层。

不是垂直运动，这一点特别适宜于飞机飞行，我们乘飞机的飞行路线就是在平流层。臭氧的存在使得我们的大气层有平流层这一特殊层级，让我们在地球上可以开通稳定的航线，而其他大部分星球都没有足够的氧气可以形成臭氧层，也就不存在平流层，因此在其他许多星球上很难拥有稳定的航线。当然，没有大气的星球除外。

在飞机上俯瞰，云层位于对流层中，飞机一般在云层上方的平流层飞行。为什么地球上会有平流层，这个问题你搞懂了吗？

臭氧层在地球上不只做好人好事，它的存在也会带来负面效应，如温室效应，但是这个问题没有必要小题大做，因为臭氧只是温室气体的一小部分，现在人类反而为臭氧的减少而烦恼起来。20世纪80年代中期，英国科学家首次发现南极上空出现臭氧层空洞。接着，美国的气象卫星也观测到了这个臭氧层空洞。之后的观测发现，臭氧层空洞越来越大。

科学家们探究原因，发现臭氧层空洞主要是由制冷剂氯氟烃（也称氟利昂）造成的。氯氟烃是在空调、冰箱等制冷设备中常用的制冷剂，泄漏到空气中以后，在紫外线的辐射下，会分解出氯自由基，这种高反应活性的物质会与臭氧反应，生成一氧化氯和氧气，一氧化氯又迅速分解出氯自由基，继续去"祸害"其他臭氧分子了。

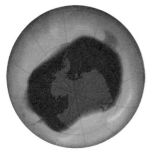

图片为2006年9月拍摄到的史上最大的臭氧层空洞，空洞面积竟然远超南极洲。

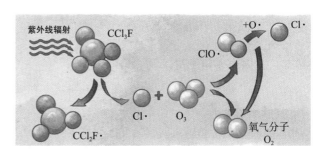

如图诠释了氯氟烃分解臭氧的原理，现在的制冷剂已经严禁使用氯氟烃了。

前面已经提到，臭氧层存在的最大意义是阻挡紫外线，如果臭氧层继续减少，人类患各种疾病的概率都会增加。研究显示：大气中的臭氧每减少1%，照射到地面的紫外线就增加2%，人的皮肤癌患病率就增加3%，患白内障、免疫系统缺陷和发育停滞等疾病的概率也会提升。另外，有2/3的植物都对紫外线很敏感，紫外线辐射增加，会使作物减产，并杀死水中10米深以内的浮游生物，造成渔业减产，这一切都是生态灾难的开始。

联合国于1987年9月16日邀请所属26个会员国在加拿大蒙特利尔签署了环境保护公约，即《关于消耗臭氧层物质的蒙特利尔议定书》（下称《议定书》）。《议定书》自1989年1月1日起生效，其中规定各国有共同努力保护臭氧层的义务，凡是对臭氧层有不良影响的活动，各国均应采取适当的防治措施，影响的层面涉及电子光学清洗剂、冷气机、发泡剂、喷雾剂、灭火器……

1995年1月23日，联合国大会通过决议，确定从1995年开始每年的9月16日为"国际臭氧层保护日"。《议定书》签署之后，生产和消费氯氟烃和其他消耗臭氧层的物质的量已经奇迹般地减少了将近70%。这是人类有意识地联合起来关注生态，我们为自己点赞！

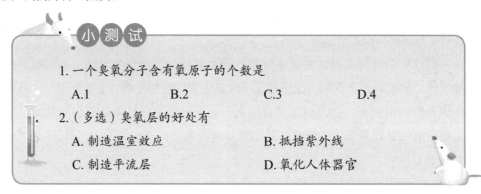

小测试

1. 一个臭氧分子含有氧原子的个数是
   A.1　　　　　　B.2　　　　　　C.3　　　　　　D.4
2. （多选）臭氧层的好处有
   A. 制造温室效应　　　　　　B. 抵挡紫外线
   C. 制造平流层　　　　　　　D. 氧化人体器官

9. 光合作用（上）

英国物理学家威廉姆斯·汤姆森是一个有趣的人，他因为年轻时对热力学的贡献获得了"开尔文"勋爵的称号。然而到了晚年，他却连连出错，大嘴巴不断地爆出乌龙：他说太阳的能源来自自身的引力坍缩，结果20世纪科学家发现了核聚变；

【参考答案】　1. C　2. BC

今天的我们带着调侃的口吻来叙说这位爵士的故事，但是客观地说，他的眼光很准，每一个乌龙都造就了一个大发现！这是人类的认识不断发展的必经阶段，我们必须理解。

他还作为当时最权威的物理学家宣布物理的大厦已经建立得很完美了，结果两朵"小乌云"——相对论和量子力学，造就了20世纪物理学的最大发现。本节我们要说的是他的另一个故事。1898年他十分忧虑地说："随着工业的发达和人口的增多，500年后，地球上的 O_2 将被用光，人类将趋于灭亡。"

比他提前100多年，同为英国人的普利斯特里神父做过这样一个实验：他把一支点燃的蜡烛和一只小白鼠分别放到密闭的玻璃罩里，蜡烛不久就熄灭了，一段时间之后小白鼠也死了。接着，他把一盆植物和一支点燃的蜡烛一同放到一个密闭的玻璃罩里，他发现植物能够长时间地活着，蜡烛也没有熄灭。他又把一盆植物和一只小白鼠一同放到一个密闭的玻璃罩里，他发现植物和小白鼠都能够正常地活着。于是，他得出了结论：植物能够更新由于蜡烛燃烧或动物呼吸而变得污浊了的空气。需要注意的是，普利斯特里没有发现光在植物更新空气中的重要性。

在舍勒、普利斯特里和拉瓦锡努力之后，人们才明确绿叶在光下放出的气体是 O_2，吸收的是 CO_2。

1804年，法国的德·索叙尔通过定量研究进一步证实：CO_2 和 H_2O 是植物进行光合作用的原料。

1845年，德国科学家梅耶根据能量转化与守恒定律明确指出，植物在进行光合作用时，把光能转换成化学能储存起来。

我们的老熟人普利斯特里又出现了，但是他为什么老是为他人作嫁衣呢？

1864年，德国的萨克斯发现光合作用产生淀粉。他做了一个实验：把绿色植物叶片放在暗处几个小时，目的是消耗掉叶片中的营养物质，然后把这个叶片一半曝光，一半遮光。过一段时间后，他用碘蒸气处理叶片，发现遮光的部分没有颜色的变化，曝光的那一半叶片则呈深蓝色。这一实验成功地证明绿色叶片在光合作用中产生了淀粉。

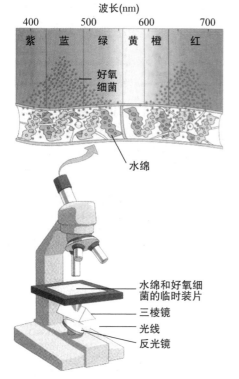

恩格尔曼的实验确定了光合作用发生的位置。因为叶绿素主要吸收红光、蓝紫光进行光合作用，放出氧气，而对绿光吸收少，绿光被反射出来，所以叶片呈现绿色。

绿色是对人眼最柔和的颜色之一，绿色的叶片给我们提供氧气。

1880年，美国的恩格尔曼把载有水绵（一种多细胞低等绿色植物，细胞内有细而长的带状叶绿体）和好氧细菌的临时装片放在没有空气的黑暗环境里，然后用极细的光束照射水绵。他通过显微镜观察发现，好氧细菌向叶绿体被光束照射的部位集中。恩格尔曼的实验证明了 O_2 是从叶绿体中释放出来的，叶绿体是绿色植物进行光合作用的场所。

他紧接着又做了一个实验：他用经三棱镜散射后不同颜色的光去照射水绵临时装片，惊奇地发现大量的好氧细菌聚集在红光和蓝光区域。这个实验证明了叶绿体中色素主要吸收红光和蓝紫光用于光合作用，放出 O_2。

到了19世纪末，光合作用（photosynthesis）这个词被首次提出。photo就是光嘛，synthesis就是合成的意思。大致道理大家是懂了，但是科学家们不会满足于这么肤浅的认识，他们还需要知道，这个复杂的过程究竟经历了什么样的反应路径。

大家都知道绿叶把 CO_2 和 H_2O 变成糖类，并释放 O_2，CO_2 和 H_2O 都有 O，O_2 究竟来源于 CO_2 还是 H_2O 呢？1941年，美国科学家鲁宾和卡门想：如果将被 ^{18}O 标记的 H_2O 或者 CO_2 提供给植物，然后追踪它们的放射性，就可以知道它们经历了怎样的过程。于是他们采用同位素标记法研究了这个问题，实验结果有力地证明了光合作用释放的 O_2 来自水。

20世纪40年代，美国的卡尔文做了一个更有名的实验：用 ^{14}C 标记的 CO_2 供小球藻（一种单细胞的绿藻）进行光合作用，然后追踪检测其放射性，最终探明了 CO_2 中的碳在光合作用中转化成有机物中碳的途径，这一途径称为"卡尔文循环"。卡尔文因此获得了 1961 年诺贝尔化学奖。

卡尔文循环分为三个步骤：

第一步，CO_2 的固定。叶绿体中有很多 RuBP 羧化酶，在这种酶的催化下，1个 CO_2 和 1 个五碳糖（RuBP）反应生成 1 个六碳的中间产物，这个中间产物非常不稳定，立即分解成 2 个三碳的 3- 磷酸甘油酸（PGA）。这个过程叫"固碳"。

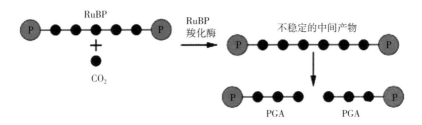

第二步，PGA 的还原。我们还知道，生物体内含有三磷酸腺苷（ATP），还有它的"弟弟"二磷酸腺苷（ADP），它们俩的差别就是一个磷酸，具体的我们到磷元素那章再说。这里要提到生物体内还有一种物质叫"烟酰胺腺嘌呤二核苷酸磷酸"，这名字太长，一般我们称它 NADPH，或者叫"还原型辅酶Ⅱ"，它在生物体内参与很多反应，起还原作用。

第一步固碳过程产生的 PGA 在 ATP、NADPH 的作用下转化。ATP 中远离 A 的那个高能磷酸键水解，形成了 ADP 和游离的磷酸，释放出能量。NADPH 失去一个电子，被氧化成 $NADP^+$，这个东西叫"烟酰胺腺嘌呤二核苷磷酸"。你如果仔细阅读，会发现这东西比 NADPH 少了一个"酸"字。不过你真不用去牢记这一大串，只需要知道 $NADP^+$ 叫"氧化型辅酶"，是 NADPH 的氧化形态就行了。PGA 则变成 3- 磷酸甘油醛（PGAL），这是一种三碳糖。CO_2 就通过这么复杂的过程，变成了这种糖。

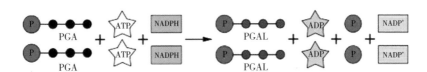

上图为第二步许多反应合并以后的示意图，ATP 水解成 ADP 和游离的磷酸，NADPH 变成 $NADP^+$，PGA 变成 PGAL。

第三步，RuBP 的再生。既然是循环，就要有来有往。第二步生成的 5 个 PGAL

和 3 个 ATP 分子反应，又生成 3 个 RuBP。如果你还没有被绕晕的话，你应该记得这就是第一步的起始物质五碳糖。

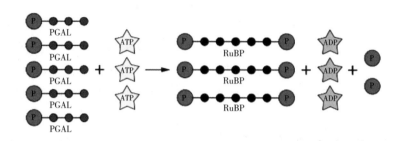

我们统计整个循环，有几个 PGAL 留下来没有循环回去呢？如果你有兴趣，可以排列组合一下这些化学方程式示意图，进行一番简单的计算。如果你能得到下面的式子，说明你的脑子不坏，可以参加小学奥数比赛了。

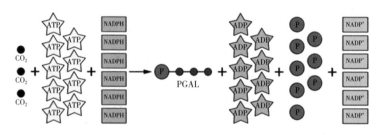

综合这个过程，配平化学方程式，3 个二氧化碳生成 1 个 PGAL。

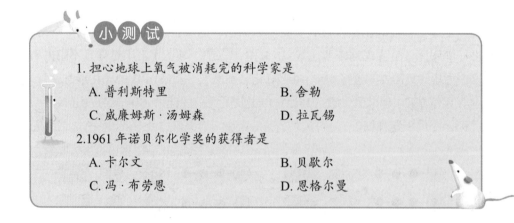

小 测 试

1. 担心地球上氧气被消耗完的科学家是
　　A. 普利斯特里　　　　　　　B. 舍勒
　　C. 威廉姆斯·汤姆森　　　　D. 拉瓦锡
2. 1961 年诺贝尔化学奖的获得者是
　　A. 卡尔文　　　　　　　　　B. 贝歇尔
　　C. 冯·布劳恩　　　　　　　D. 恩格尔曼

【参考答案】 1. C　2. A

10. 光合作用（下）

好像说完了，但是我们的主题是氧气啊！整个过程中怎么没有氧气的身影呢？原来，我们之前描述的"卡尔文循环"是基于二氧化碳到糖的循环，糖是主产物。我们在卡尔文循环图上还看到了 ADP 和 NADP⁺ 的生成，它们俩最后去哪儿了？难道就不循环了吗？

当然不是，水的光解释放出 O_2 和 H^+。NADP⁺ 是"氧化型辅酶"，特别容易接受电子，被 H^+ 还原成 NADPH。光照还提供了能量帮助 ADP 和游离的磷酸（Pi）结合成 ATP。NADPH 和 ATP 又参与卡尔文循环。

我们把"卡尔文循环"中的三步反应

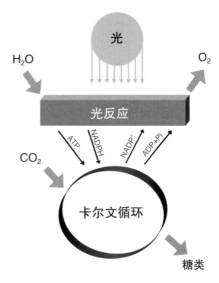

暗反应（卡尔文循环）和光反应的联系

叫"暗反应"，因为在没有光的情况下，它们也会发生。我们把上面提到的水的光解、ATP 及 NADPH 的形成等过程叫"光反应"，因为它必须要光来提供能量。所以，植物的绿叶必须在光照下才会释放氧气，同时储存 ATP 和 NADPH，而只要有 ATP 和 NADPH 存在，绿叶就可以每天一刻不停地吸收二氧化碳合成糖类。

植物真可爱，给我们提供了糖类，这可是我们的能量来源。每一棵植物就如同一个完美的太阳能电池，通过光合作用吸收了太阳的能量，凝聚在它们的绿叶上，让我们的世界绿树成荫；凝聚在它们的果实中，让我们的世界瓜果飘香。当我们在品尝蔬菜、水果的时候，我们得感谢光合作用；当我们在享用鸡鸭鱼肉的时候，还是得感谢光合作用，因为这些动物直接或间接地食用了植物，将植物中的糖类变成自己体内的营养物质。甚至，当我们使用煤炭、石油等化石能源的时候，还是得感谢光合作用，因为那是亿年前阳光的凝聚。

植物真可爱，为我们输送生命气息——氧气。因此，我们要在家里保持通风，放置一些花草，它们不光美观大方，更是我们健康的伴侣；我们要植树造林，不光为了抵挡风沙，更是为了我们整个生态系统的平衡。

现在我们不会为了开尔文勋爵的问题担忧了，因为我们知道，尽管我们的生活与生产在不断地消耗氧气，但是光合作用不断为这个世界输送氧气，它们在一起构成了伟大的"氧平衡"！

不光是人类的活动在消耗氧气，其他生物的呼吸、火山气体的氧化、光化学烟雾的氧化，还有我们之前提到的氧气在紫外线照射下变成臭氧，氧气和氮气在闪电的作用下变成一氧化氮，都会消耗氧气，全球每年氧气的总消耗量达到 3 000 亿吨。但是另一方面，植物的光合作用填补了这一亏空，它们每年恰好也生产 3 000 亿吨的氧气。还有一些化学反应，比如笑气在高温下也会释放氧气，不过和光合作用的氧气产生量相比过于渺小，简直可以忽略不计了。

3 000 亿吨似乎是一个很大的数字，但我要告诉你，这相对于空气中氧气的总量约 1 400 万亿吨来说，是一个太小的数字了。更何况，地壳里的氧元素含量更高，达到 29 亿亿吨！以各种元素的氧化物、盐类等形态存在着，这都是氧气的巨大宝库。如果空气中氧气含量逐渐减少，地壳里的氧元素可以逐渐补上，我们实在没有必要担心氧气不够用，因为在我们星球的大气、海洋、地壳、地幔里，氧元素多得是啊！

我们现在的地球看起来生机盎然，充满绿意，殊不知，这是上亿年演化的结果呢。地球形成之初和现在相比简直就是地狱。我们知道，地球约于 46 亿年前诞生，在最早的 5 亿年内，地球如同人间地狱，表面是一片烈焰火海，是任何生命的死地。大约 40 亿年前，地球逐渐冷却下来，诞生了最原始的生命。又过了 5 亿年，出现了最早的可以进行光合作用的微生物，证据来自澳大利亚沿海叠层石上的蓝藻化石。

这些最早的生命不断释放氧气，努力了 11 亿年，到了距今 24 亿年前左右，才将大气中的氧气含量提高。在这之前，也许是它们的数量太少，也许是地球上还有很多还原性金属、非金属矿物在不断被氧化，消耗氧气，空气中氧气的含量一直处于痕量。

图片为澳大利亚鲨鱼湾的叠层石，是前寒武纪未变质的碳酸盐沉积中最常见的一种化石。

对于地球来说，24 亿年前左右是一个重大的时间节点，被称为"大氧化"，在此之前的 10 亿年里，地球不可谓没有生机，有众多的需氧型生物，也有很多厌氧型生物。氧气含量的提升，对后者来说是致命的，因为氧气是强氧化剂，对于需氧型生物来说是生命气息，而对于厌氧型生物来说简直是毒气。到了现在，厌氧型生物只能被逼到海底、火山口等犄角旮旯儿，而需氧型生物则不断发展壮大。我们是不是可以说，地球失去了另一种可能性？

寒武纪物种大爆发，一定是踩在大氧化事件的肩膀上。

当然我们无须后悔，毕竟，现在的地球是充满绿色生机的，是属于我们需氧型生物的。确实，在大氧化之后，需氧型生物得到了大发展，多细胞生物出现，植物出现，动物出现，直到形成了今天瑰丽的生命画卷。也许未来，我们在需要改造其他星球的时候，也投放那些最早的可以进行光合作用的微生物到其他星球。只是，我们能等11亿年吗？

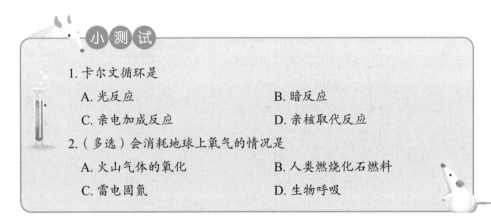

小 测 试

1. 卡尔文循环是

　　A. 光反应　　　　　　　　　　B. 暗反应

　　C. 亲电加成反应　　　　　　　D. 亲核取代反应

2. （多选）会消耗地球上氧气的情况是

　　A. 火山气体的氧化　　　　　　B. 人类燃烧化石燃料

　　C. 雷电固氮　　　　　　　　　D. 生物呼吸

【参考答案】　1. B　2. ABCD

第九章

元素特写

性情暴戾的宝宝，具有强烈的夺取电子倾向，其爆炸般的"爱"常常令小伙伴受伤。

元素档案

姓名：氟（F）。

排行：第9位。

性格：争强好胜，得电子法力超强且无法控制，常制造出爆炸等恶性事件。

形象：单质为浅黄色气体，散发着"剧毒与腐蚀"的气息。

居所：在地球上基本以盐类的形式存在，如萤石。

第九章　氟（F）

氟（F）：位于元素周期表第 9 位，是最轻的卤素，标准状态下为浅黄色的剧毒性气体（F_2）。氟是电负性最强的元素，化学性质极为活泼，几乎能和所有元素发生反应，在自然界中多以化合物的形式存在。提取氟单质的过程，是化学史上最悲壮的一段历史。

◇ 1. 最悲壮的元素发现之路——氟的发现史（上）

有一个关于费米的段子：理论学家费纸，实验学家费电，理论实验物理学家费米。

是的，数学史上曾经有过无数未解难题，哥德巴赫猜想从提出到现在 270 余年仍未解决！费马大定理历经 358 年，终于在 1995 年被怀尔斯解决！这些难题曾经让众多数学家的脑细胞备受折磨，但仅此而已，因为他们的主要武器是纸和笔。

物理学家们也遇到过难题，他们除了和数学家一样在办公室里提出理论，还需要用实验来验证他们的想法。托马斯·杨双缝干涉实验证明了光是一种波，迈克尔逊 – 莫雷实验证明了光速恒定，奠定相对论的基础。现在，物理学家们还要建造更大的加速器来验证他们的想法。但是，大多数时候，除了多费一些电以外，他们也是安全的。

在历史上，化学家们则是需要勇气的，他们为了解决难题，为了证明自己的设想，有些时候需要将安全置之度外，甚至需要冒着失去生命的风险。我们可以在那段子后面加上一句：实验化学家折寿！这句话一点都不好笑！今天我们要说的乃是化学史上最悲壮的一段——化学元素史上参加人数最多、最危险、最艰难的研究课题。

对于危险的事情，我们可爱的舍勒同学总是冲在第一线的。1771 年，他听说将萤石和硫酸放在一起加热，

萤石，主要成分是氟化钙。

玻璃容器都被腐蚀了，他认为这其中产生了一种酸性物质，他把这种酸性物质命名为"萤石酸"。现在我们知道了，这就是腐蚀性极强的氢氟酸！

我们没有见到任何关于舍勒品尝或者闻氢氟酸的记录，但是如果你比较认真地阅读前面的文章，会记得他曾经闻过"火焰空气"，还尝过剧毒的氢氰酸，后面我们会提到，舍勒在氯元素的发现史中也起了重要作用。因此，我们有理由相信，舍勒同学一定会与氢氟酸进行"亲密接触"。最终我们知道，舍勒同学，44岁，卒。

法国科学家安培

法国物理学家、化学家安培是一个善于思考的人，他从氢氟酸的各种性质看出这是一种和盐酸类似的酸。1810年，他提出氢氟酸中可能含有一种和氯类似的新元素，他提议将它命名为"Fluor"，表示"易于流动"的意思。安培的想法中已经有了"族"的模糊概念，这也是门捷列夫提出元素周期律的基础之一。

好在安培没有去开展氟的发现实验，所以他活到了61岁。

真正的化学家不会满足于这种模糊的认知，他们最大的乐趣莫过于发现未知的事物，至于风险，他们既然已经决定投身化学事业，就早已经将这些置之度外。1813年，大帅哥戴维已经利用电流发现了几种新元素，这次他决定用他的利器——电流来分解氟化物。一开始，他用氯化银和铂做容器，向氢氟酸通电，结果铂电极都被腐蚀了。

帅气的戴维也没有攻克氟这座"城堡"。

真是个厉害东西，竟然把白金都腐蚀了！"好吧，那我干脆用氟化物萤石做容器好了！氟化物已经是被氧化之后的产物，总不能继续被氧化了吧。"戴维想。他重新通电，结果这次阳极收集到了气体，戴维一检查，发现是"老熟人"氧气。看来电解的是水，而不是氢氟酸。可惜可叹的是，在一次实验中，戴维的眼睛受伤，俊美的脸庞不在。他只好放弃，没有继续氟的研究，他最后活到了50岁。

跟戴维同时期，法国科学家盖－吕萨克和泰纳尔也用同样的方法尝试获得氟，都没有成功，这两人还因为吸入过量的氢氟酸而中毒，被迫停止了实验。

1834 年，戴维的徒弟法拉第接过师傅的衣钵，设法揭开制取游离氟的谜，未果。

1836 年，化学家诺克斯兄弟俩也向这一难题发起挑战。他们用干燥的氯气处理干燥的氟化汞，并用一片金箔放在容器的顶部，事实上他们确实得到了氟，依据就是顶部的金箔已经变成了氟化金，只是他们没有想到连黄金都被制得的氟腐蚀。更让人唏嘘的是，他们哥儿俩都严重中毒，弟弟托马斯·诺克斯中毒死亡，哥哥乔治·诺克斯被送到意大利疗养了三年才恢复健康。

诺克斯兄弟之后，比利时化学家鲁耶特不避艰辛和危险，不断重复诺克斯兄弟的实验，虽然采取了防毒措施力图避免中毒，但因长期从事这项研究，最后仍因中毒太深而献出了宝贵的生命。不久，法国化学家尼克雷也同样殉难。

1854 年，法国化学家弗雷米电解熔融的无水氟化钙、氟化钾和氟化银，虽然在阴极上能析出这些金属，阳极上也产生了少量气泡，而生成的气体很快将铂电极腐蚀，即使他想尽了一切办法，始终未能收集到氟。他又尝试电解液态无水氟化氢，而无水氟化氢不易导电，实验同样失败。电解含水的氟化氢，前辈已经失败了很多次，分解的是水而不是氟化氢。

1869 年，英国化学家哥尔也用电解法分解氟化氢，结果发生了爆炸，他侥幸逃脱。原来，实验中有少量的氟单质生成，与分解水生成的氢气化合引起爆炸。他又尝试了金、铂、碳等多种电极材料，无一不遭到破坏。

莫瓦桑的老师弗雷米

你看，氟的发现史简直就是一部烧钱史，无数的黄金铂金就这样打了水漂，好吧，我承认我太物质了。

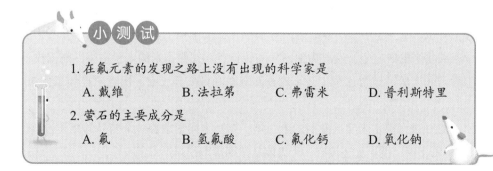

小测试

1. 在氟元素的发现之路上没有出现的科学家是

　　A. 戴维　　　　B. 法拉第　　　C. 弗雷米　　　D. 普利斯特里

2. 萤石的主要成分是

　　A. 氟　　　　　B. 氢氟酸　　　C. 氟化钙　　　D. 氧化钠

【参考答案】　1. D　2. C

⬡2. 最悲壮的元素发现之路——氟的发现史（下）

氟的发现经历了那么多痛彻心扉的失败，因此，大家把这种未知元素称为"死亡元素"，闻之色变。但这没有挡住勇者的脚步，还有很多化学家明知山有虎，偏向虎山行，弗雷米的学生莫瓦桑就是其中一个。

莫瓦桑在实验室电解氢氟酸。

莫瓦桑是一个法国铁路工人的儿子，从小家境困苦，一直到12岁，他才进入小学。虽然他的父亲没有钱给他买书和文具，但是他特别热爱学习，尤其热爱化学。他从老师那里借来了各种化学书，如饥似渴地阅读，同时，还自己动手做各种化学实验。

18岁那年，他因为家庭困难而辍学去药店做了学徒。在这期间，莫瓦桑竟然出了名。有一次，药店里冲进来一个人，他呼吸困难，大喊救命："我中了砒霜毒。"老药剂师摇摇头，表示无能为力了。这时，莫瓦桑站了出来，他让病人服用了催吐剂与其他解药，结果病人很快就好转，过几天就康复了。事后，巴黎的一家小报以"'起死回生'的药店学徒"为题，报道了这件事，许多巴黎人都知道了莫瓦桑的名字。

当然莫瓦桑不是追求名利的人，他一边做学徒，一边自学，22岁那年，他通过了考试，拿到了中学毕业证书，25岁那年，又拿到了大学毕业证书，并考上了化学家弗雷米的研究生，这成为他一生的转折点。在弗雷米的实验室里，他孜孜不倦地学习和实验，经常连续十几小时查阅资料和做实验，有一次竟然连续工作30个小时。

在他进入弗雷米实验室后的第二年，有一个同学拿着一个药品的瓶子告诉他："这是氟化钾，世界上还没有一个人能从里面提取出单质氟。"

"我们的老师也不能吗？"

"是的，大化学家戴维都失败了，诺克斯、盖－吕萨克、鲁耶特、尼克雷都失败了，他们中有一些中毒，有一些甚至送了命。"

从此，"单质氟""死亡元素"在莫瓦桑的脑海里不时地浮现出来，这已经成为他人生中最高远的目标。

1885年，莫瓦桑开始了他的"人生工程"。他先花了好几个星期的时间查阅科学文献，研究了几乎全部有关氟及其化合物的著作。他认为已用的方法都不能把氟单独分离出来，只有戴维设想的一种方法还没有实验过。戴维认为：磷和氧的亲和力极强，如果能制得磷的氟化物，再使其和氧气作用，则可能生成磷的氧化物和氟单质。由于当时还没有方法制得磷的氟化物，因而设想的实验没有实现。

于是莫瓦桑用氟化铅与磷化铜反应，得到了气体三氟化磷，然后把三氟化磷和氧气的混合物通过电火花，结果发生了爆炸，烧坏了两个铂金管，更令人丧气的是三氟化磷和氧气生成的根本不是氟单质，而是氟氧化磷。

当时的化学还根本没有化学势的概念，从拉瓦锡时代开始，人们就一直认为氧气的氧化性是最强的。氧元素甚至作为酸素帮助其他元素形成含氧酸，去氧化其他物质。现在人们发现了，氟甚至能作为氧的"酸素"，形成氟氧化物，这该有多强的氧化性！

好了，过去无数的失败教训似乎在论证一个骗子的悖论：我的瓶子里是腐蚀性最强的东西。当然就会有智者反驳：那它为什么腐蚀不了你的瓶子呢？是的，我们知道氟是腐蚀性最强的单质，然而又要求我们找到能不被它腐蚀的容器，这得有多难！

铂金容器可以用作坩埚，但是很难抵御氟的腐蚀。

然而莫瓦桑绝对不会放弃，他想：氟必然是一种最活泼的非金属元素，那就不能在高温下制备它，也不能用一般的化学方法，如置换反应等。看来，只有用电解法了！电解法同样存在之前科学家们所遇到的问题：有水时，只是水被分解；没有水时，怎么导电呢？莫瓦桑的方法是在三氟化砷中加入一点氟化钾，这样氟化钾可以帮助室温下的三氟化砷导电。

莫瓦桑接通了电流。电流通了过去，阴极上开始慢慢积累了一层砷，莫瓦桑欣喜异常。可是没过多久，反应慢慢停止了，他发现是因为阴极上的砷阻碍了导电。他正准备调整他的方案，却发现自己开始神志不清醒了。"难道我也会像之前的化学家，因为氟而死去吗？"他用最后的力气关闭了电流，昏倒了过去。

当他醒来的时候，已经是几个小时以后了，他的妻子路更正在他身边哭泣。

"亲爱的路更，跟你说过多少次了，你不要来我的实验室，这里全是毒品毒气。"

"亲爱的莫瓦桑，如果不是我过来打开门窗通风，不知道你还能不能醒来。快停止你的实验吧，休息一段时间。"

"哦，不！我不能休息，我的实验马上就要成功了！"

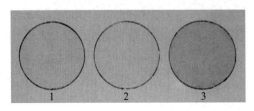

莫瓦桑展示的空气（1）、氟气（2）和氯气（3）的颜色

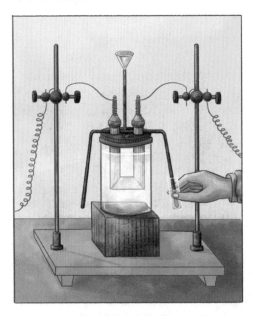

莫瓦桑提取氟的装置

莫瓦桑又开始做实验了，他找了一个铂金的 U 型管，将它打磨光滑，氟与光滑的铂金表面反应较慢。关键是塞子，在接口处总有凹凸不平的地方，他花了四天时间将一大块儿萤石磨制成一个塞子，这样总算可以既确保了安全，又避免了氟与塞子反应。他将干燥的氟氢化钾与无水的氟化氢的混合物装进 U 型管，又用冷却剂将体系的温度降到 -23 ℃，插入电极，通上电流，很快，在阳极的上方一丝又一丝淡黄色的气体冒了出来。莫瓦桑激动异常，大喊道："Fluorine！Fluorine！"

"死亡元素"从舍勒开始，历经 100 多年，终于被莫瓦桑提取出来！在这背后，是无数化学家的血泪甚至他们的生命，这是一段悲壮的历史，更凝聚着人类对于未知的渴望，这是人类文明最可贵的精神。朝闻道，夕死可矣！

1906 年，诺贝尔化学奖被授予莫瓦桑，以表彰他发现氟单质的贡献。这个奖是对他最有意义的回报，而且也正当时，获奖第二年，莫瓦桑就因病去世了，临死之前，他感叹："氟夺走了我十年的生命！"

莫瓦桑死后，他的妻子路更也因悲痛而去世。他们的儿子路易将他们的所有遗产20万法郎捐献给巴黎大学作为奖学金：一种叫莫瓦桑化学奖，用以纪念他的父亲；另一种叫路更药学奖，用以纪念他的母亲。

小 测 试

1. 首先提取出来号称"死亡元素"的氟单质的科学家是

   A. 戴维　　　　B. 莫瓦桑　　　C. 舍勒　　　D. 安培

2. 在莫瓦桑的氟单质提取实验中氟氢化钾的作用是

   A. 实验体系的导电介质　　　　B. 干燥剂

   C. 还原剂　　　　　　　　　　D. 氧化剂

3. （多选）下列元素中和氟属于同一族的是

   A. 氯　　　　　B. 溴　　　　　C. 碘　　　　D. 氧

3. 史上最暴烈元素是怎样炼成的

氟元素在元素周期表上排名第九，在宇宙中的丰度只排在第24位，跟它周边的碳、氮、氧、氖、钠、镁等元素相比，其含量少了不止一个数量级。这是因为一方面氟的原子序数是奇数，另一方面氟原子核非常容易与氢核反应生成氧核和氦核，也容易与氦核反应生成氖核和氢核，所以在一般的恒星中，氟元素只是一个中间产物。

原子序数	元素	相对含量
6	C	4 800
7	N	1 500
8	O	8 800
9	F	1
10	Ne	1 400
11	Na	24
12	Mg	430

而宇宙中毕竟是有氟元素的，它们来自哪里呢？

在氧元素那一章我们提到，如果有一颗超大恒星质量达到十个太阳质量以上，它最终的内部结构将类似于洋葱的形状，越往里元素越重。在寿终正寝的时候会发生一次剧烈爆炸，这样的剧烈爆炸会产生很多的中微子，这些中微子会与氖核反应生成氟核。

如果一颗恒星的质量更大，大到十几到几十个太阳质量，天文学家叫这类恒星

图片为哈勃望远镜拍摄到的一颗"沃尔夫·拉叶星",中间高亮的部分是它的星核,由氦、碳、氮、氧元素组成,高温让这些元素继续融合成更重的元素。外围都是它喷射出的气体,这些气体未来有可能会形成一颗新的恒星或者一个行星系。

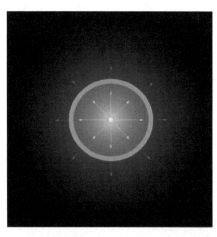

图片为渐近巨星支恒星的模型,其最后会变成一颗行星状星云,太阳最后的结果就是这样。

为"沃尔夫·拉叶星"。这类大质量的恒星内部的引力非常强大,因此核反应会异常剧烈,导致它们的温度超高,可以达到30 000 ~ 200 000 ℃,而它们的寿命又特别短,只有10万 ~ 100万年。

这类恒星中央是一个高温的核,常以每秒1 000 ~ 2 000 km的速度不断地向外抛射物质,在恒星周围形成巨大的气壳。在这种抛射过程中,有可能会将中间产物氟核抛射出去,避免它与氢核或氦核反应。据天文学家预测,银河系中大约有150颗"沃尔夫·拉叶星",它们是恒星中的"高富帅"!

氟不仅产生于"高富帅"恒星,也产生于二代或三代、四代那些质量相对较小的恒星内。每颗恒星都将经历生老病死,一开始氢核燃烧成氦核,随着时间的延长,氦核周围的氢核越来越少,核反应变弱,辐射压力下降,于是平衡被打破,引力占了上风,有着氦核和氢外壳的恒星在引力作用下收缩坍塌,其密度、压强和温度都急剧升高,氢核的燃烧向氦核周围的一个壳层里推进。这以后恒星演化的过程是内核收缩、外壳膨胀,变成一颗红巨星。其中0.6~10个太阳质量的恒星叫"渐近巨星支恒星",这种渐近巨星支恒星喜欢喷射出大量的尘埃粒子,其中就有氟原子核。

由此看来,经历了130多亿年的岁月,宇宙中的元素已经被这些恒星折腾过好多次了,所以我们才能在地球上看到各色各样的元素。氟元素虽然在宇宙中含量甚少,但在地壳中的丰度还算过得去,在元素中排名第13位。

氟由于其强烈的活性,在地球上一般不以单质形式存在,都以盐类的形式存在,最多见的就是萤石。萤石的成分很简单,就是氟化钙,以立方体或者八面体的晶体存在，其中经常混杂着其他元素，因而呈现出各种各样的颜色。晶体形状完整、颜色美丽的萤石可以堪称宝石哦！

纳米比亚出产的宝石级萤石

早在 7 000 年前，中国的河姆渡人已经采用萤石做装饰品了。后来人们发现在冶炼金属时加入一点萤石，可以让炉渣的流动性更好，因此萤石成为金属冶炼的重要助剂。这一点最早被德国博物学家阿格里科拉记录下来，他将萤石命名为"fluorspar"。

现在萤石更多地被用于生产氢氟酸，并进一步被用于氟化工。现在，氟化工还是精细化工的高精尖。有一个段子称"世界萤石在中国，中国萤石在浙江，浙江萤石在金华，金华萤石在武义"，中国巨大的萤石储量支持了氟化工的迅速发展。萤石还作为助熔剂用于玻璃工业，在水泥工业中作为矿化剂，可以降低炉料的烧结温度，在陶瓷工业中用作瓷釉，起到助色和助熔作用。萤石真可谓"多才多艺"啊！

古印度人发现有个小山岗，那里有很多眼镜蛇总围着一块儿大石头。这种奇异的自然现象引起人们探索奥秘的兴趣。原来，每当夜幕降临，这里的大石头会闪烁微蓝色的亮光，许多具有趋光性的昆虫便纷纷到此石头上空飞舞，青蛙跳出来竞相捕食昆虫，躲在不远处的眼镜蛇也纷纷赶来捕食青蛙。于是，人们把这种石头叫作"蛇眼石"。

现在我们知道蛇眼石就是萤石。矿物内的电子在外界能量的刺激下，会由低能状态进入高能状态，当外界能量刺激停止时，电子又由高能状态转入低能状态，这个过程就会发光，这就是"荧光"。萤石在日光灯照射后可发光几十小时，这种光相对微弱，白天看不见，夜里却很亮。传说中的"夜明珠"就是这个机理，萤石只是其中的一种。因为萤石具有荧光现象，1852 年荧光被命名为"fluorescence"。所以，氟、萤石、荧光都源于同一个词根"flux"（意

一颗直径一米多、重达六吨的夜明珠

为"流动")。

除了萤石之外，地球上分布最多的氟化合物就是冰晶石了，它的化学组成是六氟铝酸钠（Na_3AlF_6）。它不像萤石那样光彩夺目，却是重要的工业原料。由于熔融的冰晶石可以降低氧化铝的熔点，所以在电解铝工业中用作助熔剂，迄今为止还没有发现另一种化合物可以代替冰晶石的。这是因为冰晶石除了能够降低氧化铝的熔点以外，还具有其他一些不可缺少的性质，如稳定性好，在一般条件下不分解、不挥发、不潮解，熔点高于铝，导电性好，等等。可以说，如果没有冰晶石，全世界也许就没有如此大规模的铝工业，铝的价格也就没有这么低，应用也就没有这么广泛。

冰晶石在自然界比较稀少，只有在格陵兰岛有大量的分布，但是已经被开采殆尽。现在多用萤石合成冰晶石，但是萤石也不是什么便宜的资源。如果能解决冰晶石的供应问题，或者找到更廉价的替代品，铝工业将会发展得更好。

还记得吗？前面我们提到氟在地球上一般不以单质形式存在，看到"一般"二字没有？既然有一般，就一定有特殊。科学家们在一种叫"呕吐石"的东西里面发现了氟气的存在。如果你觉得"呕吐石"这个词还不够直截了当，那不妨将其理解为"变成化石的呕吐物"，没错，就是史前动物呕吐物的化石。这种石头会发出特别恶臭的气味，经常让矿工们恶心呕吐，这其中也有氟气的"贡献"。

在格陵兰岛发现的外观不错的冰晶石

来自德国南部上普法尔茨市沃尔森多夫的萤石（呕吐石）

其实氟在人体内也有不少呢，主要存在于我们的牙齿和骨骼里，占人体内氟总量的90%，这是因为氟可以帮助我们的骨质更加紧密。居住在云南、贵州、山西、陕西、河南等地区的人中，有不少人的牙上有很多棕色的斑迹，粗看起来就像是小花点，当地人把这叫作"花斑牙"。原来，这些地区的饮用水中含氟的矿物质成分较高，过多的氟影响了牙齿的结构，使牙齿局部变色，医学上把这称为"氟斑牙"。

氟斑牙虽然外观欠佳，却有一个优点——不容易得龋齿。原来，氟在牙齿中可以起到抗菌、抗酸、抗酶的作用。那么是不是氟斑牙越严重就越不容易生蛀牙呢？倒也不是，如果含氟量过高，牙釉质在发育期间就会遭到严重影响，这种牙齿的结构疏松，也难免会生蛀牙。

因此，一些商家推出了"含氟牙膏"，号称可以治蛀牙。其实，在低氟地区，用一些"含氟牙膏"是没有问题的，但是不要期望效果会有多大，因为本身我们每天的食物里就有微量的氟，你可不要指望使用了"含氟牙膏"之后，就能得到心仪已久的花斑牙。

如果你本身就在高氟地区，那可要注意了，因为长期过量摄入氟会有极大可能引起"氟骨症"，得这种病的人会出现腰腿关节疼痛、关节僵直、骨骼变形等症状。

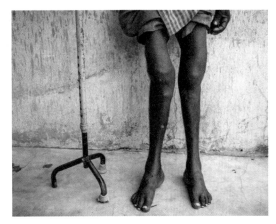

另外，即使你在低氟地区，也要尽量避免让儿童使用含氟牙膏，因为儿童吞咽功能不健全，刷牙也不够熟练，牙缝里常常会残留较多牙膏，甚至会把漱口水咽进肚里，如果长期使用含氟牙膏，将会导致体内氟摄入量增加，千万不能因小失大哦！

氟骨症患者，关节和骨骼已经变形。任何事物都是两面的，氟多了也没有好处。

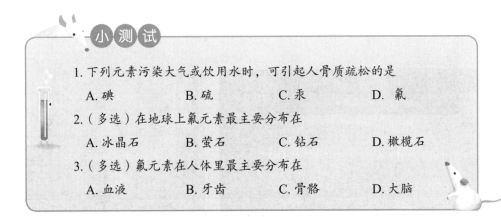

小测试

1. 下列元素污染大气或饮用水时，可引起人骨质疏松的是

　　A. 碘　　　　　　B. 硫　　　　　　C. 汞　　　　　　D. 氟

2. （多选）在地球上氟元素最主要分布在

　　A. 冰晶石　　　　B. 萤石　　　　　C. 钻石　　　　　D. 橄榄石

3. （多选）氟元素在人体里最主要分布在

　　A. 血液　　　　　B. 牙齿　　　　　C. 骨骼　　　　　D. 大脑

【参考答案】 1. D　2. AB　3. BC

4.氟化工（一）：氟的无机化合物和氢氟酸

氟的化学性质极为活泼，看似危险，却被化学工作者变成了安全的物质，出现在我们的身边。接下来的几节我们就来看看化学家是如何一步一步将氟元素变成了我们身边安全有用的东西。

现在实验室制取氟气已经有更好更安全的方法了：先用过氧化氢、氟氢化钾处理高锰酸钾，得到六氟合锰酸钾，然后再用六氟合锰酸钾和"超级酸"五氟化锑反应，就可以得到氟气了。但实验室制法成本太高，不经济，所以现在的工业生产还是采用莫瓦桑的电解法，只是防护措施已经好得太多了。人们发明了钝化工艺，钝

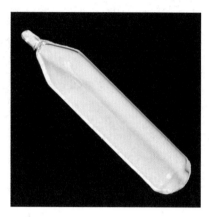

氟气为淡黄绿色剧毒气体，图为模拟状态（在高压下可能是这样），实际情况下氟会磨蚀玻璃。

化的不锈钢瓶可以安全地储存氟气，另外还可以用更安全的蒙乃尔铜镍合金做成容器。

大量氟气被用来制取六氟化硫，这是一种很重的气体，比空气重四倍多，所以，如果你将这种气体储存在容器内，它不会逃出来；如果你在上面放一张薄的锡箔纸，纸会漂浮在气体上，不会掉下去，这简直可以用来变魔术了。正因为它很重，如果你吸入了这种气体，你的声带会变得特别浑厚。但我实在不建议你做这样的实验，虽然六氟化硫是无毒的，但是不纯的工业六氟化硫会含有氟化氢等有毒气体。

六氟化硫是很重的气体，一艘锡纸船可以轻易悬浮其上。

六氟化硫用在变压器中。

六氟化硫真正有用的地方是它的绝缘性能特别好，所以被用来填充在变压器等电子设备中，用作断路器。在高压开关、大容量变压器、高压电缆等地方我们都能看到它的身影。

说点儿氟更大的应用，那就是原子弹！最早的时候，原子弹的核材料是铀，铀在自然界的同位素主要有铀235和铀238，铀238是一种稳定的同位素，铀235则很容易发生裂变，但是铀235在自然界的占比只有0.7%，如果要制造原子弹，就必须要把铀235和铀238分开，得到铀235纯度更高的"高浓缩铀"。

铀235和铀238性质几乎完全一样，微小的差别就是它们的相对原子质量相差仅仅约1.3%。对于科学家来说，这么"巨大"的差别已经足够将它们分离了。如果能得到气态的铀或者铀的化合物，用离心机就可以将不同相对原子质量的铀同位素分离开。

铀是很重的固体，沸点在3 700 ℃以上，要将铀加热到气体形态显然很耗费能量。它的氟化物六氟化铀的沸点只有60 ℃左右，这实在是一个好东西，所以先将铀氧化成六氟化铀，再用离心机将它们分离开，这样可以得到浓度大于80%铀235的高浓缩铀。

相对于氟单质，氢氟酸是更重要的原料。得到氢氟酸相对比较容易，将硫酸和萤石加热到700 ℃就可以了。氢氟酸是一种弱酸，但腐蚀性特别强，尤其是对氧化物和玻璃。它的这种性质被用来蚀刻玻璃，玻璃上美丽的花纹就是用氢氟酸搞出来的。同样的道理，氢氟酸还可以用来蚀刻硅半导体的表面，或者帮助清洗钢铁表面，去除掉一些氧化物。

玻璃表面的花纹是用氢氟酸弄出来的。

对于人体来说，氢氟酸是极度危险的。氟离子进入血液可与钙、镁离子结合，成为不溶或微溶的氟化钙和氟化镁，量大的话直接堵塞血管。氢氟酸的渗透性特别强，接触皮肤后它会迅速穿透角质层，渗入深部组织，溶解细胞膜，引起组织液化，重者可深达骨膜和骨质，使骨骼成为氟化钙，形成愈合缓慢的溃疡。

2013年12月27日，安徽省郎溪县某中学的学生在教师带领下做萃取实验和雕花玻璃腐蚀实验，实验过程中多名学生手指沾了氢氟酸，事后感觉不适，其中7

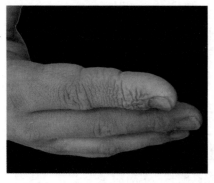

被氢氟酸灼伤的手，伤害会深入骨头！

名学生被送到医院救治。

这里我们只能感叹教育工作者对于安全的无视了，要知道，在需要接触氢氟酸的工厂里、实验室里，工人们、实验员们必须要全副武装，带好面罩、手套，穿好实验服，车间或者实验室里都有喷淋装置。虽然，我在书中一直向大家介绍化学家们面对课题时的无畏，但到了现在，前辈们已经用血泪甚至生命让我们了解了哪些是安全的，哪些是有风险的，我们还对这其中的风险过于无视，那就是无知者无畏了。

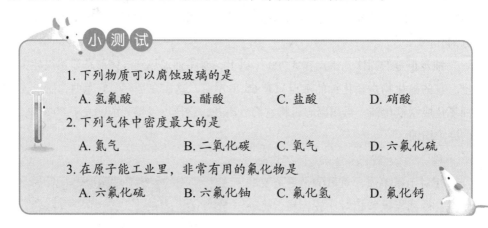

小测试

1. 下列物质可以腐蚀玻璃的是

　　A. 氢氟酸　　　　B. 醋酸　　　　C. 盐酸　　　　D. 硝酸

2. 下列气体中密度最大的是

　　A. 氮气　　　　　B. 二氧化碳　　C. 氧气　　　　D. 六氟化硫

3. 在原子能工业里，非常有用的氟化物是

　　A. 六氟化硫　　　B. 六氟化铀　　C. 氟化氢　　　D. 氟化钙

⬡ 5. 氟化工（二）：氟利昂的前世今生

制冷技术对人类社会的改变超出了我们的想象：冰箱让我们可以更长久地保鲜食物，空调让我们不管严寒还是酷暑都可以正常地工作、学习和生活。前面说到硝石的时候我们提到中国的土法制冰，但是这种方法需要化学药品才能实现。19 世纪卡诺提出卡诺循环之后，人们才发现只需要一个简单的卡诺循环就可以转移热能。

我们必须感谢卡诺这个"小鲜肉"，他的发现带来了冰箱、空调的发明。

【参考答案】 1. A　2. D　3. B

卡诺循环中的低温热源是由可液化的气体制冷剂提供的，最早的制冷剂是氨或者二氧化硫，非常不环保。1929 年，发生在俄亥俄州克利夫兰某家医院的冰箱泄漏事故使超过 100 人丧生。这起事件让美国人托马斯·米奇利心情十分沉重，他想，必须要研制一种稳定、不易燃、不腐蚀且无毒的新型制冷剂。

他查看门捷列夫的化学元素周期表，发现位于周期表右边的非金属元素能生成在室温下呈气态的化合物，同时他还注意到化合物的可燃性从左到右依次减小，比如甲烷很容易燃烧，氨就很不容易了，水和氟化氢则是怎么都烧不起来，因此，卤化物是非常好的阻燃剂，他考虑用氟、氯化合物来做新型制冷剂。有了好的想法和思路，工作起来就更加得心应手，仅仅用了三天，他就合成出二氟二氯甲烷（即 CFC–12 或 R12）。

一般叫他"小托马斯·米奇利"，在世时他被认为是世界上最杰出的发明家，先后被授予珀金奖章、普利斯特里奖等化学界最高荣誉，1944 年，他还当选美国化学会主席。

美国杜邦公司于 1931 年将 R12 工业化，商标名称为"Freon"（氟利昂）。我们也会经常听到氟氯烃、氯氟烃、氯氟碳化合物、氟氯碳化合物等名词，其实都是一个东西。更专业一点，让我们看看英文缩写的分类：HFC 指的是氟取代部分氢原子的烃类，也叫氢氟烃；CFC 指的是氯和氟取代所有氢原子的烃类，氟利昂 R12 就是一种 CFC；还有一种 HCFC，就是氯和氟取代部分氢原子的烃类，比如 R22。由于杜邦公司大规模地生产这些类型的化合物，其制冷剂商标 Freon（氟利昂）几乎成为这些制冷剂的代名词，因此大多数民众可能不知道上面那些拗口的名词，但是一定知道氟利昂。

几十年后，人们才发现，氯氟碳化合物对臭氧层的危害极大，这一点我们在臭氧那一章节也描述过。到了 1987 年，《关于消耗臭氧层物质的蒙特利尔议定书》问世，明确提出要限制生产和销售 R11、R22、R113、R114 和 R115 等氟利昂产品，到 1998 年其产量要逐步降低到 1986 年生产水平的 50%，并在 21 世纪初尽可能地取消这类产品。

在这个问题上，氟很冤，大家可以复习一下臭氧

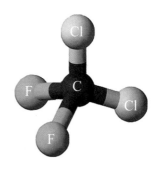

R12

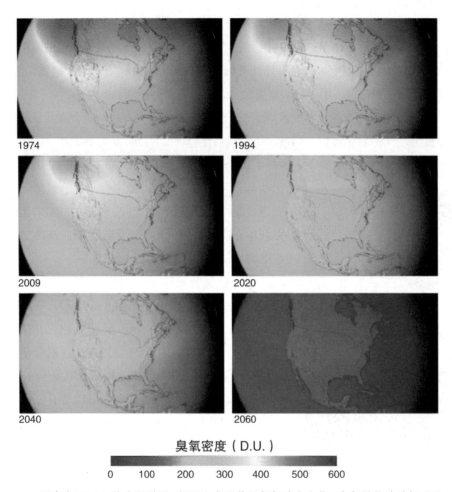

臭氧密度（D.U.）

0　100　200　300　400　500　600

图片为 NASA 做的预测图，假设人类不禁用氯氟碳化合物，臭氧层将被破坏殆尽。

那节，有一张图详细描述了氯氟碳化合物破坏臭氧的机理，实际起到破坏作用的是氯自由基。确实，不含氯的氢氟烃 HFC 对臭氧是没有伤害作用的。因此，人们又开始大量生产氢氟烃 HFC 作为新型制冷剂。

　　有些商家针对臭氧层破坏的问题，推出了"无氟冰箱""无氟空调"，其中就是使用氢氟烃 HFC 作制冷剂的，似乎叫作"无氯冰箱"更为贴切一点。也许，氟因为性质太猛烈而背上了骂名。接着，人们又发现，包括氢氟烃 HFC 在内，所有的氯氟碳化合物都是强烈的温室效应气体，这相当于给氯氟碳化合物判了死刑。

　　1999 年初，中国就曾出台一项旨在保护臭氧层的措施：到 2010 年，我国将全面禁止生产和使用消耗臭氧层的物质——氟利昂。这个计划中只提到了 CFC、HCFC，对 HFC 只字未提，所以 HFC 在中国仍然被允许生产和使用。遗憾的是新型制冷剂的价格居高不下，商家为了确保自己的价格竞争力仍然大量使用 CFC、HCFC。路漫漫其修远兮！

1.（多选）由本节内容可知，氟利昂类制冷剂被限制生产和使用的原因是
　A. 污染海洋生物　　　　　　　B. 产生温室效应
　C. 破坏臭氧层　　　　　　　　D. 产生 PM2.5
2. 发明氟利昂类制冷剂的大发明家是
　A. 爱迪生　　　　　　　　　　B. 特斯拉
　C. 小托马斯·米奇利　　　　　 D. 钱学森

6. 氟化工（三）：塑料之王

20 世纪的前 50 年，杜邦公司就像现在的谷歌、特斯拉、SpaceX，总有新发明新创造，引领了时代潮流。在氟利昂商业化之后，他们又找到了新的商机。

普伦基特是美国杜邦公司杰克森实验室的化学家。1938 年夏天，普伦基特正在研究氯氟烃的制备，之前成功商业化的氯氟烃都是氯氟烷烃，可是他对氯氟烯烃产生了兴趣。他选择了最简单的四氟乙烯，并将四氟乙烯存放在由干冰冷却的钢瓶里，以做进一步的研究。有一天，他和助手一起打开了钢瓶，希望四氟乙烯汽化通过流量计进入反应器。没多久，他们发现四氟乙烯的流动停止了，普伦基特发现钢瓶里还有不少东西，他摇晃钢瓶，发现里面有一些固体物在响动。

他用一把钢锯把钢瓶锯开，竟然发现很多白色粉末。普伦基特明白了，四氟乙烯聚合了，这白色粉末就是高分子聚合物——聚四氟乙烯。他继续研究，得到了更好的方法，制造了更多的聚四氟乙烯。1941 年，普伦基特通过专利首次把聚四氟乙烯公之于世。随后杜邦公司为聚四氟乙烯注册了"Teflon"商标，中文称为"特氟龙"。

聚四氟乙烯被制造出来以后，人们发现这实在是一种超强的材料。

【参考答案】 1. BC　2. C

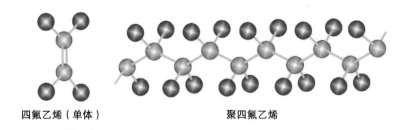

四氟乙烯（单体）   聚四氟乙烯

碳原子   氟原子

　　图示为聚四氟乙烯的结构，你可以把它和聚乙烯类比，也就是说它把聚乙烯中的氢原子都变成了氟原子，氟碳键超强的键能提供了它各方面超强的特性。

　　它十分耐寒，即使到了 –269.3 ℃的低温也没有问题，在干冰、液氮、液氧、液体空气的温度级别简直就是小意思，甚至在液氦中也能保持金身不败。它的耐热性能虽说不像它的耐寒性能那么优异，却也能耐受 250 ℃的高温。

　　它又特别耐腐蚀，不论是强酸强碱，如硫酸、盐酸、硝酸、烧碱甚至王水，还是强氧化剂，比如重铬酸钾、高锰酸钾，都不能动它半根毫毛。可以说，它的化学稳定性超过了玻璃、陶瓷、不锈钢，甚至黄金、铂金。我们知道即使黄金、铂金在王水中也会溶解，然而聚四氟乙烯在沸腾的王水中煮几十个小时却依然如旧。所以，如果莫瓦桑时代就有这种材料，就不会有那么多化学家在氟元素的发现上损失健康甚至生命了，当然这是个"先有鸡还是先有蛋"的问题。

　　它又特别难被浸湿，在水中浸泡一年，它不会膨胀，重量也不会增加。至今人们还没发现有哪一种溶剂，能够使聚四氟乙烯膨胀。此外，聚四氟乙烯的介电性能也特别好，而且它的介电性能与频率无关，也不随温度而改变，这让它在电器中成为很好的绝缘材料。

　　聚四氟乙烯的这些性能让它赢得了"塑料王"的美称！

　　法国工程师马克·格雷瓜尔是一个热爱钓鱼的人，他经常因为钓鱼线纠缠到一起而烦恼。他发现聚四氟乙烯涂层的表面特别光滑，就将聚四氟乙烯涂在他的钓鱼线上，果然，他的钓鱼线如果纠缠到一起，只要轻轻一扯，就顺溜地解开了。

　　1954 年，他的妻子科莱特看到这一点，突发奇想，如果将聚四氟乙烯涂在锅的表面，那以后岂不是会省心很多，再也不用担心煎饼、面条、米饭、肉酱沾到锅上了。格雷瓜尔听了妻子的建议立即开动脑筋，废寝忘食地寻找出了将聚四氟乙烯和铝结合在一起的办法,世界上第一只"不粘锅"就这样诞生了。

近年来,有网络写手炮制出一些耸人听闻的小文章,提到不粘锅表面的聚四氟乙烯是剧毒物质,并呼吁大家抵制不粘锅。更有一些人提出,使用不粘锅去烹调一些酸性食物,会释放出致癌物质。这就有一点无知了,前面我们提到,聚四氟乙烯是很稳定的物质,完全化学惰性,酸性食物那么点"酸性"距离王水还远着呢,怎么

不粘锅的表面就是聚四氟乙烯。大家请牢记,聚四氟乙烯只是塑料而已,千万不能用钢丝球去洗不粘锅啊!

可能跟聚四氟乙烯发生反应?换一句话说,即使有痕量的聚四氟乙烯进入人体,也不会在人体内发生化学反应。况且,只要不对着不粘锅空烧,达到250 ℃以上的高温,聚四氟乙烯不会熔融,更不会分解了。所以,我们还是要懂化学才能更好地生活。

聚四氟乙烯这种"塑料之王"可不光用在厨房里,因为它特别光滑,机械上的各种轴承、齿轮、滑轮都可以用它来做。它的表现远胜于酚醛树脂、尼龙,可能只有超高相对分子质量的聚乙烯才能跟它媲美。高端复合材料多为炭纤维和玻璃纤维,这二者的耐腐蚀性能比聚四氟乙烯要弱很多,因此在它们外面涂一层聚四氟乙烯,能起到很好的隔离作用。这不光用于航空业,还可以用于建筑等其他领域,举世闻名的迪拜阿拉伯塔就是其中一例。

◀这些机械元件都是用聚四氟乙烯材料做的。

高性能聚四氟乙烯用于飞机表面涂层

▲阿拉伯塔号称七星级酒店,其外表用的是涂覆了聚四氟乙烯的玻璃纤维,这些表面膜材料可以有效抵抗紫外线、火灾、昼夜温差和沙尘暴。一到晚上,它们就变成了一个巨大的投影屏幕,将奢华演绎到极致。

小测试

1. 不粘锅内的涂层所用的物质是
   A. 聚氯乙烯　　　B. 聚异戊二烯　　C. 聚四氟乙烯　　D. 聚苯乙烯
2. 发明聚四氟乙烯的公司是
   A. 拜耳　　　　　B. 杜邦　　　　　C. 苹果　　　　　D.Facebook

⬡ 7. 氟化工（四）：含氟化合物，是良药还是毒物

上一节里，我们实在不能一一列举聚四氟乙烯的用途，因为实在太广了。聚四氟乙烯超强的性能主要取决于它的化学结构，在它的结构中，只有碳碳键和氟碳键。我们知道碳碳键很强，而氟碳键则更强，确保了氟碳化合物的稳定性。这种稳定性可以被扩展用到其他地方，比如表面活性剂。

图片为全氟辛烷磺酸盐结构图，巨大的氟原子妥妥地包裹着里面的碳原子。

我们知道，含碳表面活性剂之所以能体现出超低的表面张力，乃是因为甲基的表面张力超低。有机硅表面活性剂的表面张力更低，实际是因为硅氧键的柔韧性能将更多的甲基朝向外面。而含氟表面活性剂完全不一样，氟是电负性最强的元素，电子对于氟元素而言就是"你的就是我的，我的还是我的"，这使得氟原子非常难以被极化，氟碳链极性比碳氢链小。因此，

在织物上产生荷叶效应，是含氟表面活性剂的亮点。

含氟表面活性剂各分子之间的范德华力很弱，这使得它的表面张力尤其低。

1949 年，美国 3M 公司合成了一种新型化合物全氟辛烷磺酸盐（PFOS），并用于制造他们的产品斯科奇嘉德防油防水剂，一时间红遍全美。使用了这种防水剂的服装表面可以产生"荷叶效应"，不沾水也不沾油，水滴或者油滴在这类衣服上面就好像露

珠在荷叶上一样。从此含氟表面活性剂开始成为各个追求创新的化学公司研发的焦点。

1999 年，美国环境保护署开始对 PFOS 的毒性展开调查。原来，这些含氟表面活性剂持久性极强，是最难分解的有机污染物之一，在浓硫酸中煮一小时也不分解。它们很容易在动物体内沉积，多国研究机构的研究结果表明：PFOS 及其衍生物通过呼吸道吸入和饮用水、食物等途径摄入，而很难被生物体排出，最终富集于生物体的血液、肝脏、肾脏、大脑中。看来太稳定的东西也不好啊。

2000 年，3M 公司和几家美国公司宣布停产 PFOS、PFOA 等含氟产品，现在这些含氟产品还在世界范围内生产，主要生产地是中国。

看起来氟化工的名声不太好，虽然有很多的新发明，但是几乎出来一个被枪毙一个，氟利昂、PFOS 姑且不论，就连不粘锅也受到了质疑。这其中有一些是误解，有一些是对环境真正的破坏。我要说，这是人类发展的必经阶段，还是那句话，我们不可能回到过去了，发展中遇到的问题只能用继续发展来解决。当然，总结过往的经验是必要的。

其实，氟化学品已经在很多的领域发挥着重要作用，它们就在我们身边。

◀新能源汽车的出现对锂电池提出了更高的要求，六氟磷酸锂电解液目前很火爆。

此外，因为含氟化学品特别稳定，并且可以降低液晶的黏度，所以手机、电视机、电脑的液晶显示器里都有含氟化学品。

◀含氟药物，如诺氟沙星又称氟哌酸，用于治疗各种炎症；氟西汀用于治疗抑郁症。

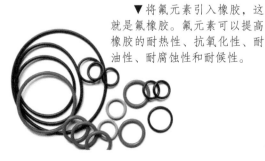

▼将氟元素引入橡胶，这就是氟橡胶。氟元素可以提高橡胶的耐热性、抗氧化性、耐油性、耐腐蚀性和耐候性。

▲ 30% 的农药都含氟，氟元素可以增强农药的耐久性、渗透性。含氟农药还具有高度的选择性，是接下来的开发重点。

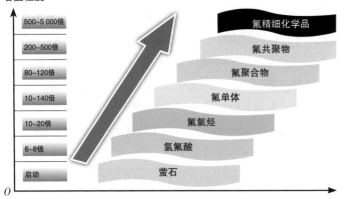

增值程度

500~5 000倍	氟精细化学品
200~500倍	氟共聚物
80~120倍	氟聚合物
10~140倍	氟单体
10~20倍	氟氯烃
6~8倍	氢氟酸
启动	萤石

氟化工产品增值路径

我国的氟化工在过去十几年里发展非常迅速,产能已经超过 600 万吨 / 年,产量占全球近 55%,销售额占全球约 33%。但是问题也很大:一方面出现了产能过剩,氟化氢和氟化铝等产品表观消费量甚至不足产能规模的一半;另一方面,我国的氟化工还是聚焦在生产低端的基础原材料,高端新兴产品匮乏,因此附加值不高;更潜在的危机是,发达国家禁止生产的氟化学品,我们仍然在生产,相关法律法规严重跟不上,因为我们知道,这些产品是迟早要被禁用的。

我国的氟化工发展如此迅速,主要是依托我国浙江省的萤石资源。前面我们提到过这个段子"世界萤石在中国,中国萤石在浙江,浙江萤石在金华,金华萤石在武义",现在我们认识到,正是这些似乎随处可见的萤石资源,导致我们的氟化工项目蜂拥而上,造成了产能过剩。我们还发现,在全球范围内萤石是一种稀缺资源,一些发达国家早已停止开采萤石矿。所幸的是,现在浙江省已经禁止开采萤石矿。

我们希望,我们的开发是一种有序、健康的发展。虽说市场是个好东西,可以自由调控,但是,新建设—市场淘汰—再建设,这个过程中又有多少的资源浪费呢?

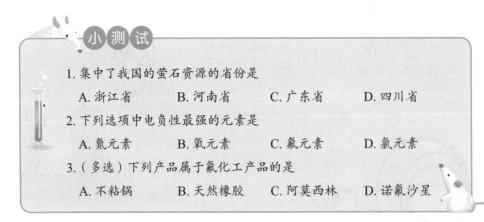

小测试

1. 集中了我国的萤石资源的省份是

  A. 浙江省　　　 B. 河南省　　　 C. 广东省　　　 D. 四川省

2. 下列选项中电负性最强的元素是

  A. 氮元素　　　 B. 氧元素　　　 C. 氟元素　　　 D. 氯元素

3. （多选）下列产品属于氟化工产品的是

  A. 不粘锅　　　 B. 天然橡胶　　　 C. 阿莫西林　　　 D. 诺氟沙星

【参考答案】　1. A　2. C　3. AD

第十章

氖

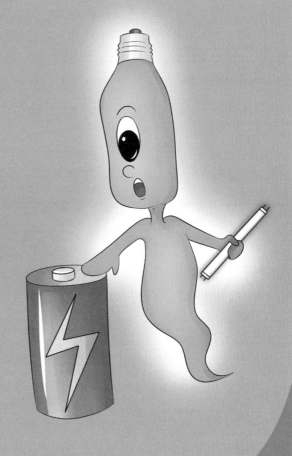

元 素 档 案

姓名：氖（Ne）。

排行：第10位。

性格：和氦元素一样，性格很宅。

形象：单分子气体，喜欢躲在霓虹
　　　灯中看夜景。

居所：在空气中有少量的存在。

第十章　氖（Ne）

氖（Ne）：位于元素周期表第 10 位，是地球上分布极少的一种稀有气体元素。氖元素的化学性质极不活泼，至今无稳定的化合物，在自然界中全部以单原子分子（氖气）的形式存在。通电之后，氖气可以发出红光，因而被称为"霓虹元素"。

1."霓虹"元素氖

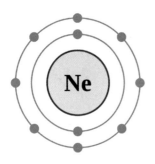

　　和其他的稀有气体一样，氖的外层电子已满，因此是单原子分子，孤零零的。

　　第 10 号元素氖在宇宙中其实不少，丰度仅次于氢、氦、氧、碳，这是因为氧核和"α 粒子"氦核很容易发生反应生成氖核。在宇宙中，偶数原子序数的元素丰度总是比较高，如氦（2）、碳（6）、氧（8）明显比锂（3）、硼（5）、氮（7）、氟（9）高，只有铍（4）这一个反例，那是因为铍 8 太不稳定。但是在地球上，氖如此之少，因为它很难和其他元素化合，所以无法结合成化合物沉淀在地表。氖在地壳里也几乎见不到，只有在空气里能找到痕量的氖。这是因为氖气是一种单原子气体，虽然氖的相对原子质量 20 大于氮的 14 和氧的 16，但是氮气和氧气都是双原子气体，它们的相对分子质量 28 和 32 就比氖气要大得多了，经过了漫长的地质年代，氖气不断散失到大气层以外，单拳难敌双手啊！

　　和氦一样，氖是英国化学家拉姆塞和助手特拉弗斯发现的，他们很幸运，一下子就把稀有气体一族"连锅端"了，氖是其中之一。

　　拉姆塞发现并成功分离了这些气体之后的一个晚上，他和助手特拉弗斯想测试一下这些气体是否导电，就把一种稀有气体注射在真空玻璃管里，然后把封闭在真空玻璃管中的两个金属电极连接在高压电源上，聚精会神地观察这种气体能否导电。

一个意外的现象发生了：注入真空管的稀有气体不但开始导电，而且还发出了极其美丽的红光。这种神奇的红光令拉姆塞和特拉弗斯惊喜不已，特拉弗斯在实验记录本上这样写道："真空管里红光的闪耀，似乎在诉说着这种气体的故事，让我们陷入深思，没齿不忘！"回家后拉姆塞告诉了他儿子这一重大发现，他的儿子提议把这种气体叫"Neon"，意为"新的"气体。

通电后管内氖气发出红光。

拉姆塞和特拉弗斯的新发现传出来以后，立马吸引了很多人的眼球，氖那红色的耀眼光芒迅速走出实验室，被一些商家视为商机。这个时候正是19~20世纪，约20年前，爱迪生发明了白炽灯，1896年，新式的穆尔放电管被发明出来，最早是用氮气和二氧化碳作为工作气体的。大家发现，如果把氖气放进去，就可以得到稳定的红色光源。但是当时，氖气只有在实验室里才有，价格可是非常昂贵的。1902年，法国人乔治·克劳德创办了气体液化公司，专门生产液化的氢气、氧气、氮气等。

乔治·克劳德，他创办的气体液化公司一直延续到现在。

氖气是副产物，就这样，氖气的成本一下子就低了很多，普遍使用成为可能。

1910年，巴黎车展在法国大皇宫举办，乔治·克劳德在这里展示了他们公司的新产品——两根充了氖气的灯管，每根灯管足有12米长。这种新式灯成为这次车展最大的亮点，吸引了全世界的眼球。乔治·克劳德后来又改进了技术，延长了灯的寿命，申请了专利，他因此赚了一大笔钱，成了百万富翁。这种新式灯也被称为氖灯，就是我们现在很熟悉的"霓虹灯"，这个名称取自"Neon"的发音，本身也有彩色的意思。现在你明白了吧，"霓虹灯"这个美丽的名字跟我们一衣带水的友好邻邦可一点关系都没有！

拉姆塞和特拉弗斯在试验过氖气之后，还试验了氦、氩、氪、氙等气体，发现不同的气体可以发出不同颜色的光，这让霓虹灯制造者有了更多的素材。再往后，人们又发明了荧光粉，不同的气体加上不同的荧光粉就可以组合出更多的颜色。五彩缤纷的霓虹灯被生产制造出来，点缀了我们的城市。氖还被用于氦氖激光器，这是第一种气体激光器，也是最重要的红光放射源。

氖和氦一样，都属于稀有气体，化学性质非常不活泼，化学家们做过很多尝试，试图合成氖的化合物，都失败了。直到现在，只在质谱仪和光谱分析中找到过氖氩离子、氖氢离子、氦氖离子等的踪影，这些不是电中性的化合物，所以我们可以说，还没有发现氖的中性化合物。

氦氖激光器曾被广泛使用，20世纪90年代之后其被成本更低的半导体激光器取代。

2014年12月，德国哥廷根大学宣布，德法研究人员制造出了水的一种新结晶形式"冰十六"，这是冰的第十七种形态，也是最轻的一种冰，密度仅仅有 0.81 g·cm^{-3}。他们用这样的方法得到这种新式的冰：先在 –130 ℃ 的低温下制造出氖的笼形水合物，就是水分子组成一个笼子的形状，将氖原子装在"笼子"里。这种水合物不代表发现了氖的化合物，因为气体分子与水分子之间没有化学键形成，是非常不坚固的，很容易用抽真空的方法将其中的氖抽出来，剩下仅由水分子形成的晶体结构，这就是"冰十六"。由于氖留下了很多空隙，所以"冰十六"的密度自然就小了很多。

这些科学家可不是无聊才去发明这些"松松的冰"。研究人员维尔纳·库斯说，这是科学家首次在实验室中直接量化水分子和气体分子相互作用的影响，有助于进一步了解气体水合物，对地质学和化学研究意义重大。我们知道，可燃冰在冻土层和海床中大量存在，它就是一种气体水合物，只不过里面的气体不是氖，而是甲烷。

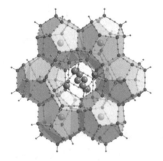

红色代表氧原子，灰色代表氢原子，蓝绿色代表氖原子。

氖的笼形水合物的球棍示意图

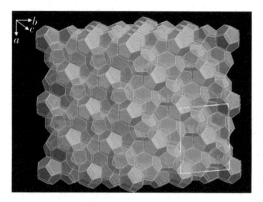

"冰十六"的框架结构

如果能将可燃冰中的甲烷释放出来用作能源，同时将二氧化碳固定在气体水合物中，则既可获取能源又能减少大气中的温室气体。类似"冰十六"的各种水合物也许能帮助人们去掌握这项技术。

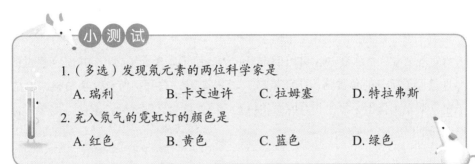

小 测 试

1.（多选）发现氖元素的两位科学家是
　　A.瑞利　　　　B.卡文迪许　　　C.拉姆塞　　　　D.特拉弗斯
2.充入氖气的霓虹灯的颜色是
　　A.红色　　　　B.黄色　　　　　C.蓝色　　　　　D.绿色

2. 同位素的发现史

战国时期，庄子提出一个重要的命题：一尺之棰，日取其半，万世不竭。说明我们中国古人已经在思考物质基本组成的问题。在庄子之前，古希腊的德谟克利特已经提出了原子的说法：宇宙是由虚空和原子组成的，原子是不可再分的物质微粒。

到了近代，随着戴维、拉瓦锡、贝采里乌斯等发现了一个又一个元素，人们才开始意识到这些元素可能是物质最基本的组成，这种最基本的组成可能不止一种，而是很多种。在这种背景下，19世纪初道尔顿提出了现代化学的原子论：每一种化学元素都由一种不可分的微粒组成，这种不可分的微粒就是原子，每一种原子都有其特别的原子质量。

古希腊全才——德谟克利特，通晓哲学的每一个分支，而且还是出色的音乐家、画家、雕塑家和诗人。传说柏拉图曾经想把德谟克利特的书全烧掉，因为这些书的存在让柏拉图无书可写了。

道尔顿的这个学说虽说有抄袭德谟克利特之嫌，但是在当时，原子论对整个化学界来说简直是扫清了迷雾，让大家对整个世界的看法更加清晰了。它揭示出一切化学变化的实质都是原子的运动，化学家们的研究对象就是这些原子的运动和结合方式，化学真正从"科学哲学"中独立出来，成为一门学科。说句玩笑话：化学家们在科学界终于有正式的"编制"了。

有了原子论的指引，化学家们立刻想到，原子质量作为每种元素的特征，一定值得重点研究。有人猜想，可以假定最轻的氢原子质量为1，那么其他更重的元素都是氢原子质量的整数倍。比如氧是16，氮是14，这都很符合这个猜想。但是贝采里乌斯立刻指出：氯的相对原子质量是35.5，这怎么解释呢？这使得化学家对于原子量的研究陷入了僵局。

到了20世纪初，英国的汤姆逊发现了电子，说明原子不是物质最基本的结构，竟然还可以再分。这让科学家们想到去探寻原子内部更深的秘密，这不是本文讨论的内容了。

20世纪初，英国化学家索迪整理了一些放射性衰变的数据，发现在82号元素铅到92号元素铀之间，竟然存在40种不同质量的原子核，这明显和元素周期表的预测是相违背的。他试图用化学的方法将这些不同质量的"元素"分离，结果都失败了。1910年，他宣布这几种"元素"是不可能分离开的。1913年，他提出假设，可能会有好几种原子在元素周期表上占据同一个格子，虽然离经叛道，但已经有"同位素"的雏形了。

英国著名科学家道尔顿，晚年成为学霸，但是这不妨碍他在历史上留下英名。

这位汤姆逊不是开尔文勋爵，一般称为 J.J.汤姆逊，是1906年诺贝尔物理学奖的获得者。

英国化学家索迪，是第一个提出同位素概念的人。

理论上提出同位素概念还只是开始，科学必须要用实验来验证。话说 J.J. 汤姆逊除了发现电子外，还发明了质谱仪，有一次他让氖原子核通过质谱仪，结果屏幕上却出现了两条轨迹。在科学史上，做实验的时候碰到不符合自己想法的现象发生就等于撞大运了，因为这往往意味着要有新的发现诞生了，大家可以想想之前的拉姆塞发现氦的时候，面对那条黄线的情景。J.J. 汤姆逊仔细检查了他的设备，也将他的氖气反复提纯，可是屏幕上始终还是那两条轨迹。最终，他只能得出结论：还有一种原子质量更重的氖。

图示为 J.J. 汤姆逊的实验图，氖的轨迹分成两道，一明一暗。

英国人阿斯顿改进了 J.J. 汤姆逊的质谱仪，分辨率更高，他证明了氖有两种同位素——氖20 和氖 22。在自然界里，氖 20 更多，占 90% 左右，氖 22 较少，所以表观上，氖的相对原子质量是 20.2。氯的相对原子质量也被搞清楚了，原来自然界里氯最多的同位素是氯 35 和氯 37，氯 35 更多，大约占 75%，氯 37 较少，所以氯的相对原子质量就是 35.5。根据这些事实，他提出了著名的整数法则：所有元素的每一种同位素的相对原子质量都是氢元素相对原子质量的整数倍。他因此获得了 1922 年诺贝尔化学奖。

1932 年，查德威克发现了中子，原子内部的秘密终于被揭开了。原子由原子核与核外电子组成，电子带负电，质量很轻，它的运动与宏观物体运动不同，没有确定的方向和轨迹，只能用电子云描述它在原子核外空间某处出现机会（概率）的大小，电子云占据了原子核外的广大空间。

1935 年诺贝尔物理学奖获得者查德威克。同位素的发现史就是用诺贝尔奖堆出来的。

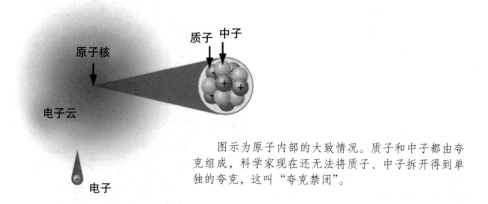

图示为原子内部的大致情况。质子和中子都由夸克组成，科学家现在还无法将质子、中子拆开得到单独的夸克，这叫"夸克禁闭"。

原子核由质子和中子组成，质子带正电，中子不带电，这"哥儿俩"相对于电子来说很重，质子质量是电子质量的1 836倍，中子质量是电子质量的1 839倍。所以，如果把原子比作体育场，原子核只有一个足球那么大，但是这个"足球"集中了原子几乎所有的质量。

现在我们明白了，同位素就是同一种元素中质子数相同而中子数不同的几种原子。由于质子数相同，所以它们的核电荷数和核外电子数都相同（质子数 = 核电荷数 = 核外电子数），并具有相同的电子层结构。因此，同位素的化学性质是相同的，但它们的中子数不同造成了各同位素的相对原子质量会有所不同，原子核的某些核物理性质（如放射性）也有所不同。

1. 电子的发现者是

　　A. J. J. 汤姆逊　　B. 开尔文勋爵　　C. 卡文迪许　　D. 查德威克

2. 截至1999年，人们已经发现了113种元素，是否可以说我们已经发现了113种原子？为什么？

【参考答案】 1. A　2. 不可以，113种元素不等于只有113种原子，很多元素还存在着不同的核素，即有同位素存在，所以原子种类实际上多于113种。

第十一章

钠

元素特写

有食物的地方就有我,我燃烧时自带黄色光环。PS:不要妄想用水来封印我!

元素档案

姓名:钠(Na)。

排行:第11位。

性格:非常活泼,相较于锂,钠元素已颇具碱金属的野性,能直接与水剧烈反应。

形象:银白色金属,燃烧时发出黄光,组成了食盐与苏打家族,是家居生活的调味能手。

居所:在地球上,以盐的形式广泛存在于陆地和海洋中。

第十一章　钠（Na）

钠（Na）：位于元素周期表第 11 位，是一种柔软的、银白色碱金属。钠的还原性强，化学性质极为活泼，可以和水在常温下激烈反应。钠元素以盐的形式广泛分布于陆地和海洋中，在人体内，钠离子主要存在于细胞外液，帮助维持内环境的渗透压平衡。

1. 最帅的化学家戴维

法国大革命之后，纷乱的欧洲大陆如同杀气腾腾的斗兽场里掉进了一只新鲜出炉的高卢鸡，气氛有点诡异，列强们以怪异而贪婪的眼神审视着这个新兴的政权。1799 年，英国、俄国、土耳其、奥地利、那不勒斯等组成了反法联盟，欧洲的两大强国英国和法国进入了敌对状态。就这样，伦敦上等社会的"精英"们没法去欧洲大陆上纸醉金迷的巴黎吃喝玩乐了，不过他们很快就找到了一种新的消遣方式——去皇家学院听化学演讲。

客人们来到皇家学院的演讲厅，首先看到一张大桌子，上面摆满了各种仪器，竖立着几根高高的伏特柱，几条螺旋形的导线从伏特柱伸向四面八方。到了预定的时间，门开了，一位二十几岁的小伙子走上讲台，栗色的头发，圆圆的娃娃脸，一副惹人爱的模样。"真年轻！""好帅啊！"大厅里人们小声议论着。

这位年轻的小伙子开宗明义，立刻进入演讲模式，行走在各种仪器间。他闭合了伽伐尼电路，又切断了它，告诉大家出现在电极附近的酸是如何让蓝色的石蕊变成了红色，又告诉大家一种物质是怎样转瞬之间分解为另外几种物质。他的语言娓娓动听，带有韵律，富有诗意，让枯燥的科学知识在不知不觉间就渗透进观众的脑海。一时间，台下的观众竟然觉得他不是一位科学家，而是一位诗人在朗诵自己的诗篇。他的演说获得了巨大的成功，演讲厅里每次都是满座。演讲结束以后，观众们欢声雷动，把他从讲台上接下来，热烈地向他鼓掌致意，好像这不是科学演讲，而是成

功举办了一场音乐会。很多女士像对待大名
鼎鼎的男高音歌唱家一样，给他送鲜花，私
下里还给他写热情洋溢的书信。

　　整个化学史上，获得如此待遇的，只有
他一个人！他，就是大帅哥戴维！

小戴维如饥似渴地学习化学知识。

　　1778 年，戴维出生在英国一个叫彭赞斯
的小城，这个小城位于英国的西南端，远离
文明中心伦敦，市民的娱乐主要是斗鸡、酗
酒和打猎。小戴维受到"熏陶"，也是一个
出了名的淘气鬼，他一点都不喜欢读学校的
拉丁文，经常翘课，背着猎枪去森林里打鸟，
或者拿根钓竿在河边钓鱼。16 岁那年，戴维
的父亲去世了，他的生活发生了巨大变化。
作为长子，戴维感受到了养家糊口的责任，这时候他才发现打鸟和钓鱼没有任何用
处。第二年，经过介绍，戴维来到当地一位名叫博尔拉斯的医生那里去做学徒。这
是一个不讲理论、专讲实践的药剂师，他所有的本领都是花了许多年工夫一点一滴
掌握到的，他所有的药品也都是自己配制出来的。小戴维跟着他，从研制粉末、溶
解盐类、蒸馏酸碱开始，进入了神奇的化学世界。

超级学霸戴维，他总是精力充
沛，超级高效。

　　戴维到这时才发现自己毫无学识，他给自
己制订了一个自学计划:学会至少 7 门语言（包
括现代的和古代的），仔细研究 20 多门学科（甚
至包括解剖学和哲学）。这对于一个 17 岁的孩
子来说实属不易，可是戴维天赋异禀，不管多
厚多艰深的著作，他都是一口气读完，好像是
读了一本有趣的笑话书。其实，知识就那么多，
一个孩子如果有了兴趣，就会专心致志，融会
贯通，一鼓作气，不应该花费太多时间。

　　就这样，一两年以后，戴维再也不是那个
淘气包了，他的学识和巧妙实验传出了彭赞斯
小城，甚至瓦特的儿子都来找他，和他一起度
过了一个冬天，两人成为终生的挚友。戴维还

戴维向观众展示笑气的魔力。我们可以看到观众中有相当多的贵妇人，她们都是戴维的"超级粉丝"。

抽空写书，从书中优美的文笔可以很明显地看出，他不仅博览群书，具有文学功底，而且痴迷科学。他研究了电化学腐蚀，为后来用铜包覆来解决船舶腐蚀问题打下了基础。

1798 年，戴维 20 岁，他应邀来到英国西南部比较大的城市——布里斯托尔，进入气体力学院工作。在这里他认识了贝杜思教授，这位教授的奇思妙想十分丰富，想用一些新发现的气体，比如氢气、氮气、氧气，给病人治病。戴维和他一起做了很多有趣的实验，其间，戴维发现了一种能够像酒一样让人兴奋和陶醉的气体，就是我们之前提过的"笑气"：一氧化二氮。他经常请朋友们试用笑气，自己也经常享受笑气的魔力，在呼吸过笑气之后写下癫狂的诗篇，这些诗篇最后汇编成一部诗集《在笑气中呼吸》。这让他和他的笑气一下子传遍了整个英国。

1801 年 2 月 16 日，英国伦敦皇家学院的董事们开了一次简单的会议，会议记录上有这么一小段：

> "兹决定：聘请汉夫里·戴维来院充任化学副教授、实验室主任和本院定期刊物的副主编，并批准他有权在院内领有一间房间，壁炉所需的煤炭及照明所需的蜡烛，此外，再支付他一笔年俸——一百基尼。"

就这样，小城市彭赞斯的戴维来到了首都伦敦，成为皇家学院的编内人员。

这一年的 4 月 25 日，戴维在皇家学院做了第一次演讲，就是我们一开始提到的那次惊人的演讲，他赢得满堂喝彩，从而一炮走红。有人这样描述："科学赐予他创造的力量，他有能力改变着周围的一切，这是大师级的戴维，他不是被动地探寻大自然如何运行，而是用他的创造力积极实验，向大自然提问。"

在那个年代，一个人成为化学专家，已经足够厉害了，而戴维同时还精通文学，能够用优美的语言将大自然的奥秘展示出来，这是多么不容易。这一切就是这个年轻人从 17 岁一无所知开始，花了仅仅 6 年时间所达到的成就。戴维也毫不客气，一直以"化学哲人"自居，显然他当之无愧。

之所以写这么多，实在是因为戴维是化学史上发现新元素最多的人。1807年，不到30岁的戴维在皇家学会（不同于皇家学院）做了一次著名的贝克报告，令德高望重的院士们惊呆了。原来他已经发现了几种新的化学元素，这些新元素具有十分奇特的性质，让人们大开眼界！

小 测 试

1. 化学史上发现新元素最多的科学家是

    A. 戴维   B. 贝采里乌斯   C. 拉姆塞   D. 居里夫人

2. 戴维因研究某气体而享誉全英国，这个气体是

    A. 氢气   B. 氧气   C. 氮气   D. 笑气

2. 戴维的"武器"——电

在氧的篇章里，我们提到了舍勒、普利斯特里和拉瓦锡的故事，他们的主要武器是"火"！确实，他们研究的是火的奥秘。而本节的主人公戴维，他的主要武器则是"电"！

意大利物理学家伏特发明了最早的电池伏特柱，迅速变成了化学家手中锋利的武器。人们发现，电流往往能够不用火焰，毫无声息而又极其精确地搞出一些十分惊人的化学变化。一时间，科学杂志编辑部简直来不及把无数关于电学实验的新消息刊登出来。像采金者从四面八方涌向新发现的金矿一样，电化学家们都在希望"电"这件宝贝能够给他们带来无穷尽的奇迹，戴维就是这最早一批电化学家中的佼佼者。

在博尔拉斯老师的药店阁楼上，戴维已经开始研究电化学了。在布里斯托尔气体力学院的时候，戴维自己建造了一个伏特柱，做了很多研究。当他

戴维的伏特柱

【参考答案】 1. A 2. D

加入皇家学院以后，他的资源就更多了，接二连三地建造起巨型的电池组来，这些电池组一个比一个大，有的甚至达到100多对。戴维之所以这样做，是希望能把电流引起的化学变化完全研究明白。

电子流动

阳极氧化

电解质
← 阴离子 ⊖
阳离子 ⊕ →

阴极还原

图中借助于电流引起氧化还原反应的装置叫电解池。

当时的化学家发现，电流通过水的时候，除了阴阳两极出现氢气和氧气之外，水里总会出现一些酸和碱，有人认为这些酸和碱是电流创造出来的。戴维认为这太不科学了，于是设计了一个实验去打破这个"伪科学"。

他将纯净的蒸馏水注入一个纯金的容器，用一个玻璃罩将这个装置罩得严严实实，再把罩内抽真空，这样的装置将杂质含量降到最低。他接通了电流，水里只出现了氢气和氧气的气泡，并没有出现一点儿酸和碱。

情况很清楚了，水中通电之所以出现酸碱，乃是因为总有一些外来物质在不知不觉中溶入水中，比如从玻璃仪器中，从金属电极中。它们似乎被电流的魔力吸引出来，被分解后以酸和碱的形式聚集在电极附近。

不要小看这个结论，这个结论可是戴维后来发现新元素的重要基础，被视为伏特发明电池之后电化学史上的又一件大事。科学最早就是将真理从纷繁复杂的现实世界中分离出来，然后加以研究，这被称为"还原论"。

1806年11月20日，戴维首次在皇家学会将他上述实验和看法做了贝克报告。所谓贝克报告就是当时的"诺贝尔奖"，由一位名叫贝克的商人发起，他生前很热爱自然科学，临死的时候给皇家科学会留下了100英镑，存在银行里做基金，每年的利息指定赠给在皇家科学会上有杰出发现的人。

戴维的第一次贝克报告就赢得满堂喝彩，甚至英国的交战国法国也有科学团体赠他金质奖章和由伏特命名的奖金。

然而，这不过是事情的开端，之后连续五年的贝克报告主讲者都是戴维，堪称

商人贝克

颗粒状的氢氧化钾，就是当时的苛性草木灰。

报告会的霸主。仅仅在1807年他的第二次贝克报告上，他就宣布发现了两种新的化学元素。他究竟是怎么做到的？

拉瓦锡在列出第一份元素清单时曾这样说："我不得不把几种物质算作元素，只是因为暂时还无法分解它们。总有一天，化学家会找到方法，令人信服地证明这一点，像过去证明空气和水是复合物质一样。"戴维想着拉瓦锡的话，对自己说："是时候要让一些可能的复合物质尝尝电流的滋味了。"

他首先将目光盯上了两种强碱：苛性草木灰和苛性苏打。它们现在叫氢氧化钾和氢氧化钠，是我们很熟悉的名字。那个年代之所以这样称呼它们，是因为它们是从草木灰和苏打中提取出来的。这两种东西都是化学家们手中最常用的试剂，在每个实验室里都可以看到。在那个时代，人们都认为它俩是不可再分解的物质，它们可以和各种各样的物质反应，但是要把它们分解成更简单的物质似乎是不可能的。

戴维决定对它俩试试电流的作用，他首先制备了一些苛性草木灰的水溶液，然后将他之前准备好的庞大电池组连接好，这个电池组包括200多个大大小小的电池，戴维相信任何事物都抵抗不了如此强大电流的作用。

戴维和他的助手——堂兄埃德蒙德接通了电流，两根导线附近迅速出现了气泡。"这是水分解成氢和氧，"戴维检查了一下，失望地说，"看来不能用水溶液，必须用无水的碱。"他改用干燥的苛性草木灰，装在铂金勺子里，用纯氧加热。等到粉末化为液体，戴维立刻用一根导线连在勺子上，另一根导线浸入熔融的苛性草木灰里面。铂金勺子里的液体立刻翻腾起来，甚至溅出带火的飞沫。兴奋的戴维根本顾不了这些，他眼睛瞪圆了，鼻子都快碰到了铂金勺子。熔融的苛性草木灰已经发生了显著的变化，在和导线接触的地方，出现了一些美丽的淡紫色火焰。

助手埃德蒙德用手遮

戴维制作的庞大电池组

钾元素的
淡紫色火焰

着眼睛，一点一点往仪器跟前凑，莫名其妙地问："发生什么了，这是怎么回事？"

"埃德蒙德，电流已经把苛性草木灰分解了，那发出淡紫色火焰的就是新元素！"戴维兴奋而自信地说。

戴维虽然发现了新元素的踪迹，但是不把这种新元素保存下来展示给别人，是不会让人真正信服的。

又是新的一天，戴维早早地来到实验室，他事先已经盘算好，第一次失败是因为有水，第二次失败是因为要避免有水而采用熔融的苛性草木灰，温度太高导致新元素一"出世"就燃烧了。看来高温的干苛性草木灰不行，湿的也不行，干脆就弄一个不干也不湿的。他用镊子取一块儿完全干燥的苛性草木灰，在通电之前，让它留在空气中大约一分钟。仅仅一分钟，应该足够苛性草木灰吸收空气里的湿气，用这些少量的水分帮助它们导电。果然没过多久，这个白色小块儿已经蒙上了薄薄的一层湿粉。戴维把发暗的苛性草木灰放在铂金片上，接通了电路。

电流通过去了！那蒙上一层灰色湿气的白色固体碱块，立即开始从上下两面熔化，而且沸腾得越来越厉害。突然，"啪"的一声，一些极小的银色小珠子从里面滚出来，在桌上跳起了欢乐的舞蹈。可是这些小珠子的"脾气"却和银完全不同，有的很小，刚一滚出来，就"啪"的一声爆裂开，发出美丽的淡紫色火焰，有些稍大一点的侥幸得以保全，却很快就在空气中变暗，蒙上一层白膜。

真是奇迹！相貌平常的苛性草木灰中竟然含有某种金属，一种人们都不知道的金属！戴维已经陶醉在胜利的喜悦中了，他肆无忌惮地大声唱歌，跳起了华尔兹，

戴维制取钾的装置

不慎打碎了几个器皿。他大声对助手埃德蒙德说："这只是第一炮！我们还要继续追击其他元素，什么东西都经不起我的电流冲击，咱们要给化学翻案啦！"

略微冷静之后，他才回到工作台前，一边哼着歌，一边写完实验记录。当他匆匆忙忙洗干净手，准备冲出实验室庆

祝一番的时候，好像又想起来什么，于是回到台边，翻出实验记录本，在页边空白的地方大大地写下了几个字——出色的实验。

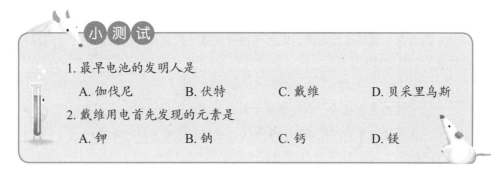

小测试

1. 最早电池的发明人是
   A. 伽伐尼　　　　B. 伏特　　　　C. 戴维　　　　D. 贝采里乌斯
2. 戴维用电首先发现的元素是
   A. 钾　　　　　　B. 钠　　　　　C. 钙　　　　　D. 镁

3. 钠钾"双兄弟"

戴维经过"出色的实验"，终于成功地发现了新元素，他把苛性草木灰从元素的名单上抹掉，换上一个新的名字——草木灰素（Potassium），意思是这才是真正的元素，是从草木灰里提取出来的。后来人们根据拉丁文中的碱，更多地将它称为"Kalium"。在本生、基尔霍夫发现铷铯"兄弟"之前，它一直是反应活性最强的金属，所以中文将它翻译成"钾"。

钾有两个英文名——Potassium 和 Kalium，前者说明它的来源，后者表示它的化合物的特性。

可是，戴维却为如何保存这种新元素而头疼起来，因为这家伙实在太活跃了！如果你将它放在空气里，它很快就披上一层白膜，没多久就瘫倒下来，银白色的金属光泽荡然无存，只剩下一摊白色糊状物。你如果用手一摸，就会发现这是"老相识"——氢氧化钾，滑腻如肥皂。戴维又想，既然这是一种金属，那放在水里应该没有问题吧。按照我

钾投到水里是这样的……

【参考答案】 1. B　2. A

们的经验，金属到了水里，应该会立刻下沉，然后安静地躺在水底吧。可是钾完全不同，它投进水后不仅不沉没，还发出尖锐的"咝咝"声在水面上"游泳"，伴随着美丽的淡紫色火焰发出爆炸声。

它既然在水里都这么活泼，跟其他物质放在一起就更不用说了，让我们简单看看戴维的实验记录吧：

> 它在酸里会着火，在玻璃瓶中会腐蚀玻璃，在纯氧中着火并发出强烈的白光，在酒精中着火，碰到硫、磷着火，在冰上着火并把冰烧成洞。

戴维实在被钾乔得焦头烂额，这种烈性元素不管在哪里都几乎一定会引起爆炸和火光，干脆破罐子破摔吧，他把钾扔进了煤油，自己背过身去，闭上了眼睛，做好了迎接一场大爆炸的准备，因为煤油本身就是一种易燃的物质啊！没想到，一点儿声响都没听到，转眼一看，那块儿银白色的烈性金属竟然乖乖地沉了下去，在煤油里安静地待着，就像一个狂躁的叛逆期少年遇到了心仪的少女，终于安静了下来。这让戴维的实验变得容易了很多，既不用担心爆炸火灾，也由于可以储存，不必担心因为缺少钾而中断实验。

经过足够多的实验，戴维可以开始整理数据写报告了，可他为钾的一些性质而烦恼起来。钾看起来是银白色的，有金属光泽，和金、银、铜一样善于导电传热，还能够溶解在水银里，这些理由足够说明钾是一种金属。但是在那个时代，人们熟悉的金属不过是金、银、铜、铁、锡，加上铂金、水银、钴、镍、锰、锌、钼、铅、铋、锑，可是你什么时候见过哪种金属会这样：遇水不下沉，反而会着火？此外，钾很软，用涂黄油的小刀就割得开，但之前你见过哪种金属软得像黄油？最让人难以接受的是，钾实在太轻了，黄金的密度约是它的20倍，铁的密度约是它的9倍，就连有些木头都比它重。

从这个角度来看，钾是不是金属？

虽然有这么多不和谐的声音，戴维仍断定它是金属："钾虽然轻，令人奇怪，但是铁相对于黄金、水银来说也是很轻的金属。"这个思路很正确，密度只是一个数字而已，科学对所有数字都是平等的，我们不能被看到的表象迷惑。戴维还预言："之所以会认为钾有问题，是因为我们看惯了旧金属，我们一定会再发现几种新金属，将钾和铁之间的空隙完全填满。"

戴维的这一预言很快就应验了，他用同样的方法分解了苛性苏打，证明了苛性苏打和苛性草木灰一样也是一种复合物质，其中也含有氢、氧和一种从来没有人知道的金属元素。戴维给它起名叫"苏打素"（Sodium），因为苛性苏打是从苏打（碳酸钠）里提炼出来的。后来人们用阿拉伯语中的纯碱将它命名为"Natrium"，中文翻译成"钠"，这就是钠的由来。

钠和钾简直就是一对"好兄弟"，因为它们实在太相似了：钠比钾稍微硬一点，但也不难用小刀切开；钠比钾重一点，但是也很轻，在水里也不下沉；钠也和钾一样与水反应，发出"咝咝"声，只是没那么剧烈，不会发生爆炸；在空气中，钠的表面也会很快起一层白色的"霜"；钠也会安静地待在煤油里面。和钾最大的不同是，它燃烧发出的光是黄色的。

钠也有金属光泽，其特征光呈黄色。

从钾到钠的发现，戴维只花了短短的六周时间。你可能以为，这六周里面，戴维只是做了这两次最关键的实验吧。远远不是！戴维在这六周里像疯子一样研究钾和钠的性质，对钾各方面性能的了解可以写一本书了。这背后，是他绞尽脑汁设计实验方法，以及废寝忘食地去做各种各样的实验。

不要忘了，发现新元素，还不是他的正式工作，他终究还算是皇家学院的雇员，必须接受皇家学院分配给他的任务：他应邀来到皮革厂，研究制革工艺；又被迫来到监狱，寻找有效的消毒剂；还得下乡拜访农民，研究粪肥，因为皇家学院需要他去搞农业化学。差不多了吧？还没完！戴维"欧巴"在伦敦大受欢迎，有钱人、精英们、政客们争相邀请他去家里做客，还有不少贵妇人千方百计邀请他参加舞会。戴维这个精力旺盛的大帅哥从来不拒绝任何邀请，社交工作两不误。人们经常看到戴维深夜才从舞厅回来，睡上三四个小时，第二天又精神抖擞地钻进实验室了。

就这样，1807 年 11 月 19 日的贝克报告到来了，除了戴维，还有谁更有资格

钠在水上漂。

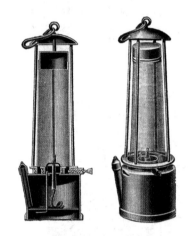
戴维后期最大的发明就是这个戴维灯了，拯救了很多矿工的生命。

在这个舞台上表演呢？戴维在报告会上，请出他那一对金属元素，让它们表演给观众们看，这"哥儿俩"在水里"游泳"，在冰面上"奔跑"，向空中燃起黄色和淡紫色的火焰。但是这"哥儿俩"确实是金属，因为它们在煤油中闪耀着银色的光泽。

所有人都震惊了！各种报纸甚至是跟科学丝毫不相关的报纸也开始报道起戴维的新发现来。俗话说，"外行看热闹，内行看门道"。这会儿，"内行们"也像是看热闹一样了："什么？在苛性苏打和苛性草木灰中竟然发现了这么神奇的金属！明明是金属，却比木头还轻，比蜡还软，比炭还容易着火！"

就这样，戴维走上了他人生的巅峰，得到了暴风雨般的欢呼和祝贺。他用自己的形象、才华和努力，让英国甚至全欧洲社会的目光集中到科学上，科学普及的意义比科学本身更大！

在这之后，虽然戴维还有很多发现，但都没有像发现钾钠元素那样显赫一时了。他后来跟一位富裕的贵族寡妇结了婚，让众多追求者大失所望。在结婚前夕，他被授予准男爵的称号，从此以后，他的名字"汉夫里·戴维"前面多了一个爵士头衔，大家都被迫叫他"戴维爵士"了。此外，戴维还给科学界留下一个大名鼎鼎的徒弟，这个徒弟的名字叫法拉第。

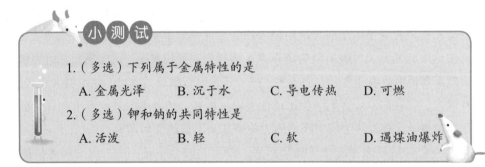

小 测 试

1.（多选）下列属于金属特性的是

    A. 金属光泽   B. 沉于水   C. 导电传热   D. 可燃

2.（多选）钾和钠的共同特性是

    A. 活泼   B. 轻   C. 软   D. 遇煤油爆炸

【参考答案】　1.AC　2.ABC

4. 食盐元素钠

之前我们提过，奇数原子序数的元素丰度相对较少，第11号元素钠也不能例外。在宇宙中，其丰度不管是相对于它之前的氖，还是它之后的镁，都少了两个数量级。一颗恒星如果具有至少三个太阳质量，内部形成一个碳核，会产生6亿摄氏度高温。在这高温之下，碳核和碳核会继续聚变，生成氖、钠、镁等元素。这个反应的主要产物是氖和镁两种元素，钠元素是副产物而已。我们的太阳由于吨位不够，是不会生成钠元素的，我们地球和太阳上的钠元素都来自之前几代死亡恒星喷发出来的气体。

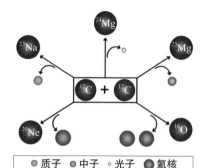

两个碳原子聚变成相对原子质量更高的元素。

然而在地球上，钠的地壳元素丰度排在第六位，仅仅排在氧、硅、铝、铁、钙之后。这是因为钠太活泼了，很容易和其他元素生成盐类，从而被锁定在地球表面，而不会散失到太空。多数的钠元素和氯元素结合，形成我们常见的食盐——氯化钠。

煮海为盐。如果要获得食盐资源，最好的办法就是在海边设立盐场，靠阳光的能量蒸发掉水分。

海洋中的氯化钠含量丰富，所以海水是咸的。另外还有硫酸钠、碳酸钠等其他的钠盐，1 g海水中含有0.01 g钠元素。我们无法直接饮用海水，因为海水的平均盐度约为3.5%，高于血浆渗透压。为了排出体内多余的电解质，需要消耗更多的水，导致越喝越渴，身体脱水加剧。

海水的密度大于淡水的密度，因此人在海洋中游泳更容易。死海是最明显的例子，死海的含盐量是普通海洋的10倍，盐浓度约为34%。死海底部是氯化钠沉淀，已经形成结晶。人在死海里很容易浮起来，可以读报纸，练瑜伽。

在海洋之外，内陆的湖泊中，干旱地区有盐度很高的湖泊。淡水湖的矿化度小于 1 g/L，咸水湖的矿化度大于 1 g/L，矿化度大于 35 g/L 的则是盐湖。盐湖是湖泊发展到老年期的产物，它富集着氯化钠、碳酸钠、硫酸钠等多种盐类，是重要的矿产资源。

察尔汗盐湖位于青海省柴达木盆地中部，是我国最大的盐湖，湖中储藏的氯化钠可供全世界的 60 亿人口食用 1 000 年。该湖还出产闻名于世的光卤石，它晶莹透亮，十分可爱。

除了海洋、湖泊等水域，矿盐也是钠元素很重要的存在形式。在几亿年的地质挤压与地下高温作用下，地底的矿物与海盐结合形成了"盐的化石"，这就是矿盐——最清洁、绿色的盐。"欧洲最美小镇"奥地利的哈尔斯塔特的盐矿是欧洲有名的盐矿，现在已经被改造成游乐场所。

科亚什斯科耶盐湖，位于克里米亚半岛海岸附近，似火星地貌，被人们称为"夕阳之地"。亮丽的红色是因为杜氏盐藻能够在盐水中快速繁殖，使湖水呈现红色。

美国大盐湖位于美国西部，它是北美洲最大的内陆盐湖，盐度高达 150‰～288‰。

小测试

1. 地球上的钠元素主要存在于以下选项中的

　　A. 湖泊　　　　B. 河流　　　　C. 地幔　　　　D. 海洋

2. （多选）下列说法正确的是

　　A. 太阳通过核聚变会产生钠元素　　B. 海水不可直接饮用

　　C. 在死海中人们很容易游泳　　　　D. 盐湖是老年期的湖泊

【参考答案】　1. D　2. BCD

5. 盐和人类

人类最早开采食盐的证据证明大约在 8 000 年前，居住在现罗马尼亚的人类开始蒸发泉水，取得食盐。我们中国的祖先也几乎在同样的时间掌握了制取食盐的工艺，在约 6 000 年前的大汶口遗址中发现了很多处用卤水制取食盐的装置。

食盐是烹饪中最常用的调味料，也是对人类生存最重要的物质之一。有了盐，人类就

罗马尼亚的斯勒尼克盐矿，是世界上著名的盐矿。

可以有效地保存菜、肉、鱼、奶，把它们做成咸菜（酸菜）、火腿、咸鱼、奶酪制品。在古代西方国家，食盐的价值尤其巨大，由于盐易于保存，不管在哪里都易于交易，甚至被当作货币。古罗马军队曾将食盐当作军饷来发放，所以薪水（salary）的词根就源于食盐（salt）。粮、盐、布、铁、畜是古代贸易的主体，盐是第二大宗的商品，所以在古代，盛产鱼、盐的地方就非常适合发展工商业贸易，这些地区在经济上也远比单纯的农业地区发达。

春秋时期的齐国出现过一位著名的天才——管仲，他不仅精于政治、兵法、外交，搞起经济也是一把好手。管仲将盐铁从私有转变为国有，实行盐铁专卖制度。《史记·齐太公世家》："桓公既得管仲，与鲍叔、隰朋、高傒修齐国政，连五家之兵，设轻重鱼盐之利，以赡贫穷，禄贤能，齐人皆说。"

盐的生产非常集中，便于垄断管理，只要控制了盐的供应和价格，就可以向所有消费者征收隐形的食品消费税。盐是每家每户都要用的物品，政府与其跑到 100 个老百姓家里去每家收 1 元税，不如从一个盐商身上收 100 元的税。每个人每天不过吃几克盐，消耗量微乎其微，即使涨价一倍老百姓也不会过于敏感。更何况，盐税可以隐藏在很多商品的背后，比如人们根本不会意识到一条咸鱼的背后已经被征收了盐税。就这样，齐国因为鱼盐之利走上了富国强兵的道路，迅速成为春秋第一霸。

而管仲因为盐铁专卖制度，创造了众多的就业机会，被称为"盐神"。

到了西汉年间，吴王刘濞也通过盐业而强大起来，自以为富足的刘濞昏了头脑，竟然发动了"七国之乱"跟中央叫板。可惜他毕竟不是最大的 boss，最终被汉景帝剿灭。汉景帝之后，经历了文景之治的汉朝已经相当富裕，国家的粮仓丰满起来了，府库里大量的铜钱多年不用，以至于串钱的绳子烂了，散钱多得难以计算，这才能让汉武帝施展他的雄才大略。然而，汉武帝的雄心壮志岂是常人所能想象，对外远驱匈奴，对内大兴工业，很快国库就出现了亏空。

为了应对由对外战争造成的财政亏空问题，汉武帝采纳郑当时的建议，下令实施盐铁官营政策，将原属少府管辖的盐铁划归大农令，由国家垄断盐铁的生产。这一举措效果非常显著，迅速让国库充实起来，但是给农业生产、中小工商业和群众生活带来了某些不便与困难，特别是剥夺了地方诸侯和富商大贾的既得利益，引起了他们的强烈不满和反对。

公元前 81 年（汉昭帝始元六年），朝廷从全国各地召集"贤良""文学"60 多人到京城长安，与以御史大夫桑弘羊为首的政府官员共同讨论民生疾苦问题，后人把这次会议称为"盐铁会议"。会上，双方对盐铁官营、酒类专卖、均输、平准、统一铸币等财经政策，以及屯田戍边、对匈奴和战等一系列重大问题，展开了激烈争论。后来，桓宽将这次会议的内容编成一本书，这就是著名的《盐铁论》。

从《盐铁论》这本书传递的信息来看，在会议上，各地贤良们以儒家思想为武器，讲道德，说仁义，认为实行盐铁等官营政策是"与民争利"，违背了古代圣贤"贵德而贱利，重义而轻财"的信条，败坏了古代淳朴的社会风尚，引诱人民走"背义而趋利"的道路。桑弘羊站在中央政府的立场，强调法治，坚持国家干涉经济的政策，认为工商业应该由政府控制，发展官营工商业。这样既可以增加国家财政收入，又可以"排富商大贾"，抑制他们的兼并掠夺，有利于"使民务本，不营于末"，有利于"建本抑末"。

这是中国历史上第一次有记录的关于国营和私营问题的大探讨。如果让一部分人掌握这些资源，他们就会利用经济手段囤积居奇，制造市场波动，盘剥另一部分人。如果由政府统一管理，则又存在效率低下，无法迅速跟进市场需求的问题。每个王朝都存在中央和地方之间的矛盾，中央若对经济政策放任不管，就会坐视地方豪族做大，最终地方豪族会过于强大，影响到中央政权的统治，以致朝代更迭。

21 世纪的今天，还会有人提及盐业改革，但已经不是每个人都关注的大事了。那是因为我们掌握了先进的科学技术，开采效率提高了，食盐的成本就更低了，谁还有心思关注这些鸡毛蒜皮的事情呢。

从食盐的历史中，我们又可以看到德先生和赛先生的问题，我们应该把目光专注在分配上还是创造上？值得思考哦。

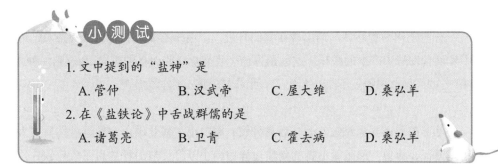

小测试

1. 文中提到的"盐神"是

　A. 管仲　　　　B. 汉武帝　　　C. 屋大维　　　D. 桑弘羊

2. 在《盐铁论》中舌战群儒的是

　A. 诸葛亮　　　B. 卫青　　　　C. 霍去病　　　D. 桑弘羊

6. 苏打"兄弟"——苏打、小苏打、大苏打

瑰丽的盐湖里不仅有我们必需的食盐，还有很多其他的钠盐，比如苏打——碳酸钠。

很久很久以前，人们发现将海带、海藻等海洋植物灼烧后，留下的灰烬是一种很有用的东西，可以帮助人们将衣服洗干净，还可以帮助制作玻璃。人们把这种有用的东西叫苏打（soda），这个词语的来源已经不可考了，有说来自拉丁文，也有说来自阿拉伯文，比较公认的说法是苏打来自西班牙加泰罗尼亚语。

苏打猪毛菜就是一种耐盐植物，它烧成的灰中含有大量的苏打。

中世纪的地中海是一个贸易往来频繁的地区，苏打就是其中一项重要的商品。西班牙加泰罗尼亚地区盛产几种植物，这些植物很适宜在盐碱地带生存，它们的灰烬中苏打含量特别高，受到各地人民的欢迎，西班牙的苏打产业就这样兴起了。还有一个著名的品牌"Barilla"，就是"苏打灰"的意思。

现在我们知道苏打就是不纯的碳酸钠，碳酸钠在水中容易和钙盐、镁盐发生复

【参考答案】 1. A　2. D

分解反应，让钙、镁离子形成碳酸盐沉淀下来，降低水的硬度。此外，碳酸钠在水中显碱性，容易和油脂反应生成皂类，这些皂类本身就是一种阴离子表面活性剂，具有很强的去污能力。因此苏打也叫"洗濯碱"。

苏打还作为食品添加剂出现在我们身边，应用于小笼包、月饼、面条等，可以中和面食发酵中产生的酸味。这就是为什么我们吃一些面食的时候，会感到一种"碱味"。如果哪位厨师一不小心多放了一些苏打，那么你尝尝看吧。

小苏打是碳酸氢钠，它受热容易分解，释放出二氧化碳。它的这种性质被人们用到馒头、面包、油条等食物的制作过程中，小苏打受热后释放出二氧化碳，让食品更加膨松，剩下的碳酸钠还可以调节酸性。因此小苏打也叫"面起子"。

苏打水是碳酸氢钠的水溶液。一些商家宣称弱碱性水溶液可以调节人体 pH，改善酸性体质，实则不然。第一，人体内环境的 pH 受自我调节，保持相对稳定；第二，市面上出售的苏打水大多数只是二氧化碳的水溶液，商家宣称的碱性都是浮云。

现在有些美女将食用碱涂在身上、脸上，据说这样可以调节人体的 pH，起到美容护肤的效果。其实皮肤本身是酸性的，涂覆过多碱性物质在身体上反倒会有不良效果。

将苏打和熟石灰混合在一起，可以得到苛性苏打，就是氢氧化钠。从"苛性"这两个字就能看出这是一种腐蚀性极强的物质，没错，戴维就是从氢氧化钠中发现钠元素的。

片状的氢氧化钠，重要的化工原料与实验试剂，在每个实验室里都能看到。

大苏打则是硫代硫酸钠，之所以这样命名，是因为它相当于硫酸钠中的一个氧原子被硫原子取代了。我们之前提到过，大苏打可以用来解氰化物中毒，另外它还可以用于采金、中和漂白剂等。它比较有名的应用是在实验室里用作碘滴定剂。硫代硫酸钠还容易和银离子生成硫代硫酸银离子，因此曾被用作光学显影中的定影剂。

除此之外还有一种"臭苏打"，它就是硫化钠，又称"臭碱"。它遇酸就会产生臭鸡蛋味的气体硫化氢，遇热或者受撞击就容易爆炸。

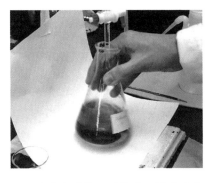

硫代硫酸钠可以将碘还原成碘离子，这个反应的颜色变化很明显。

现在是数码时代，这种暗室里的显影很少见到了。

除了"苏打们"，"芒硝"也是一种常见的钠盐。它作为一种中药，可以治痔疮，也可用于退奶。另外它也具有工业用途，比如造纸中用作蒸煮助剂。

看来钠元素在我们身边就有很多种存在形式，确实，钠元素在地壳中太多了，钠离子跟各种各样的阴离子结合生成了各种盐类，或埋藏在深山中，或溶解在大海里，甚至还飘浮在我们的空气中。我们点燃一支蜡烛，除了本身的黄光之外，有时候会"哔啵"一声，闪现出一丝更耀眼的黄光，那就是空气中飘浮的钠盐受热发出自己的特征光。或者你可以做一个简单的实验，用小勺子将自己家的食盐放一点到火里，看看是不是出现一阵美丽的黄光？

1. 碳酸钠、碳酸氢钠的别名是

    A. 苏打、小苏打   B. 小苏打、苏打

    C. 大苏打、小苏打   D. 小苏打、臭苏打

2. 胃穿孔可以服用抗酸药，抗酸药的主要成分是

    A. $NaHCO_3$ B. Na_2CO_3 C. $Al(OH)_3$ D. $CaCO_3$

【参考答案】 1. A 2. C

7. 煮海的故事

在戴维之前，一位法国人勒布朗发明了一种制取苏打的方法，让硫酸和食盐反应，得到盐酸和硫酸钠，再让硫酸钠和石灰石、煤炭反应，可以得到苏打。这是历史上第一次人工制取苏打，这种方法现在看来是非常不可取了：首先蒸馏出的盐酸是很严重的污染物，其次最后一步还会得到副产物二氧化碳和硫化钠，上一节我们提到，后者是很让人头疼的化学品，很难处理。即便如此，"勒布朗法"制纯碱仍然是化学工业兴起的重要里程碑，带动了硫酸、盐酸、漂白粉、芒硝以及硫黄等一系列化工产品的生产，对很多新的化学装置的设计也起了很大的促进作用。

$$CaCO_3 \xrightarrow{\text{高温}} CaO + CO_2 \uparrow$$
$$NaCl + NH_3 + CO_2 + H_2O == NaHCO_3 \downarrow + NH_4Cl$$
$$2NaHCO_3 \xrightarrow{\triangle} Na_2CO_3 + H_2O + CO_2 \uparrow$$
$$CaO + H_2O == Ca(OH)_2$$
$$Ca(OH)_2 + 2NH_4Cl == CaCl_2 + 2NH_3 \cdot H_2O$$

索尔维法的化学方程式

1861 年，比利时人索尔维正在他叔叔的煤气厂里实习，从事稀氨水的浓缩工作。他尝试用食盐水吸收氨气，就这样他很偶然地发现了制取苏打的好方法：他先将石灰石（碳酸钙）在高温下煅烧成生石灰（氧化钙）和二氧化碳，将得到的二氧化碳通入氨水和食盐水的溶液里，得到了小苏打（碳酸氢钠）和氯化铵，加热小苏打，就可以得到苏打了。之前煅烧出的生石灰也有妙用，它跟水化合成熟石灰（氢氧化钙），再和生成的氯化铵反应生成氯化钙和氨水,氨水可以重复利用。这种方法被称为"索尔维法"，也叫"氨碱法"。氨碱法实现了连续性生产，食盐的利用率得到提高，最大的优点还在于成本低廉。生产出的苏打产品品质纯净，被称为"纯碱"，一直到现在我们都将碳酸钠称为纯碱，它的原名"苏打"反倒鲜为人知了。

新型的索尔维法迅速取代了之前的勒布朗法，索尔维申请了专利，建立了自己的公司，在比利时开办了一家工厂，并因此挣了一大笔钱，他却没有挥金如土，而是将这些钱都用于科学事业。他建立了布鲁塞尔自由大学的科学研究所，还建立了索尔维商业学校。最有名的莫过于从 1911 年开始举办的"索尔维会议"，他将全世界最有名的物理学家和化学家召集在一起，讨论最前沿的科学问题。索尔维会议每三年举办一次，遇到战争除外，其中最有名的就是 1927 年玻尔和爱因斯坦的世纪论战。

图片为 1927 年的索尔维会议合照。后排左起：皮卡尔德，亨利厄特，埃伦费斯特，赫尔岑，德康德，薛定谔，费尔夏费尔德，泡利，海森堡，富勒，布里渊。中排左起：德拜，克努森，布拉格，克莱默，狄拉克，康普顿，德布罗意，波恩，玻尔。前排左起：朗缪尔，普朗克，居里夫人，洛伦兹，爱因斯坦，朗之万，古伊，威尔逊，里查逊。这是人类科学史上，甚至人类历史上最珍贵的一张照片，没有之一，有人说这张照片集中了当时一半以上人类的智慧。

　　索尔维的公司就叫索尔维，一直延续到现在，在 2013 年经历了 150 周年庆。这家伟大的公司早已经不只生产纯碱了，除了传统化学品和塑料化学品之外，还进入了太阳能、燃料电池、土壤修复和新能源等领域。2011 年，索尔维收购了法国的罗迪亚公司，2015 年销售额达到 124 亿欧元。

　　1911 年对中华民族而言是极其重要的一年，辛亥革命爆发，结束了几千年的帝王统治。一大批仁人志士回到国内，希望继续革命或者建设中国，这其中就有一个在日本留学的小伙子范旭东。他的兄长是北洋政府的教育总长，他本可以凭借这样的关系进入体制内，然而他看透了官场的腐败，走上了科学救国、实业救国的艰辛之路。

　　当时，西方发达国家已明确规定，氯化钠含量不足 85% 的盐不许用来做饲料，而在中国许多地方仍用氯化钠含量不足 50% 的盐供人食用。因此，有西方人讥笑中国人是"食土民族"。范旭东

我国"化学工业之父"范旭东

独自一人到了天津塘沽，看到这里的海滩盐坨遍地，如冰雪一般，无边无际。他目睹此景，有点激动："一个化学工作者，看到这样丰富的资源，如果还没有雄心，未免太没有志气了。"1914年范旭东在天津创办久大精盐公司，并亲自设计了一个五角形的商标，起名"海王星"。此举一下子打破了中国精盐市场被日本、英国占据的格局。

　　下一步，范旭东就要着手去制造纯碱了。当时，索尔维法是世界上最先进的生产工艺，可惜西方列强对中国实施技术垄断，绝不公开。范旭东设法和西方的化工公司商谈引进生产工艺，但是西方列强为了操控市场，开出的条件非常苛刻。有一家英国公司甚至嘲笑道："你们看不懂制碱工艺，就看看锅炉房好了。"中国人是有骨气的，范旭东就是其中一个！既然外国人不支持我们，那我们就自力更生。他于1918年11月成立了永利制碱公司，到处筹钱，又招募了侯德榜等各方博士加入这个团队，设计图纸，订购设备。可是一直到了1925年，都没有正式生产出产品，4台船式煅烧炉全部烧坏，无法再用，全厂一度被迫停产。苦候数年的股东们已失去了耐心，英商趁机来谈合作，希望入股永利，被范旭东严词拒绝。

　　范旭东仍然咬牙坚持，他请求董事们为维护永利碱厂和民族工业的前途坚持奋斗。工人们、研究团队也是一如既往地向着目标迈进，其中，侯德榜身为麻省理工学院的高级海归，回国之后放下了"白领"的架子，穿上"蓝领"的衣服，和工人

这些年，我的衣服都显得大了。

们一起工作，多年如一日以厂为家。大家齐用命，终于在1926年6月29日这一天生产出了纯净洁白的合格产品，全厂欢腾。这时候，范旭东眼噙热泪说："这些年，我的衣服都显得大了。"

　　从1927年到1937年，永利的纯碱年产量翻了三番多，"红三角"牌纯碱远销日本、印度、东南亚一带，还在美国费城的万国博览会上获得金质奖章。

　　在天津，永利碱厂、南开大学和《大公报》被合称为"天津三宝"，分别代表了那一时代工业、大学和新闻业的最高水准。永利碱厂的主

体厂房南北高楼耸入云天，不但是塘沽乃至整个天津的标志性建筑，更是华北第一高楼。

国民政府的"黄金十年"很快就谢幕了，1937年"七七事变"之后，日本全面侵华，华北华东相继陷落。范旭东将天津工厂和南京分厂关闭，来到大后方四川，建设了永利川西化工厂，为中华民族抵御侵略提供重要的资源。

坚持自主研发，不仅让我们拥有了自己的工厂，还锻炼了我们的研发团队。聪慧、刻苦的侯德榜有了这样的一个平台，在"山寨"完索尔维制碱法之后，他发现这一方法存在巨大的缺点：只用了食盐中的钠离子和石灰石中的碳酸根离子，原料中各有一半没有利用上，食盐中另一半的氯离子和石灰石中的钙离子结合生成了氯化钙，这是很难处理的工业废料。

他想到，能否把索尔维制碱法和合成氨法结合起来呢？他将氨气与二氧化碳先后通入饱和食盐水中，生成氯化铵和碳酸氢钠沉淀。得到了碳酸氢钠，只要加热就可以得到纯碱了。这种生产方法在1943年成熟，为表彰侯德榜的功绩，永利公司将这种新方法命名为"侯氏制碱法"。

$$NH_3 + CO_2 + H_2O \Longrightarrow NH_4HCO_3$$

$$NH_4HCO_3 + NaCl \Longrightarrow NH_4Cl + NaHCO_3\downarrow$$

$$2NaHCO_3 \overset{\triangle}{\Longrightarrow} Na_2CO_3 + H_2O + CO_2\uparrow$$

"侯氏制碱法"的化学方程式，高考曾经考过哦。

侯氏制碱法相对于索尔维法，优势很大：①对食盐的利用率高，从70%提高到96%；②不需要加热碳酸钙，节省能耗；③不产生难处理的氯化钙，对环境友好；④可以跟合成氨厂联产，因此也叫"联合制碱法"；⑤副产物是氯化铵，可以用作肥料。根据氯化铵在常温时的溶解度比氯化钠大，而在低温下却比氯化钠溶解度小的原理，在5~10 ℃时，向母液中加入食盐细粉，可使氯化铵单独结晶析出。就这样，侯氏制碱法开创了世界制碱工业的新纪元。

1945年，范旭东在国共会谈期间突发肝炎去世，令人扼腕。毛泽东亲笔书写了"工业先导，功在中华"挽联。范旭东的民族工业大旗由侯德榜接过来，侯德榜在新中国成立后被任命为化学工业部副部长，在继续发展制碱事业之外，还创立了硫酸铵工业，为中国的化肥事业尽了一份力量。

侯德榜诞辰一百周年的纪念邮票

范旭东在一次演讲中说:"中国如果没有一班人,肯沉下心来,不趁热,不惮烦,不为当世功名富贵所惑,至心皈命为中国创造新的学术技艺,中国决产不出新的生命来。"侯德榜在给友人的书信中这样写道:"(这些事)无一不令人烦闷,设非隐忍顺应,将一切办好,万一功亏一篑,使国人从此不敢再谈化学工业,则吾等成为中国之罪人。吾人今日只有前进,赴汤蹈火,亦所弗顾,其实目前一切困难,在事前早已见及,故向来未抱丝毫乐观,只知责任所在,拼命为之而已。"

这些语言就算放到现在仍然有很大的意义,几十年后的今天,中国的化学工业已经上了好几个台阶了,一些产品甚至接近世界顶尖水平,但是在一些重要的局部领域我们还严重依赖进口。我们后辈必须继承这些伟人的遗志,沉下心,不浮躁,做好我们时代的工作,要让国人敢于谈化学,不让自己成为民族的罪人!

 小测试

1.(多选)以下属于索尔维的贡献的是

A. 索尔维制碱法　　　　B. 索尔维会议

C. 索尔维商业学校　　　D. 索尔维化学公司

2.(多选)相对于索尔维法,侯氏制碱法的优势体现在

A. 提升原料利用率　　　B. 节省能耗

C. 对环境友好　　　　　D. 成本高

【参考答案】 1. ABCD　2. ABC

第十二章

镁

　　轻盈的我随飞机驰骋于天地，但我只想藏身于叶绿体，守护我的那片绿。

元素档案

姓名：镁（Mg）。

排行：第12位。

性格：比较活泼，虽然略逊于钠元素，但遇沸水也能反应。

形象：银白色、轻质的"明星元素"，燃烧时发出耀眼的白光，频繁现身于飞机、赛车、闪光灯等"大型舞台"。

居所：在地球上，主要分布于海洋和地壳里的矿物（如菱镁矿）中。

第十二章 镁（Mg）

镁（Mg）：位于元素周期表第 12 位，是一种亮灰色的碱土金属。镁具有比较强的还原性，能与沸水反应放出氢气，能在二氧化碳中燃烧。镁是整个地球上第四丰富的元素，主要存在于地幔里，在地壳上的存在形式主要有菱镁矿、白云石、光卤石等。镁元素是生物体的必需元素，如叶绿素分子的核心就有一个镁原子。

1. "莫霍孔" 计划

镁是第 12 号元素，在钠的篇章里，我们已经提到了恒星中碳核与碳核聚变可以产生镁，当然这只存在于大恒星中。在这些巨大的恒星发生超新星爆炸之后，喷射出来的成分在引力作用下再次聚集，形成新的星体或者行星系，我们地球上的镁就是这么来的。你可能会觉得，镁应该是一种不常见的元素吧。其实不然！

之所以大家会有这样的错觉，是因为镁在地壳里的分布不多。但是你能想到吗？镁竟然占整个地球质量的 13% 左右，仅仅排在氧、硅、铁之后，稳坐第四把交椅，这是怎么回事？

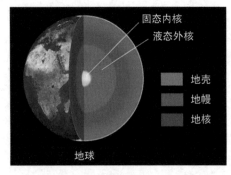

地球有一个很薄的地壳，中间层是地幔，里面是炽热的地核。

原来，镁主要分布在地幔中。有人可能要喷，没搞错吧？地幔在地球内部，怎么去了解它的成分呢？你凭什么说地幔里面有那么多镁呢？

举个例子，如果有一个西瓜，不能切开，你怎么知道它是不是熟了呢？现实中我们是用手拍拍西瓜，你可能觉得这个例子没啥可比性，你是不是觉得不可能有人能够把地球举起来拍拍？其实地球每天都在"自拍"，这就是地震。

观察、记录、总结地震波的表现就可以推断出地球内部的结构，现在我们知道地球的结构和鸡蛋类似，可以分成三个圈：地壳、地幔、地核。地幔的体积最大，占地球体积的80%以上。地壳地幔的交界面叫"莫霍面"，地幔地核的交界面叫"古登堡面"，是莫霍洛维契奇、古登堡两位科学家观测地震波而发现的。

知道地球是由几个圈层组成的还远远不够，科学家还需要探究每个圈层的组分，这三个圈层中，地壳位于最外围，被我们研究得最多，基本上地壳中的元素分布已经很清楚了。而对于地幔，是不可能有人能够抵达那样的深处去采集样本的。但是还是有方法的，既然不能切开西瓜，那我们可以钻一个纵深的小洞啊。

你可能又觉得这是异想天开，地球不比西瓜，比如大陆地壳平均厚度30~70 km，怎么可能打出这么深的井呢？其实地球上就存在着很多天然的"钻井"呢，这就是火山。

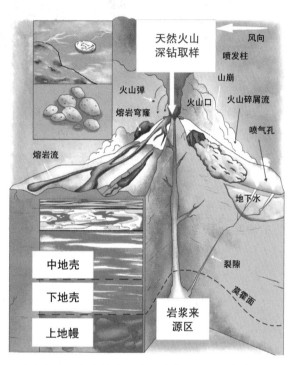

图片为火山的内部结构，火山就是一个"天然钻井"。

地幔的最上部称为软流层，深度在 80 ~ 400 km，这一层的温度很高，岩石都熔化了，可以流动。这些软流质的密度和地壳平均密度差不多，在压力的作用下，这些轻质的软流质无时无刻不在寻找着地壳的缝隙，向上喷发出来。喷发处就形成了火山，喷射出的软流质就是岩浆。

岩浆冷却之后凝结形成的岩石中，最主要的岩石是玄武岩，玄武岩中的矿物成分有很多种，最常见的是辉石和橄榄石，这两种岩石的化学成分很相似，都是镁铁硅酸盐，不同的是辉石中经常夹杂着钙和铝，晶体结构不一样。

辉石和橄榄石在地球上分布都非常广，辉石显墨绿色或黑色，取自希腊文"火"和"陌生人"之意。而橄榄石更为常见，早在古埃及就有相关记录，它呈现出黄绿色，被认为是"太阳的宝石"，象征着和平、幸福、安详等美好意愿，还是八月份和狮子座的幸运石。

左为在阿富汗出土的辉石，晶体结构依稀可见；中为美丽的橄榄石；右为阿波罗 15 号从月球上带回的橄榄石。橄榄石比绿宝石便宜得多，大家在购买宝石时不要被骗了。

这两种石头中都含有镁元素和铁元素，相对而言镁元素含量更高，所以，从"古登堡面"到"莫霍面"，从下往上，存在一个从富铁到富镁的浓度差梯度，地幔上部的镁元素更多，越接近地核，铁元素越多。地核就是以铁元素为主的啊。

看起来火山这种"天然钻井"给我们分析地球内部成分带来了很多方便，但是它的说服力仍然是有限的。耳听为虚眼见为实，即使天文学如此天马行空，星光都是人们可以看见的，无线电波、伽马射线也可以被仪器探测到，反而是我们自己星球的内部难以探索，因为我们不可能将地球"开膛破肚"拿出来给大家看。目前的大多数地质学理论还是得依靠假设和推断，有人开玩笑说："地质学是最大的'伪科学'！"所以有地质学家开始想办法主动深入地下，摆脱"骂名"。

早在 20 世纪 50 年代，人们已经开始着手研究地下几十千米的东西了，美国人芒克组织了一次家庭早餐会，邀请了几个当时著名的地质学家参加，包括时任普林斯顿大学地质系主任赫斯。早餐会上，芒克提出一个"直击地球科学根本问题"的研究计划，半开玩笑地提到钻透莫霍面计划，得到在场人员的响应。他们当场组成了一个委员会，决定向美国自然科学基金会提出一份研究穿透莫霍面的可行性建议书，并将这一计划命名为"莫霍孔"计划。

这一想法似乎石破天惊，但是他们有自己的道理。虽然大陆上的莫霍面埋在 30~70 km 之下，要

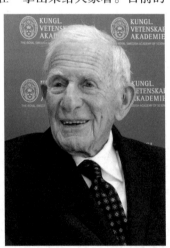

美国人芒克，2010 年获得瑞典的克拉福德奖，获奖理由是他对海洋环流、潮汐、波动等方面先驱性和基础性的研究，以及他对地球打的洞……

钻到莫霍面显然存在技术上的不可逾越性，但在大洋深处的某些地方，莫霍面只位于大洋底之下约 5 km 的地方，似乎是可行的。

他们 1960 年底改装了一艘钻探船，并定于 1961 年在太平洋上的墨西哥海域试钻。1961 年 3 月，他们在水深 948 米的地方钻入地下 315 米，随后又连续布设了几个钻孔。该船返回时，时任美国总统肯尼迪致电祝贺，称之为科学史上"历史性里程碑"。可惜的是，随着"莫霍孔"计划的预算不断增加，也有其他科学家对它的科学意义进行思考并提出了更好的项目计划，导致"莫霍孔"计划在 1966 年被否决掉了。

几十年过去了，地质学家们对莫霍面始终念念不忘，一直希望能通过自己的工具"亲吻"莫霍面。2011 年 6 月国际综合大洋钻探计划（IODP）先后发布了 2013—2023 年未来十年的科学计划和地幔莫霍钻探初始可行性研究报告的最终版，使得"莫霍孔"计划死而复生，成为未来十年大洋钻探的终极目标。

早在 1997 年，就有人开始对印度洋上一个叫"亚特兰蒂斯浅滩"的海域做过研究，因为这个海域的地壳很薄。当时科学家们打算钻到海底以下 1 500 米处，可惜海上的大风导致钻杆折掉，堵塞了钻孔，不得不终止。

2015 年 12 月 16 日晚，一艘叫"决心"号的大洋钻探船再次抵达"亚特兰蒂斯浅滩"的海域，开展新一代的"莫霍孔"计划。这次计划分成若干阶段，第一阶段在 2016 年 1 月 30 日结束，计划钻探深度是 1 500 米。如果一切顺利，下一阶段可以继续钻下去，达到 3 km 的深度。如果再顺利，科学家希望换一艘日本的钻探船，据说这艘船最大钻探深度是 6 km，计划一鼓作气打到莫霍面去。

我们期待着人类能够首次打穿莫霍面，取得地幔中的宝贵数据。到那个时候，现有理论是不是成立，将得到依据或者反例。地幔中是不是有那么多的镁元素，是让人信服还是受到质疑，都将有一个确切的答案。

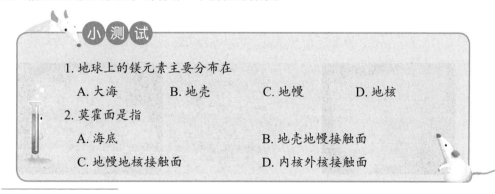

小测试

1. 地球上的镁元素主要分布在
   A. 大海　　　　B. 地壳　　　　C. 地幔　　　　D. 地核
2. 莫霍面是指
   A. 海底　　　　　　　　　　B. 地壳地幔接触面
   C. 地幔地核接触面　　　　　D. 内核外核接触面

【参考答案】 1. C　2. B

🧪 2. 从苦涩的泻盐到绚丽的镁光灯

镁元素除了在地幔中分布以外，在海洋里也不少，仅次于氯元素和钠元素，它以镁盐的形式溶解在海里。我们在大海里游泳，嘴里进了海水，除了感觉到咸味之外，还能尝到一种苦味。这就是氯化镁的味道。

镁盐的溶解度相对于钠盐来说要小一些，除了氯化镁以外，常见的盐也就硫酸镁和硝酸镁可溶。和钠盐一样，它们大多分布于盐湖当中，也存在于一些盐矿之中。人们分离出这些镁盐之后，发现它们和食盐不太一样，不是咸的，而是苦的。

1608 年，一位居住在英国埃普索姆的农民找到一口井，准备饮牛，结果那头牛尝了一口就再也不肯喝了。这位农民自己尝尝，发现这口井水超级苦，但是涂在皮肤上竟然可以治疗擦伤和皮疹。这口井里提取出来的盐就被称为埃普索姆盐，人们发现这种盐可以让人拉肚子，所以也称为"泻盐"。现在我们知道这种泻盐就是七水硫酸镁。

泻盐可用于消炎止痛、移出异物。

除了海洋和盐湖中的镁盐，镁元素更多地分布在地壳里的矿石中，比如菱镁矿。它的成分是碳酸镁，由氯化镁等可溶性镁盐和方解石作用生成。朝鲜的菱镁矿资源丰富，我国辽宁省大石桥市的菱镁矿也很丰富，其被称为"中国镁都"。九一八事变之后，日本占领我国东三省，每年从大石桥市运走 100 万吨菱镁矿，如此巨大的量根本用不完，就储存起来，二战结束后很多年也没有用完。

镁元素还存在于光卤石中，成分是钾镁的氯化物，主要分布在盐湖中。世界上最主要的光卤石产地在俄罗斯和德国，我国青海的盐湖中也有很多。除此之外，镁

左为菱镁矿晶体；中为产自俄罗斯的光卤石；右为产自西班牙的白云石（白色），中间混杂了一些菱镁矿（黄色）。

元素还存在于白云石中，成分是钙镁碳酸盐，有时候会混杂一点儿锰和铁。

把菱镁矿或者白云石煅烧，得到一种白色粉末，人们称它为"苦土"，拉瓦锡曾经把它列为元素之一，现在我们知道它就是氧化镁。

1808 年，在戴维发现钾、钠元素之后一年，他将苦土和氧化汞混合，再用他最有力的武器——电流将苦土分解，得到了镁，所以戴维被公认为镁元素的发现者。他用希腊的一个地名"美格里西亚"来命名这种新元素，即"Magnesium"，因为这个地方盛产镁矿。可是这里同时还盛产磁铁矿和锰矿，所以锰元素的名字"Manganese"也来自这个地名，经常会有人在发音上把镁和锰搞混。

戴维后来忙于各种应酬，而且荣誉在身的他已经不在乎新的研究了。到了 1831 年，法国人布希用钾还原氯化镁制取了大量的镁，并对镁的特性进行了研究。

镁也是一种比较活泼的金属，虽然相对于钾、钠兄弟稍微差了一点儿，但还是可以跟沸水反应，置换出水中的氢。它在空气中很容易被点燃，发出炽烈的白光。观察镁燃烧的实验最好戴上墨镜，因为燃烧的镁会放出紫外线，如果剂量过大，会伤害人的眼睛。

◀镁条很容易燃烧，发出白光。它的这种特性还被用来做闪光灯，所以最早的闪光灯也叫镁光灯，缺点是只能用一次，现在早已被电子闪光灯取代了。

▲战场上的照明弹一般填充镁粉和铝粉，利用它们燃烧产生的白光指示信号。

▲节日的焰火、小时候玩的烟花里面都有镁的成分。

我们一定要记住，如果镁条燃烧，一定不能用水扑灭，因为镁在高温下可以和水继续反应放出大量的热。也不能用二氧化碳灭火器来扑灭，因为镁很活泼，在二氧化碳里也可以燃烧。也不能用沙土来盖，因为沙土里也有水分。

另外，氮气保护对镁也是没用的。有一种 D 类干粉灭火剂，以氯化钠、碳酸钠、硼砂为主要成分，是专门用于扑灭轻金属着火的，消防官兵们一定要牢记。

1912 年诺贝尔化学奖得主
格林尼亚

镁跟有机物也能发生反应，最著名的莫过于它可以和卤代烃反应生成格氏试剂。这种试剂对于有机化学而言是很重要的，它的发现者法国化学家格林尼亚因此获得了 1912 年诺贝尔化学奖。

将卤代烃与镁粉放置于无水乙醚或四氢呋喃（THF）中反应，得到格氏试剂，这是一类通式为 RMgX 的试剂，它的性质非常活泼，很容易和具有活泼氢的化合物反应，比如水、醛、酮、酯、酰卤、腈、环氧乙烷、卤代烃等。如果让格氏试剂和另一个卤代烃反应，则得到一个更长碳链的烃，卤素和镁生成了卤化镁。格氏试剂起到了加长碳链的作用，实在是有机合成、药品制备的必备试剂。

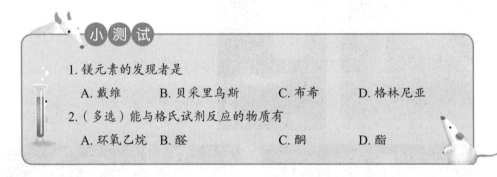

小 测 试

1. 镁元素的发现者是

　　A. 戴维　　　　B. 贝采里乌斯　　　　C. 布希　　　　D. 格林尼亚

2. （多选）能与格氏试剂反应的物质有

　　A. 环氧乙烷　B. 醛　　　　　　　　C. 酮　　　　　D. 酯

【参考答案】 1. A　2. ABCD

🧪 3. 曾经"最轻的有用金属"——镁

虽然镁的活性如此之强，但它本身作为金属还是可以为我们所用的，它是第三常用的结构金属，仅次于铁和铝,BBC 拍的一档节目《元素周期表》中称它为"最轻的有用金属"。

之所以如此，是因为镁很坚硬，而且又很轻，密度只有 1.74 g/cm^3，比铝还轻得多，铜铁就更不用提了。镁不像铍的毒性那么大，跟锂、钠

用来做摩托车发动机的镁合金

这些活泼的碱金属也不同，镁表面也会形成一层氧化膜，但没有铝的氧化膜致密。要想让镁条燃烧，也不是那么容易的事呢，必须先用砂纸打磨掉它表面的氧化膜。总之，镁看起来还像是个传统金属，能用，而且轻便！

镁的优点迅速被德国人发现，他们创造了一种含有 90% 镁和 9% 铝的镁合金，特别轻便而又坚硬！他们给这种镁合金设计了一个商标"Elektron"，一直沿用到现在。第一次世界大战中，这种合金被德国空军使用在飞艇上，到了第二次世界大战，英德两国都使用这种合金降低飞机的质量。

可惜的是，镁的燃点和汽油的燃点非常接近，所以这种合金只能在少数关键部位使用，否则飞机很容易变成"火凤凰"。

这种合金还被用于赛车以降低自重。1955 年梅赛德斯 – 奔驰制造出了一辆赛车"300SLR"，车体用镁合金制成。这辆赛车没有令人失望，1955 年在 Mille Miglia（一千英里传奇大赛）上夺冠，平均时速达到了 158 km/h。之后 300SLR 又在其他赛事中多次获胜，直至 1955 年勒芒 24 小时耐力赛——那场汽车运动史上最严重的事故。

1955 年 6 月 11 日，法国，勒芒。当一年中最伟大的赛车运动——勒芒 24 小时耐力赛在阳光明媚中起跑的时候，25 万观众都不知道灾难即将发生。勒维驾驶的梅赛德斯 300SLR 以 201 km/h 的速度撞墙并爆炸，勒维当场身亡，还有 83 名观众死亡。这次重大事故被称为"赛车史上最黑暗的时刻"，导致奔驰彻底退出勒芒赛车运动

达 30 年之久。

无独有偶，日本人在镁合金赛车上也经历考验，本田公司设计的 Honda RA302 从底盘到车体都由镁合金制成，本田公司准备用它参加 1968 年 F1 赛季第六站的法国大奖赛。本田车队的一号车手瑟蒂斯拒绝使用这辆新车，因为风险太大，他称这辆车为"潜在的恶魔禁地"，所以本田车队被迫聘请勇敢的"车坛斗士"施莱赛尔驾驶 RA302 参赛。

灾难果然发生了，仅仅第二圈，在下坡道的时候，车辆失控了，翻滚了起来，撞向了路边，施莱赛尔命丧火海。本田车队也从此退出 F1 大赛，一直到 2005 年，他们收购了英美车队，才重新回到 F1 赛道。

这些严重的事故没有挡住工程师们前进的步伐，他们希望通过继续研究把这些失败变为成功的"妈妈"。他们的研究方向是让镁合金耐高温、低蠕变以及抗腐蚀等，方法是掺入一些钙或者稀土金属。

现在，保时捷、雪佛兰、大众、三菱等著名车商都在车里使用镁合金，宝马更是在著名的 N52 发动机中使用新型的镁合金，该发动机在常见的 Z4、X3、X5 里面都能见到。用镁合金做成的车轮毂可以很轻，一般一套铝合金的轮毂约为 44 kg（4 个一套），而一套镁合金轮毂可以做到 22 kg，质量只有铝合金的一半。

在我们身边，镁的轻便更多地体现在电子消费品中，比如手机、便携电脑、平板电脑等，它们的框架原本都使用铝合金，但如果要更加轻便，镁合金和炭纤维是两种不错的选择，相对而言，镁合金更加便宜，导热效果也更好。

说到现在，你可能觉得镁不过是一种冷冰冰的金属，跟温暖的生命没啥关系吧？

当然不是！在氧的篇章里，我们提到恩格尔曼发现叶绿体是光合作用的场所，叶绿体中主要有两类色素——叶绿素和类胡萝卜素，其中叶绿素占比更多，所以大多数树叶是绿色的。叶绿素分子也不是什么太复杂的结构，它由两部分组成：一部分是一个很长的脂肪烃侧链，另一部分的核心是一个卟啉环，这个卟啉环的中央是一个镁原子。原来，捕捉太阳能量的核心部件竟然是镁元素。

图片为叶绿素 a 的结构，绿色的是卟啉环中央的镁原子。

最早发现镁元素是叶绿素核心的是德国生物学家维尔斯太特，也是第一次发现镁元素在生物体内发挥着重要作用。维尔斯太特还总结出了叶绿素的经验公式，他因为对叶绿素的研究获得了 1915 年诺贝尔化学奖。

科学家继续研究发现，镁元素在生物体内发挥的作用远不止于此。据说美国生物学家麦科勒姆被誉为"维生素先生"，因为他发现了维生素 A、B、D，他还建立了第一个庞大的"老鼠殖民地"用于营养学研究，这让他饱受争议。

20 世纪 30 年代初，他用老鼠和狗做实验，系统地观察了镁缺乏的反应。1934 年他首次发表了人体镁缺乏的临床报告，证实了镁是人体的必需元素。他对《纽约时报》的记者说："我们已经证实镁元素在人类食谱中非常重要，但只需要微小的量，如果服用过多的镁元素会导致四肢乏力。我想说的是，离开了镁元素你不会有好的心情，但也没有证据表明你多吃一点儿会让你心情更好。"

1915 年诺贝尔化学奖得主维尔斯太特

原来，镁离子是生物机体中含量较多的一种阳离子，其含量在细胞外液中仅次于钠、钾、钙而居第四位；镁离子在细胞内的含量则仅次于钾离子而居第二位。镁离子在生物体内最重要的作用在于它与 ATP 中磷酸基团的亲和性，而这正是每个细胞中的核酸进行化学反应的基础。大约有 300 种酶需要镁离子作为辅助因子，这其中包括 ATP 合成酶和 ATP 水解酶，还有催化核苷酸合成 DNA 和 RNA 的酶。把细胞放在显微镜下，找到了镁离子螯合物，基本上也就找到了 ATP。

"维生素先生"麦科勒姆

所以，镁元素对人体很重要，人的骨骼、心脏、肌肉、肠胃、神经系统都需要镁元素。缺乏镁元素容易引起情绪不安、易激动、手足抽搐、反射亢进等症状。一般来说我们不用过度重视去补充镁，植物体成熟以后，镁元素会富集在它们的种子里。所以，只要多吃一点儿植物的种子，比如谷物、坚果，就可以了。另外，青叶蔬菜、香蕉中的镁含量也比较丰富。

调节钙含量
健壮骨骼与牙齿，并有
助于排出多余的钙

调节心脏收缩功能

放松骨骼肌
帮助缓解肌肉痉挛和疼痛

清洁肠道
未被机体吸收的镁具有导
泻作用

产生能量
超过 300 个产能反应需要
镁的参与

放松平滑肌

镁元素对人体的作用

1.（多选）镁合金的优势有

    A. 轻　　　　　B. 化学性质活泼　　C. 硬　　　　　　　D. 毒性大

2. 美国生物学家麦科勒姆被誉为

    A. 化学之父　　B. 有机化学之父　　C. 维生素先生　　D. 镁元素先生

图书在版编目（CIP）数据

鬼脸化学课.元素家族.1 / 英雄超子著. -- 南京：
南京师范大学出版社，2018.12（2022.6 重印）
ISBN 978-7-5651-3930-7

Ⅰ.①鬼… Ⅱ.①英… Ⅲ.①化学元素—青少年读物
Ⅳ.① O6-49

中国版本图书馆 CIP 数据核字（2018）第 267003 号

书　　名 / 鬼脸化学课.元素家族.1
作　　者 / 英雄超子
责任编辑 / 曹红梅
责任校对 / 张新新
出版发行 / 南京师范大学出版社
地　　址 / 江苏省南京市玄武区后宰门西村 9 号（邮编：210016）
电　　话 /（025）83598919（总编办）（0371）68698015（读者服务部）
网　　址 / http://press.njnu.edu.cn
电子信箱 / nspzbb@njnu.edu.cn
印　　刷 / 洛阳和众印刷有限公司
开　　本 / 710 毫米 ×1010 毫米　1/16
印　　张 / 18.5
字　　数 / 285 千字
版　　次 / 2018 年 12 月第 1 版　2022 年 6 月第 4 次印刷
书　　号 / ISBN 978-7-5651-3930-7
定　　价 / 45.00 元

出 版 人 / 张志刚

南京师大版图书若有印装问题请与销售商调换
版权所有　侵权必究